# 要点明解
# 線形数学

三訂版

田中　環
小島秀雄
星　明考
折田龍馬
印南信宏
吉原久夫
共著



培風館

# まえがき

近年の高校教育において科目の選択性が広くなったことや大学入試が多様化されたことなどによって，自然科学の分野を専門とする学生であっても，数学や理科の履修内容に大きな違いが生じてきている．その結果，この分野を専門とする学生ならぜひ知っておきたい基礎的内容が学習されていないことも起こっている．そのため大学初年時において，これらを埋め合わせ，さらに基礎を固めておく必要がある．

自然科学系の専門諸分野からの数学に対する要請は，「道具としての数学」，「現象を記述する言葉としての数学」，「すぐに役にたつ数学」などのようである．また，自然科学の基礎としてもっとも多く使われている数学の分野は，微分積分学，線形数学および統計学であろう．そこで，これらの分野を使う立場から，証明等はできるだけ省略し，論理的厳密性にはあまりこだわらないで，中心のテーマがわかりやすいように配慮した 3 分野の教科書を提供して，初年時教育に資することとした．

さて，本書では線形数学を扱っている．この分野は高校数学のベクトルや行列に対応する分野である．自然現象から社会現象に至るまで，種々の複雑な事象について原因を知りたいとき，あるいは現在の状況から未来を予測したいとき，いくつかの方程式を立ててそれを解くという作業が必要になる．そのうちでもっとも簡単な方法が，諸現象の 1 次的近似である連立 1 次方程式を解く方法である．これは単純ではあるが，逆に応用範囲が広く使われる場合が多い．自然科学では長い間有効な手段として用いられてきたが，近年では経済学，経営学や社会学においても重要な手段となっている．

高等学校の数学の新課程では，全般的に従来に比べて扱われる内容が減少している．一方，近年の諸科学の研究方法の進展に伴い，線形数学が道具として使用される機会は急激に増大してきている．このギャップを大学に入学してからなるべく早いうちに埋める必要がある．また，線形数学は抽象的であるため，新入生にとっては修得が困難である場合も多い．このため，本書では理論的部分の記述は必要最小限にして，まず道具として使用する部分について詳述されている．

本書は講義用のテキストとして，また予習・復習用の参考書として利用できるように工夫してある．まず，各章の初めにその章を学ぶ動機づけや目的が述べてある．各章の内容は講義を通じて理解し，講義後復習をしてほしい．その際，自分の理解が正しいのかどうか点検する必要がある．だいたいにおいて何かすっきりしない気持ちのときは理解できていないと思った方がよい．“あっそうか”という感じのつかめるまで良く考えることが大切である．演習の時間があればそこで教師に指摘してもらうこともできるが，それはごく限られている．そこで，各節の終わりに設けた問題で各自の理解度を確かめてみることを勧める．まちがいが発見されたらすぐに該当する箇所を調べてみることである．単純な計算違いか，あるいは理解を誤ったかを確認することである．まちがいの原因がどうしてもわからなかったら友人や教師に質問することを勧める．自分にとって難しいところは友人にとっても大抵そうであるし，また二人で議論することは双方に有益なことである．誤った理解を放置しておくと大事故につながるからくれぐれも注意するように．初心者がまちがえやすい場所には **キケン！** のマークを付けた注意書きが設けられているので，そこでは気をつけて学ぶようにすること．

取り扱う内容は計算が主体であるが，それらを学んでいるうちに，理論的裏付けを知りたくなるかもしれない．そのときは付録や巻末にある参考文献にあたることを勧める．なお，本書で一応の基礎はできるが，さらに進んだ文献や講義などで数学的な考え方を習得することを期待したい．

さて，このテキストはいろいろな要望に応えられるよう，以下の特徴をもたせている：

（I）**形式面から：**

（1）半期 15 回程度の講義を想定して，各回の講義ごとに節を区切った．ただし，自習に役だつように講義で扱うよりやや多めに内容を取りあげている．

（2）各章のはじめには簡単にその章を学ぶ目的が述べられている．

（3）正しく理解しており，計算できるかどうかをチェックするため，随所に演習を設けている．また各節の終わりには節の問題，さらにその章の終わりには章末問題を設けている．学期の終わりには全体としての力を試せるように，総合問題を設けている．また，問題の略解を巻末に付けてある．

（4）まちがいやすい箇所には **キケン！** のマークを付して，注意を喚起している．

（5）自然科学系学生が主な対象であるが，経済学部等の文科系学生でも使えるように配慮した．

（II）**内容面から：**

（1）数学 I, II および 数学 A, B を学んでいることを前提にして書かれている．また，最初の章に高校の教程とオーバーラップさせて接続をなめらかにしている．

（2）まちがえやすい箇所には少しくどいくらい丁寧な説明を与えている．

（3）原則として証明は行わないで，例証するにとどめた．また，行列式の定義など数学的な基礎が多く必要なものは，計算の上からの定義を与えて，なめらかに進めるようにしている．

（4）具体例を豊富にすることで，直観的理解の助けに資するとともに，講義後に自習する際に役だつように配慮している．

（5）各節の終わりなどに節の内容と関連する補足説明，あるいは興味あるコラムをいれてある．

本書は，LaTeX によって執筆し，第 6 章の図は数式処理ソフト Maple† (メイプル) によって作成した．なお，本書への補足事項や誤植等の修正は次のウェッ

---

† Maple は Maplesoft 社の登録商標です．`http://www.maplesoft.com/`

ブページに随時掲載するのでご覧いただきたい.

http://mathweb.sc.niigata-u.ac.jp/textbook

最後に，新潟大学大学院生の江村英里花さんには原稿を読んでもらい，学生の目線からの多くの示唆をいただき，また，この原稿を精読され本書の完成に適切な助言とご協力を下さった培風館編集部の岩田誠司氏には心からの感謝の意を表したい.

2005 年　夏

著者一同

(吉原久夫，竹内照雄，印南信宏，田中 環，小島秀雄)

## 改訂にあたって

本書は旧版の『要点明解 線形数学』(2006，培風館) を改訂増補したものである. 内容は旧版と変わらず，線形数学の基礎と応用をベクトルや行列の考え方から多変数関数の極値問題まで扱っている. 旧版の特徴を生かしつつ，行列を初めて学ぶ学生にもわかりやすいよう書き直した. 特に，第 4 章「行列の対角化」については，2 回の授業で行列の対角化の計算ができるように工夫すると同時に，新しく追加した 4.4 節では，対称行列の直交対角化が本書だけで理解できるように証明を与えている.

高等学校では，平成 24 年度入学生から「数学 C」の内容は他科目へ移行され，以前に比べて行列に関係した数学を学ぶ機会が少なくなった. しかし，21 世紀の現代においては，さまざまな分野で行列を利用した科学技術が応用されている. そこで，本書がそのような自然科学分野の基礎と応用を理解する一助となれば幸いである.

最後に，旧版の著者の一人である竹内照雄氏には，本シリーズの立ち上げと旧版の執筆での多くの寄与に対して，あらためて感謝の意を表したい.

2016 年　初春

改訂版　著者一同

(印南信宏，田中 環，小島秀雄，星 明考，吉原久夫)

## 三訂版にあたって

本書は旧版の『要点明解 線形数学 改訂版』(2016，培風館) を改訂増補したものである．内容は旧版と変わらず，線形数学の基礎と応用をベクトルや行列の考え方から多変数関数の極値問題まで扱っている．三訂にあたっては，改訂版の特徴を生かしつつ，ベクトルを初めて学ぶ学生にもわかるよう，最初の第1章でベクトルとは何かについてまとめている．高等学校では，令和4年度入学生からベクトルの内容が「数学C」へ移行されるが,「数学C」を履修していない場合でも本書だけで学ぶことができる．この点が本書の特色である．

21世紀の現代において，さまざまな分野でベクトルや行列を利用した科学技術が応用されているなかで，本書がそのような自然科学分野の基礎と応用を理解する一助となれば幸いである．

2022年　初春

三訂版　著者一同

# 目　次

# 記 号 表

| 記　号 | 意　味 | 該当頁 |
|---|---|---|
| $\|\overrightarrow{\mathrm{AB}}\|$ | ベクトル $\overrightarrow{\mathrm{AB}}$ の大きさ | 2 |
| $\vec{a}\cdot\vec{b}$ | ベクトル $\vec{a}$ と $\vec{b}$ の内積 | 9 |
| $\vec{a}\times\vec{b}$ | ベクトル $\vec{a}$ と $\vec{b}$ のベクトル積，クロス積 | 14 |
| $\boldsymbol{O}$ | 零行列 | 27 |
| $E_n$ | $n$ 次単位行列 | 36 |
| $A^{-1}$ | 行列 $A$ の逆行列 | 37 |
| $A^n$ | 行列 $A$ のベキ乗 ($n$ 乗) | 40 |
| $A^{\mathrm{T}}$ | 行列 $A$ の転置行列 | 40 |
| $\mathrm{rank}(A)$ | 行列 $A$ の階数 (ランク) | 58 |
| $\|A\|$ | 行列 $A$ の行列式 | 70 |
| $\widetilde{A}$ | 行列 $A$ の余因子行列 | 88 |
| $\mathbb{R}^n$ | $n$ 次元数ベクトル空間 | 94 |
| $\mathbb{E}^n$ | 正規直交座標をもつ $n$ 次元数ベクトル空間 | 100 |
| $\langle\boldsymbol{x},\boldsymbol{y}\rangle$ | ベクトル $\boldsymbol{x}$ と $\boldsymbol{y}$ の内積 | 100 |
| $\|\boldsymbol{x}\|$ | ベクトル $\boldsymbol{x}$ の大きさ | 103 |
| $\nabla f(a,b)$ | 点 $(a,b)$ における関数 $f$ の勾配ベクトル | 148 |
| $\nabla^2 f(a,b)$ | 点 $(a,b)$ における関数 $f$ のヘッセ行列 | 149 |
| $\mathrm{Tr}(A)$ | 行列 $A$ のトレース (trace) | 156 |

# ギリシア文字

| 大文字 | 小文字 | 英語名 | 発　音 | |
|---|---|---|---|---|
| A | $\alpha$ | alpha | [ǽlfə] | アルファ |
| B | $\beta$ | beta | [bí:tə] | ベータ |
| $\Gamma$ | $\gamma$ | gamma | [gǽmə] | ガンマ |
| $\Delta$ | $\delta$ | delta | [délta] | デルタ |
| E | $\varepsilon$, $\epsilon$ | epsilon | [ipsáilən, épsilən] | イ (エ) プシロン |
| Z | $\zeta$ | zeta | [zé:tə] | ツェータ |
| H | $\eta$ | eta | [í:ta] | イータ |
| $\Theta$ | $\theta$, $\vartheta$ | theta | [θí:tə] | シータ |
| I | $\iota$ | iota | [aióutə] | イオタ |
| K | $\kappa$ | kappa | [kǽpə] | カッパ |
| $\Lambda$ | $\lambda$ | lambda | [lǽmdə] | ラムダ |
| M | $\mu$ | mu | [mju:] | ミュー |
| N | $\nu$ | nu | [nju:] | ニュー |
| $\Xi$ | $\xi$ | xi | [ksi:, (g)zai] | グザイ |
| O | $o$ | omicron | [o(u)máikrən] | オミクロン |
| $\Pi$ | $\pi$, $\varpi$ | pi | [pai] | パイ |
| P | $\rho$, $\varrho$ | rho | [rou] | ロー |
| $\Sigma$ | $\sigma$, $\varsigma$ | sigma | [sigmə] | シグマ |
| T | $\tau$ | tau | [tau, tɔ:] | タウ |
| $\Upsilon$ | $\upsilon$ | upsilon | [ju:psáilən, jú:psilən] | ウプシロン |
| $\Phi$ | $\phi$, $\varphi$ | phi | [fai] | ファイ |
| X | $\chi$ | chi | [kai] | カイ |
| $\Psi$ | $\phi$, $\psi$ | psi | [(p)sai] | プサイ |
| $\Omega$ | $\omega$ | omega | [óumigə, ɔ́migə] | オメガ |

# 第 1 章　ベクトル

平面内を等速直線運動する物体を考える．その速さは 1 つの数で表すことができる．しかしそれだけでは，物体がどの方向に運動しているのかは記述できない．そこで，速さという数 (大きさ) だけでなく運動の向きも考慮した量を考えると便利である．このような量を**ベクトル** (vector) という．

ベクトルは矢印で表すと視覚的にも取り扱いやすい．つまりこの例でいうと，速さを矢印の長さ，運動の向きを矢印の向きで表す．

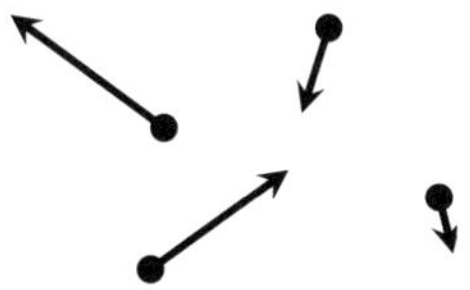

図 1.1　物体 (黒丸) とその運動 (矢印)

一方，温度や体積など大きさのみを表す量を**スカラー** (scalar) という．ベクトルの考え方は，天気図における風の流れや，電場や磁場中の物体にかかる力などさまざまな分野で現れる．本章では，次章以降で学ぶ行列への橋渡しとしてベクトルについて学ぶ．

## 1.1 ベクトル，ベクトルの定数倍，和，差

この節では，ベクトルの定義，和，差などの基本的演算，用語を学ぶ．

2点A, Bを結ぶ線分を考え，AからBに向きが与えられているとする．これを**有向線分** (oriented segment, directed line segment) といい，記号ABで表す．点Aを**始点** (initial point)，点Bを**終点** (terminal point) という．ベクトルは次のように定義される．

図1.2 有向線分AB

**ベクトル**

平行移動で重なり合う有向線分を同一視したものを**ベクトル** (vector) という．有向線分ABが定めるベクトルを記号$\overrightarrow{\mathrm{AB}}$で表す．

つまり，有向線分では始点と終点の座標が固定されているが，ベクトルは線分の長さと向きの情報のみを保持している．ベクトルは矢印記号付きの一文字$\vec{a}, \vec{b}, \vec{c}, \cdots$や太字$\boldsymbol{a}, \boldsymbol{b}, \boldsymbol{c}, \cdots$などで表す場合もある．

**ベクトルの大きさ**

有向線分ABの長さをベクトル$\overrightarrow{\mathrm{AB}}$の**大きさ** (magnitude) といい，$\|\overrightarrow{\mathrm{AB}}\|$と表す．特に，大きさが1であるベクトルを**単位ベクトル** (unit vector) という．また，大きさが0であるベクトルを**零ベクトル** (zero vector) といい，$\vec{0}$と表す．ただし，零ベクトルの向きは考えないと約束する．

ここで，零ベクトル$\vec{0}$を表す有向線分は始点と終点が一致していることに注意する．

2 つのベクトル $\vec{a}$ と $\vec{b}$ の大きさと向きが一致しているとき，それらは**等しい**といい，

$$\vec{a} = \vec{b}$$

と表す．

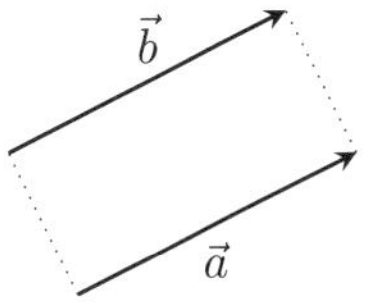


図 1.3　$\vec{a} = \vec{b}$

○例 **1.1.** 図 1.4 の平行四辺形 ABCD において，$\overrightarrow{\mathrm{AB}} = \overrightarrow{\mathrm{DC}}$, $\overrightarrow{\mathrm{AD}} = \overrightarrow{\mathrm{BC}}$ である． □

ベクトル $\vec{a}$ に対して，大きさが $\vec{a}$ と等しく向きが逆であるようなベクトルを $-\vec{a}$ と表す．つまり，ベクトル $\overrightarrow{\mathrm{AB}}$ に対し，

$$\overrightarrow{\mathrm{BA}} = -\overrightarrow{\mathrm{AB}}$$

が成り立つ．

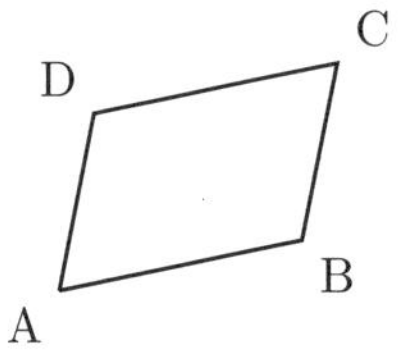


図 1.4　平行四辺形 ABCD

○例 **1.2.** 図 1.4 の平行四辺形 ABCD において，$\overrightarrow{\mathrm{AB}} = -\overrightarrow{\mathrm{CD}}$, $\overrightarrow{\mathrm{DA}} = -\overrightarrow{\mathrm{BC}}$ である． □

**ベクトルの定数倍**

$\vec{a}$ をベクトル，$k$ を数とする．このとき，大きさが $|k|\,\|\vec{a}\|$ であり，$k$ が正の場合は $\vec{a}$ と同じ向き，負の場合は逆の向きであるようなベクトルを $k\vec{a}$ と表す．

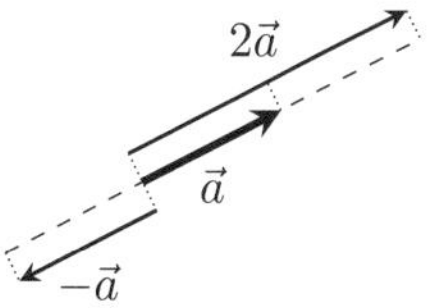


図 1.5　ベクトルの定数倍

特に，$0\vec{a} = \vec{0}$ および $(-1)\vec{a} = -\vec{a}$ であることに注意する．

**ベクトルの和**

$\vec{a}, \vec{b}$ をベクトルとし，それぞれ有向線分 AB, BC で表されているとする．このとき，有向線分 AC が定めるベクトルを

$$\vec{a}+\vec{b}$$

と表し，$\vec{a}$ と $\vec{b}$ の**和** (sum) という．

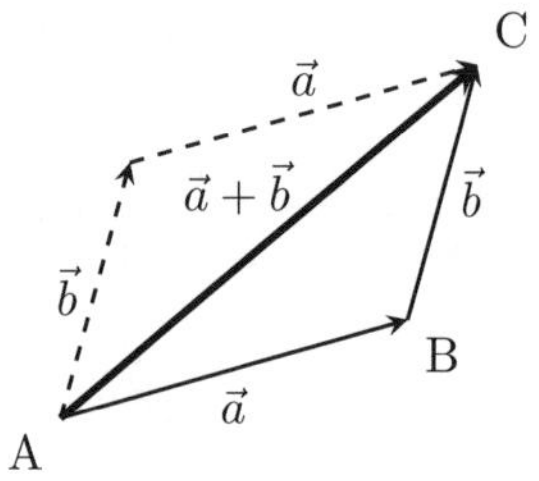


図 1.6　和 $\vec{a}+\vec{b}$

ベクトルの定数倍を用いると，$\underbrace{\vec{a}+\cdots+\vec{a}}_{n\text{ 個}}=n\vec{a}$ が成り立つ．

○**例 1.3.** 図 1.4 の平行四辺形 ABCD において，$\overrightarrow{\mathrm{AB}}+\overrightarrow{\mathrm{BC}}+\overrightarrow{\mathrm{CD}}+\overrightarrow{\mathrm{DA}}=\vec{0}$ である．□

**ベクトルの差**

ベクトル $\vec{a}, \vec{b}$ に対し，$\vec{b}+\vec{x}=\vec{a}$ をみたすベクトル $\vec{x}$ を

$$\vec{a}-\vec{b}$$

と表し，$\vec{a}$ から $\vec{b}$ を引いた**差** (difference) という．

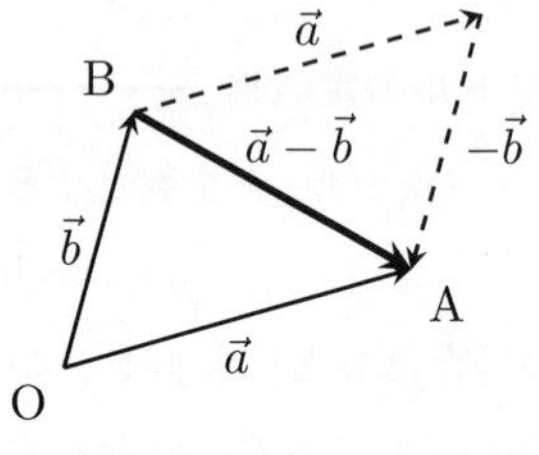


図 1.7　差 $\vec{a}-\vec{b}$

つまり，$\vec{a}=\overrightarrow{\mathrm{OA}}, \vec{b}=\overrightarrow{\mathrm{OB}}$ とすれば，$\vec{a}-\vec{b}=\overrightarrow{\mathrm{BA}}$ となる．さらに，

$$\vec{a}-\vec{b}=\vec{a}+(-\vec{b})$$

である (図 1.7 参照)．

◆**演習 1.1.** 図 1.8 のベクトル $\vec{a}, \vec{b}$ に対して，$-\vec{a}, 2\vec{b}, \vec{a}+\vec{b}, 2\vec{b}-\vec{a}$ を図示せよ．

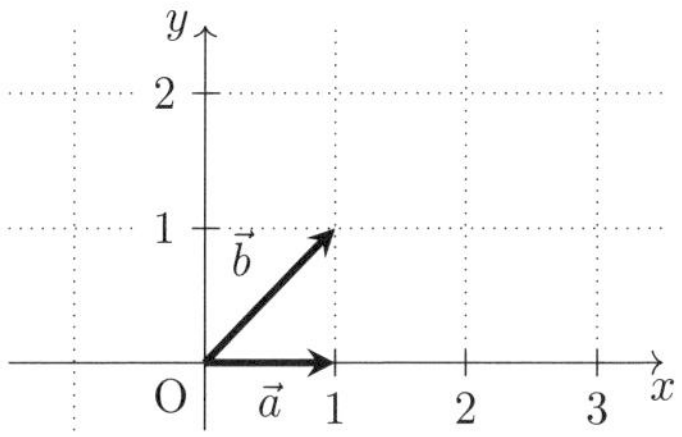


**図 1.8**　演習 1.1 のベクトル $\vec{a}, \vec{b}$

上で定義したベクトルの基本的演算ついて次の定理が成立する．

**定理 1.1**

$\vec{a}, \vec{b}, \vec{c}$ をベクトル，$k, \ell$ を数とする．このとき，次が成立する．

(1) $\vec{a}+\vec{b}=\vec{b}+\vec{a}$　　(交換法則)

(2) $(\vec{a}+\vec{b})+\vec{c}=\vec{a}+(\vec{b}+\vec{c})$　　(結合法則)

(3) $\vec{a}+\vec{0}=\vec{a}$

(4) $\vec{a}-\vec{a}=\vec{0}$

(5) $(k\ell)\vec{a}=k(\ell\vec{a})$

(6) $(k+\ell)\vec{a}=k\vec{a}+\ell\vec{a}$

(7) $k(\vec{a}+\vec{b})=k\vec{a}+k\vec{b}$

**証明**. (1) は図 1.6 から従う．(3), (4) は $\vec{a}=\overrightarrow{\mathrm{AB}}$ としたとき，

$$\vec{a}+\vec{0}=\overrightarrow{\mathrm{AB}}+\overrightarrow{\mathrm{BB}}=\overrightarrow{\mathrm{AB}}=\vec{a},$$

$$\vec{a}-\vec{a}=\overrightarrow{\mathrm{AB}}-\overrightarrow{\mathrm{AB}}=\overrightarrow{\mathrm{AB}}+\overrightarrow{\mathrm{BA}}=\overrightarrow{\mathrm{AA}}=\vec{0}$$

より従う．(5) は $k=0$ または $\ell=0$ であるときは明らか．$k\neq 0$ かつ $\ell\neq 0$ であるとする．このとき，$(k\ell)\vec{a}$ と $k(\ell\vec{a})$ は同じ向きであり，

$$\|(k\ell)\vec{a}\|=|k\ell|\,\|\vec{a}\|=|k|\,|\ell|\,\|\vec{a}\|=|k|\,\|\ell\vec{a}\|=\|k(\ell\vec{a})\|$$

であるので，ベクトルとして $(k\ell)\vec{a}=k(\ell\vec{a})$ が成り立つ．(6) も同様に示せる．　□

◆**演習 1.2.** 定理 1.1 の (2), (7) が成り立つことを図を用いて説明せよ．

定理 1.1 の (2) から，ベクトルの和を計算するときは，和をとる順番によらないことがわかる．そこで，括弧を省略し単に $\vec{a}+\vec{b}+\vec{c}$ と書くことがある．定理 1.1 は，ベクトルの基本的演算が通常の数の演算と同様に計算できることを主張している．

○**例 1.4.** $3(\vec{a}+2\vec{b})-6\vec{b}=3\vec{a}+6\vec{b}-6\vec{b}=3\vec{a}+\vec{0}=3\vec{a}$ □

◆**演習 1.3.** $5(\vec{a}-3\vec{b})-2(\vec{b}-\vec{a})$ を簡単にせよ．

2 つの零でないベクトル $\vec{a}, \vec{b}$ が同じ向きであるか逆の向きであるとき，$\vec{a}$ と $\vec{b}$ は**平行** (parallel) であるといい，$\vec{a} \,/\!/\, \vec{b}$ と表す．このことは，ベクトルの定数倍を用いて次のようにいい換えられる．

**定理 1.2**

$\vec{a} \,/\!/\, \vec{b}$ であることと，$\vec{a}=k\vec{b}$ となる数 $k$ が存在することは同値である．

○**例 1.5.** 零でないベクトル $\vec{a}$ と平行な単位ベクトルは $\dfrac{1}{\|\vec{a}\|}\vec{a},\ -\dfrac{1}{\|\vec{a}\|}\vec{a}$ の 2 つである． □

## 1.1 節の問題

[**1**]　下図のベクトル $\vec{a}, \vec{b}$ に対して，$-\vec{a},\ -3\vec{b},\ \vec{a}+\vec{b},\ \vec{a}-\vec{b}$ を図示せよ．

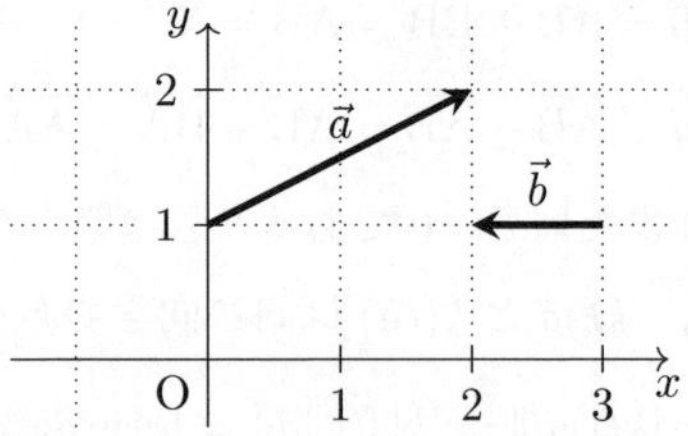


[**2**]　次の等式をみたすベクトル $\vec{x}$ を求めよ．

$$3(2\vec{x}+\vec{a})-\vec{b}=\vec{x}$$

## 1.2　ベクトルの成分表示

原点を O とする $xy$ 座標平面を考える．2 点 $\mathrm{E}_1(1,0)$, $\mathrm{E}_2(0,1)$ をとると，ベクトル $\vec{e}_1 = \overrightarrow{\mathrm{OE}_1}$, $\vec{e}_2 = \overrightarrow{\mathrm{OE}_2}$ はそれぞれ $x$ 軸，$y$ 軸の正の方向を向く単位ベクトルである．$\vec{e}_1, \vec{e}_2$ を $xy$ 座標平面の**基本ベクトル** (fundamental vector(s)) という．

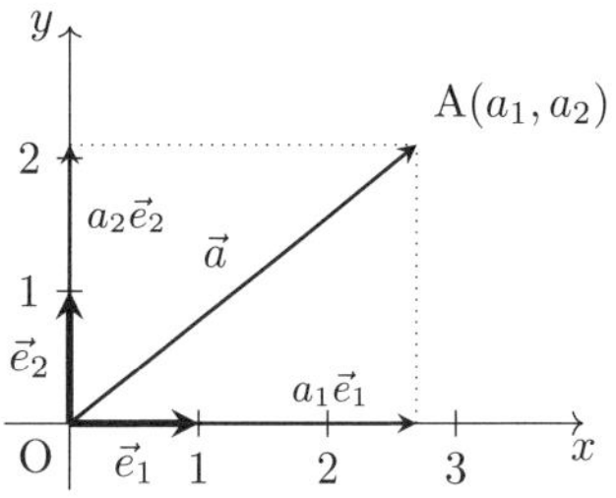


**図 1.9**　基本ベクトル $\vec{e}_1$, $\vec{e}_2$

任意のベクトルは基本ベクトルの定数倍や和で表すことができる．実際，ベクトル $\vec{a}$ が有向線分 OA で表されているとする．$\mathrm{A}(a_1, a_2)$ とするとき，

$$\vec{a} = a_1\vec{e}_1 + a_2\vec{e}_2$$

が成り立つ．つまり，基本ベクトルを固定すればベクトル $\vec{a}$ は数 $a_1$, $a_2$ で決定される．$a_1, a_2$ をベクトル $\vec{a}$ の基本ベクトル $\vec{e}_1, \vec{e}_2$ に関する**成分** (component(s)) という．そこで，ベクトルの新たな表示を考える．

**ベクトルの成分表示**

ベクトル $\vec{a}$ を

$$\vec{a} = (a_1, a_2)$$

と書いたとき，これをベクトル $\vec{a}$ の基本ベクトル $\vec{e}_1$, $\vec{e}_2$ に関する**成分表示**という．

この記法を用いると，$\vec{e}_1 = (1,0)$, $\vec{e}_2 = (0,1)$, $\vec{0} = (0,0)$ と表せる．また，2 つのベクトル $\vec{a} = (a_1, a_2)$, $\vec{b} = (b_1, b_2)$ が等しいことと，それらの各成分が一致していることは同値である．すなわち，

$$\vec{a} = \vec{b} \quad\Longleftrightarrow\quad a_1 = b_1 \text{ かつ } a_2 = b_2.$$

さらに，線分 OA の長さは $\sqrt{a_1^2 + a_2^2}$ であるので，

$$\|\vec{a}\| = \sqrt{a_1^2 + a_2^2}$$

が成り立つ．

○例 **1.6.** ベクトル $\vec{a}=(1,2)$ の大きさは $\|\vec{a}\|=\sqrt{1+2^2}=\sqrt{5}$ である． □

◆演習 **1.4.** ベクトル $\vec{a}=(-1,\sqrt{3})$ の大きさを求めよ．

ベクトルの定数倍，和，差を成分表示してみよう．$\vec{a}=(a_1,a_2)$, $\vec{b}=(b_1,b_2)$ をベクトルとする．和 $\vec{a}+\vec{b}$ は定理 1.1 を用いると，

$$\vec{a}+\vec{b}=(a_1\vec{e}_1+a_2\vec{e}_2)+(b_1\vec{e}_1+b_2\vec{e}_2)=(a_1+b_1)\vec{e}_1+(a_2+b_2)\vec{e}_2$$

と計算できる．したがって，その成分表示は $\vec{a}+\vec{b}=(a_1+b_1,a_2+b_2)$ で与えられる．同様にすると，以下の定理が証明できる．

**定理 1.3**

$\vec{a}=(a_1,a_2)$, $\vec{b}=(b_1,b_2)$ をベクトル，$k$ を数とする．このとき，次が成立する．

(1) $\vec{a}+\vec{b}=(a_1+b_1,a_2+b_2)$

(2) $\vec{a}-\vec{b}=(a_1-b_1,a_2-b_2)$

(3) $k\vec{a}=(ka_1,ka_2)$

つまり，ベクトルの基本的演算は成分ごとの演算により計算される．

○例 **1.7.** $\vec{a}=(1,-2)$, $\vec{b}=(-1,-4)$ のとき，

$$2\vec{a}-\vec{b}=2(1,-2)-(-1,-4)=(3,0)$$

である． □

◆演習 **1.5.** $\vec{a}=(1,-2)$, $\vec{b}=(-1,-4)$ のとき，ベクトル $5(\vec{a}-3\vec{b})-2(\vec{b}-\vec{a})$ の成分表示を求めよ．

## 1.2 節の問題

[**1**] ベクトル $\vec{a}=(1,2)$ の大きさを求め，$\vec{a}$ と同じ向きの単位ベクトルの成分表示を求めよ．

[**2**] $\vec{a}=(-1,-2)$, $\vec{b}=(0,3)$ とする．次の等式をみたすベクトル $\vec{x}$ の成分表示を求めよ．

$$2(3\vec{x}-2\vec{a})+\vec{b}=\vec{0}$$

## 1.3 ベクトルの内積

$\vec{a}, \vec{b}$ を零でないベクトルとし，それぞれ有向線分 OA, OB で表されているとする．ベクトル $\vec{a}$ と $\vec{b}$ のなす角とは，$\angle$AOB の大きさ $\theta$ のことをいう．ただし，$0 \leqq \theta \leqq \pi$ とする．

**ベクトルの内積**

ベクトル $\vec{a}$ と $\vec{b}$ のなす角を $\theta$ とする．このとき，

$$\vec{a} \cdot \vec{b} = \|\vec{a}\|\,\|\vec{b}\| \cos\theta$$

をベクトル $\vec{a}$ と $\vec{b}$ の**内積** (inner product) または**スカラー積** (scalar product) という．$\vec{a} = \vec{0}$ または $\vec{b} = \vec{0}$ であるときは $\vec{a} \cdot \vec{b} = 0$ とする．

内積 $\vec{a} \cdot \vec{b}$ は $\langle \vec{a}, \vec{b} \rangle$ や $(\vec{a}, \vec{b})$ と書く場合もあり，第 5 章では，$\langle \cdot, \cdot \rangle$ の記法を用いる．

○例 **1.8.** 図 1.10 の △ABC においてベクトル $\overrightarrow{\mathrm{AB}}, \overrightarrow{\mathrm{AC}}$ を考える．このとき，それらの内積は

$$\begin{aligned}\overrightarrow{\mathrm{AB}} \cdot \overrightarrow{\mathrm{AC}} &= \|\overrightarrow{\mathrm{AB}}\|\,\|\overrightarrow{\mathrm{AC}}\| \cos 30^\circ \\ &= \sqrt{3} \times 2 \times \frac{\sqrt{3}}{2} = 3\end{aligned}$$

となる． □

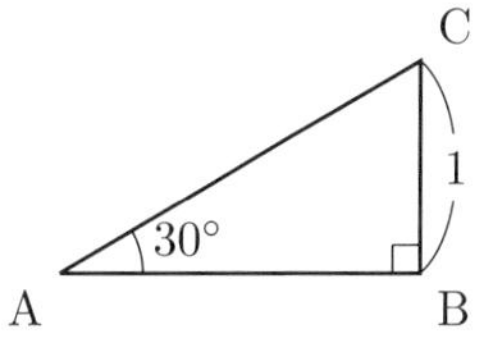


図 1.10 △ABC

◆演習 **1.6.** 図 1.10 の △ABC において内積 $\overrightarrow{\mathrm{CB}} \cdot \overrightarrow{\mathrm{CA}}$, $\overrightarrow{\mathrm{BC}} \cdot \overrightarrow{\mathrm{BA}}$ を求めよ．

内積がどのような量であるのかを考察しよう．まず，$\|\vec{b}\|\,|\cos\theta|$ は点 B から直線 OA に垂線を下ろしたときの交点の，点 O からの距離を表している．つまり，内積 $\vec{a} \cdot \vec{b} = \|\vec{a}\|\,\|\vec{b}\| \cos\theta$ は「ベクトル $\vec{a}$ 方向」のそれぞれの長さの符号付きの積と思うことができる (図 1.11 参照).

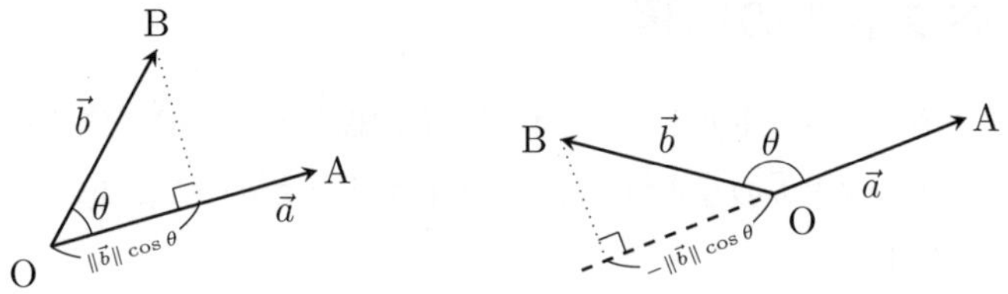


図 1.11　内積 $\vec{a}\cdot\vec{b}$

ベクトルの大きさは内積を用いて表すことができる．実際，内積の定義において $\vec{a}=\vec{b}$ とすると，$\theta=0$ であるので，

$$\|\vec{a}\|=\sqrt{\vec{a}\cdot\vec{a}}$$

を得る．

2 つの零でないベクトル $\vec{a}, \vec{b}$ のなす角 $\theta$ が $90^\circ$ であるとき，$\vec{a}$ と $\vec{b}$ は**直交** (orthogonal) するといい，$\vec{a}\perp\vec{b}$ と表す．これは内積を用いると次のようにいい換えられる．

**定理 1.4**

$\vec{a}\perp\vec{b}$ であることと，$\vec{a}\cdot\vec{b}=0$ であることは同値である．

1.2 節で学んだベクトルの成分表示を用いて，内積を表してみよう．$\vec{a}=(a_1,a_2)$, $\vec{b}=(b_1,b_2)$ を零でないベクトルとし，それらのなす角を $\theta$ とする．$\triangle$OAB を考える．余弦定理より，

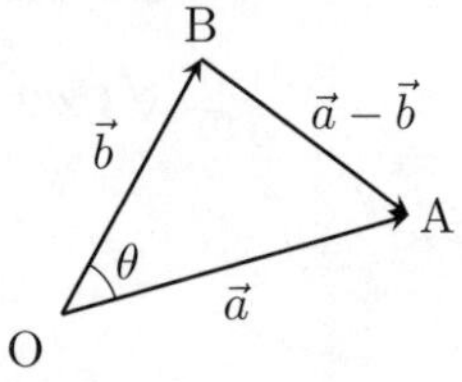


図 1.12　$\triangle$OAB

$$\|\overrightarrow{\mathrm{BA}}\|^2=\|\overrightarrow{\mathrm{OA}}\|^2+\|\overrightarrow{\mathrm{OB}}\|^2-2\|\overrightarrow{\mathrm{OA}}\|\,\|\overrightarrow{\mathrm{OB}}\|\cos\theta$$

が成り立つ．この式はベクトルの差や内積を用いると

$$\begin{aligned}\|\vec{a}-\vec{b}\|^2&=\|\vec{a}\|^2+\|\vec{b}\|^2-2\|\vec{a}\|\,\|\vec{b}\|\cos\theta\\&=\|\vec{a}\|^2+\|\vec{b}\|^2-2(\vec{a}\cdot\vec{b})\end{aligned}$$

と整理できる．したがって，

$$
\begin{aligned}
2(\vec{a}\cdot\vec{b}) &= \|\vec{a}\|^2 + \|\vec{b}\|^2 - \|\vec{a}-\vec{b}\|^2 \\
&= (a_1^2+a_2^2) + (b_1^2+b_2^2) - \left\{(a_1-b_1)^2 + (a_2-b_2)^2\right\} \\
&= 2(a_1b_1 + a_2b_2),
\end{aligned}
$$

つまり，以下の定理を得る．

**定理 1.5**

$\vec{a}=(a_1,a_2)$, $\vec{b}=(b_1,b_2)$ をベクトルとする．このとき，

$$\vec{a}\cdot\vec{b} = a_1b_1 + a_2b_2$$

が成り立つ．

定理 1.5 は，$\vec{a}=\vec{0}$ または $\vec{b}=\vec{0}$ のときも成り立つことに注意する．

○例 **1.9.** 2 つのベクトル $\vec{a}=(1,0)$ と $\vec{b}=(4,-5)$ の内積は

$$\vec{a}\cdot\vec{b} = (1,0)\cdot(4,-5) = 1\times 4 + 0\times(-5) = 4$$

と計算できる．　□

◆**演習 1.7.** 2 つのベクトル $\vec{a}=(1,-1)$ と $\vec{b}=(2,2)$ の内積を求めよ．

内積の定義と定理 1.5 から，零でないベクトル $\vec{a}=(a_1,a_2)$ と $\vec{b}=(b_1,b_2)$ のなす角 $\theta$ は次の式をみたす．

$$
\begin{aligned}
\cos\theta &= \frac{\vec{a}\cdot\vec{b}}{\|\vec{a}\|\,\|\vec{b}\|} \\
&= \frac{a_1b_1 + a_2b_2}{\sqrt{a_1^2+a_2^2}\sqrt{b_1^2+b_2^2}}
\end{aligned}
$$

ベクトルの成分表示を用いると，内積が以下の性質をみたすことが容易に示される．

**定理 1.6**

$\vec{a}, \vec{b}, \vec{c}$ をベクトル，$k$ を数とする．このとき，次が成立する．

(1) $\vec{a}\cdot\vec{b}=\vec{b}\cdot\vec{a}$　　(交換法則)

(2) $\vec{a}\cdot(\vec{b}+\vec{c})=\vec{a}\cdot\vec{b}+\vec{a}\cdot\vec{c}$　　(分配法則)

(3) $(k\vec{a})\cdot\vec{b}=k(\vec{a}\cdot\vec{b})=\vec{a}\cdot(k\vec{b})$

定理 1.6 の (1), (2) から，$(\vec{a}+\vec{b})\cdot\vec{c}=\vec{a}\cdot\vec{c}+\vec{b}\cdot\vec{c}$ も成り立つ．また，(3) の 3 式は括弧を省略し単に $k\vec{a}\cdot\vec{b}$ と書くことがある．

○例 **1.10.** ベクトル $\vec{a}, \vec{b}$ に対して，$\|\vec{a}+\vec{b}\|^2=\|\vec{a}\|^2+2\vec{a}\cdot\vec{b}+\|\vec{b}\|^2$ が成り立つ．実際，

$$\begin{aligned}\|\vec{a}+\vec{b}\|^2 &= (\vec{a}+\vec{b})\cdot(\vec{a}+\vec{b})\\ &= \vec{a}\cdot\vec{a}+\vec{a}\cdot\vec{b}+\vec{b}\cdot\vec{a}+\vec{b}\cdot\vec{b}=\|\vec{a}\|^2+2\vec{a}\cdot\vec{b}+\|\vec{b}\|^2\end{aligned}$$

と計算できる．□

◆演習 **1.8.** $(\vec{a}+\vec{b})\cdot(\vec{a}-\vec{b})=\|\vec{a}\|^2-\|\vec{b}\|^2$ が成り立つことを示せ．

○例 **1.11.** ベクトル $\vec{a}, \vec{b}$ が $\|\vec{a}\|=2$, $\|\vec{b}\|=\sqrt{2}$, $\vec{a}\cdot\vec{b}=-1$ をみたすとする．このとき，$\|\vec{a}+\vec{b}\|=2$ である．実際，

$$\|\vec{a}+\vec{b}\|^2=\|\vec{a}\|^2+2\vec{a}\cdot\vec{b}+\|\vec{b}\|^2=4+2\times(-1)+2=4$$

と計算できる．ここで，$\|\vec{a}+\vec{b}\|\geqq 0$ に注意する．□

◆演習 **1.9.** ベクトル $\vec{a}, \vec{b}$ が $\|\vec{a}\|=\sqrt{5}$, $\|\vec{b}\|=2$, $\vec{a}\cdot\vec{b}=2$ をみたすとする．このとき，ベクトル $\vec{a}-\vec{b}$ の大きさを求めよ．

## 1.3 節の問題

[**1**]　ベクトル $\vec{a}=(1,1)$ と $\vec{b}=(0,-2)$ のなす角を求めよ．

[**2**]　$\vec{a}=(1,-2), \vec{b}=(-1,-4)$ とする．このとき，ベクトル $\vec{a}+2\vec{b}$ と直交するようなベクトルをすべて求めよ．

## 1.4　空間ベクトル，ベクトル積

前節までは平面上のベクトルの諸概念を学んだが，空間のベクトルも同様に考えることができる．空間ベクトルに対しても，大きさ，定数倍，和，差，平行性，内積が同様に定義され，定理 1.1, 1.2, 1.4, 1.6 が成り立つ．

原点を O とする $xyz$ 座標空間を考える．3 点 $\mathrm{E}_1(1,0,0)$, $\mathrm{E}_2(0,1,0)$, $\mathrm{E}_3(0,0,1)$ に対し，ベクトル $\vec{e}_1 = \overrightarrow{\mathrm{OE}_1}$, $\vec{e}_2 = \overrightarrow{\mathrm{OE}_2}$, $\vec{e}_3 = \overrightarrow{\mathrm{OE}_3}$ はそれぞれ $x$ 軸，$y$ 軸，$z$ 軸の正の方向を向く単位ベクトルである．$\vec{e}_1$, $\vec{e}_2$, $\vec{e}_3$ を $xyz$ 座標空間の**基本ベクトル**という．

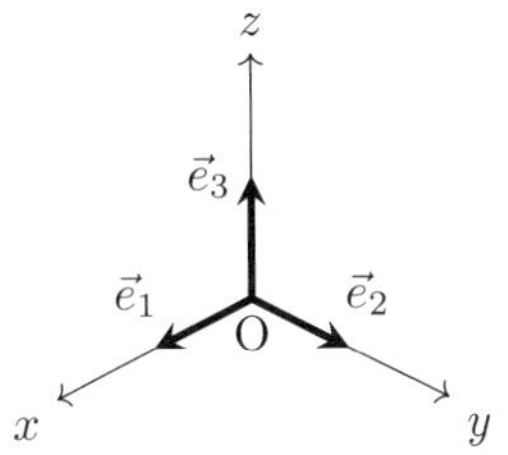


図 1.13　基本ベクトル $\vec{e}_1$, $\vec{e}_2$, $\vec{e}_3$

平面ベクトルと同様に，任意の空間ベクトルは基本ベクトルを用いた**成分表示**

$$\vec{a} = (a_1, a_2, a_3)$$

をもつ．このとき，定理 1.3, 1.5 に対応して次が成り立つ．

**定理 1.7**

$\vec{a} = (a_1, a_2, a_3)$, $\vec{b} = (b_1, b_2, b_3)$ をベクトル，$k$ を数とする．このとき，次が成立する．

(1) $\vec{a} + \vec{b} = (a_1 + b_1, a_2 + b_2, a_3 + b_3)$

(2) $\vec{a} - \vec{b} = (a_1 - b_1, a_2 - b_2, a_3 - b_3)$

(3) $k\vec{a} = (ka_1, ka_2, ka_3)$

(4) $\vec{a} \cdot \vec{b} = a_1b_1 + a_2b_2 + a_3b_3$

◆**演習 1.10.** $k$, $\ell$ を数とする．このとき，$(k\vec{e}_1 + \ell\vec{e}_2) \perp \vec{e}_3$ を示せ．

2 つのベクトルに対して定義される内積は数 (スカラー) であった．空間ベクトルの場合は，ベクトル積という第 3 のベクトルが定義できる．

**ベクトル積**

$\vec{a}=(a_1,a_2,a_3)$, $\vec{b}=(b_1,b_2,b_3)$ をベクトルとする．ベクトル

$$\vec{a}\times\vec{b}=(a_2b_3-b_2a_3,-a_1b_3+b_1a_3,a_1b_2-b_1a_2)$$

を，ベクトル $\vec{a}$ と $\vec{b}$ の**ベクトル積** (vector product) または**クロス積** (cross product) という．

○**例 1.12.** 2 つのベクトル $\vec{a}=(0,1,-1)$ と $\vec{b}=(-2,0,3)$ のベクトル積は

$$\vec{a}\times\vec{b}=(0,1,-1)\times(-2,0,3)=(3,-2,2)$$

と計算できる． □

◆**演習 1.11.** 2 つのベクトル $\vec{a}=(4,1,0)$ と $\vec{b}=(-1,1,2)$ のベクトル積の成分表示を求めよ．

また，基本ベクトルどうしのベクトル積は以下のようになる．

○**例 1.13.** $\vec{e}_1\times\vec{e}_2=(0,0,1)=\vec{e}_3$ □

◆**演習 1.12.** $\vec{e}_3\times\vec{e}_2$ を基本ベクトルで表せ．

直接計算により，ベクトル積は次の性質をみたすことがわかる．

**定理 1.8**

$\vec{a},\vec{b},\vec{c}$ をベクトル，$k,\ell$ を数とする．このとき，次が成立する．

(1) $\vec{a}\times\vec{b}=-(\vec{b}\times\vec{a})$

(2) $(k\vec{a}+\ell\vec{b})\times\vec{c}=k(\vec{a}\times\vec{c})+\ell(\vec{b}\times\vec{c})$

(3) $\vec{a}\times\vec{b}=\vec{0}\iff\vec{a}\,/\!/\,\vec{b}\qquad(\vec{a}\neq\vec{0},\ \vec{b}\neq\vec{0})$

**キケン！**

定理 1.8 の (1) にあるように，一般にベクトル積は交換法則をみたさない．

さらに，内積とベクトル積は以下の関係をみたす．

**定理 1.9**

$\vec{a}, \vec{b}$ をベクトルとする．このとき，次が成立する．

(1) $(\vec{a} \times \vec{b}) \cdot \vec{a} = (\vec{a} \times \vec{b}) \cdot \vec{b} = 0$

(2) $\|\vec{a} \times \vec{b}\|^2 = \|\vec{a}\|^2\|\vec{b}\|^2 - (\vec{a} \cdot \vec{b})^2$

○例 **1.14.** ベクトル $\vec{a}, \vec{b}$ が $\|\vec{a}\| = 2$, $\|\vec{b}\| = \sqrt{2}$, $\vec{a} \cdot \vec{b} = -1$ をみたすとする．このとき，$\|\vec{a} \times \vec{b}\| = \sqrt{7}$ である．実際，

$$\begin{aligned} \|\vec{a} \times \vec{b}\|^2 &= \|\vec{a}\|^2\|\vec{b}\|^2 - (\vec{a} \cdot \vec{b})^2 \\ &= 4 \times 2 - (-1)^2 = 7 \end{aligned}$$

と計算できる．ここで，$\|\vec{a} \times \vec{b}\| \geqq 0$ に注意する． □

◆**演習 1.13.** ベクトル $\vec{a}, \vec{b}$ が $\|\vec{a}\| = \sqrt{5}$, $\|\vec{b}\| = 2$, $\vec{a} \cdot \vec{b} = 2$ をみたすとする．このとき，ベクトル積 $\vec{a} \times \vec{b}$ の大きさを求めよ．

ベクトル積とは，どのようなベクトルであるのかを考察しよう．$\vec{a}, \vec{b}$ を零でないベクトルとし，$\vec{a} = \overrightarrow{\mathrm{OA}}$, $\vec{b} = \overrightarrow{\mathrm{OB}}$ とする．3 点 O, A, B が同一直線上にないとすると，それらはただ 1 つの平面 $P$ に含まれる．また，$\vec{a}$ と $\vec{b}$ は平行ではないので，定理 1.8 の (4) より $\vec{a} \times \vec{b} \neq \vec{0}$ である．定理 1.9 の (1) は，ベクトル積 $\vec{a} \times \vec{b}$ は平面 $P$ に直交することを主張している．そのようなベクトルの向きは 2 通りあるが，

「原点 O を支点とし線分 OA を OB に回転させたときの右ねじの進む向き」

と一致している．

最後に，ベクトル積の大きさは定理 1.9 の (2) により

$$\begin{aligned} \|\vec{a} \times \vec{b}\|^2 &= \|\vec{a}\|^2\|\vec{b}\|^2 - (\vec{a} \cdot \vec{b})^2 \\ &= \|\vec{a}\|^2\|\vec{b}\|^2 - \|\vec{a}\|^2\|\vec{b}\|^2 \cos^2 \theta \\ &= \|\vec{a}\|^2\|\vec{b}\|^2 \sin^2 \theta, \end{aligned}$$

つまり，$\|\vec{a}\times\vec{b}\| = \|\vec{a}\|\,\|\vec{b}\|\sin\theta$ と計算される．ここで，ベクトル $\vec{a}$ と $\vec{b}$ のなす角を $\theta$ $(0 \leqq \theta \leqq \pi)$ とした．これは，線分 OA, OB の張る平行四辺形の面積と一致している (図 1.14 参照).

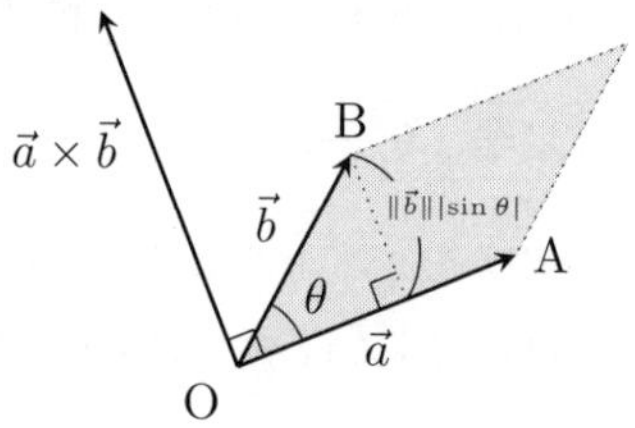


図 1.14　ベクトル積 $\vec{a}\times\vec{b}$

ところで，ベクトル積の大きさの式は内積の式と酷似している．ベクトル積は**外積**ともよばれる．

第 4 章で学ぶ行列式の概念を用いると，2 つのベクトル $\vec{a} = (a_1, a_2, a_3)$，$\vec{b} = (b_1, b_2, b_3)$ のベクトル積は

$$\vec{a}\times\vec{b} = \left( \begin{vmatrix} a_2 & b_2 \\ a_3 & b_3 \end{vmatrix},\ -\begin{vmatrix} a_1 & b_1 \\ a_3 & b_3 \end{vmatrix},\ \begin{vmatrix} a_1 & b_1 \\ a_2 & b_2 \end{vmatrix} \right)$$

と表すことができる．さらに，任意のベクトル $\vec{c}$ に対して，

$$(\vec{a}\times\vec{b})\cdot\vec{c} = \det\begin{pmatrix} \vec{a} \\ \vec{b} \\ \vec{c} \end{pmatrix}$$

が成り立つ．ここで右辺では，ベクトル $\vec{a}, \vec{b}, \vec{c}$ を縦に並べた 3 次正方行列 (定義は第 2 章参照) を考えている．第 2 章以降では，ベクトルの概念を拡張した行列について学ぶ．

## 1.4 節の問題

[**1**]　$\vec{a} = (1, 3, -3)$, $\vec{b} = (0, 1, 2)$ とするとき，$\|\vec{a}\|$, $\|\vec{b}\|$, $\vec{a}\cdot\vec{b}$, $\|\vec{a}\times\vec{b}\|$ を求めよ．

[**2**]　ベクトル $\vec{a} = (1, 1, 0)$ と $\vec{b} = (0, -2, 2)$ の両方に直交するベクトルをすべて求めよ．

## 1.5　図形の方程式への応用

本節では，前節までに学んだベクトルの諸概念を空間内の直線や平面の方程式に応用する．

原点を O とする $xyz$ 座標空間を考える．点 A に対し，ベクトル $\overrightarrow{\mathrm{OA}}$ を点 A の**位置ベクトル** (position vector) という．つまり，点 $\mathrm{A}(a_1, a_2, a_3)$ の位置ベクトルの成分表示は

$$\overrightarrow{\mathrm{OA}} = (a_1, a_2, a_3)$$

である．

零でないベクトル $\vec{v}$ と点 A を考える．A をとおり，$\vec{v}$ と平行な直線 $L$ の方程式を求めてみよう．点 A の位置ベクトルを $\vec{a} = \overrightarrow{\mathrm{OA}}$ とする．

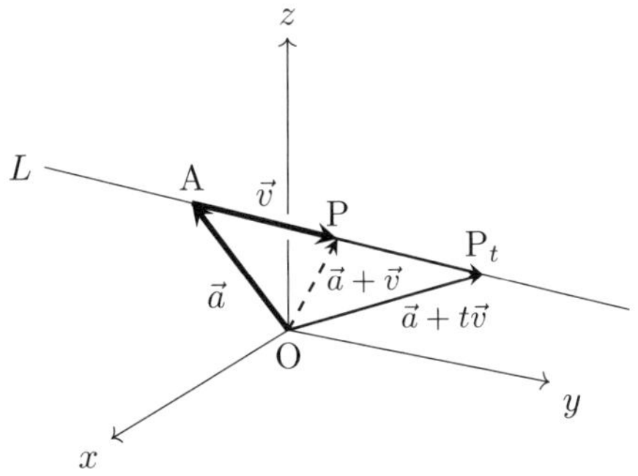


**図 1.15**　点 A をとおり，ベクトル $\vec{v}$ と平行な直線 $L$

ベクトル $\vec{a}+\vec{v}$ を位置ベクトルとするような点 P を考えると，P は求める直線 $L$ 上にある．一方，数 $t$ に対しベクトル $t\vec{v}$ は $\vec{v}$ と平行なベクトルであった．したがって，ベクトル $\vec{a}+t\vec{v}$ を位置ベクトルとするような点 $\mathrm{P}_t$ を考えると，$t$ が変化するにつれて $\mathrm{P}_t$ は直線 $L$ 上のすべての点を動く．

つまり，$\vec{a} = (a_1, a_2, a_3)$, $\vec{v} = (v_1, v_2, v_3)$ とすると，直線 $L$ 上の点 $(x, y, z)$ は方程式

$$(x, y, z) = (a_1, a_2, a_3) + t(v_1, v_2, v_3)$$

をみたす．これを直線 $L$ の**媒介変数 (パラメータ) 表示**といい，$t$ を**媒介変数 (パラメータ)**(parameter) という．

**定理 1.10**

点 $\mathrm{A}(a_1, a_2, a_3)$ をとおり，零でないベクトル $\vec{v} = (v_1, v_2, v_3)$ と平行な直線 $L$ の方程式は，$t$ を媒介変数として

$$\begin{cases} x = a_1 + v_1 t \\ y = a_2 + v_2 t \\ z = a_3 + v_3 t \end{cases}$$

で与えられる．

$v_1$，$v_2$，$v_3$ がいずれも 0 でない場合は，直線 $L$ の方程式は $t$ を消去することにより

$$\frac{x - a_1}{v_1} = \frac{y - a_2}{v_2} = \frac{z - a_3}{v_3}$$

と書ける．また，平面内の直線についても，同様の定理が成立する．

○**例 1.15.** 点 $\mathrm{A}(1, -2, 5)$ をとおり，ベクトル $\vec{v} = (-1, -4, 0)$ と平行な直線の方程式の媒介変数表示は

$$(x, y, z) = \overrightarrow{\mathrm{OA}} + t\vec{v} = (1, -2, 5) + t(-1, -4, 0) = (1 - t, -2 - 4t, 5)$$

で与えられる． □

◆**演習 1.14.** 点 $(0, 1, -2)$ をとおり，ベクトル $\vec{v} = (0, 1, 0)$ と平行な直線の方程式の媒介変数表示を求めよ．

零でないベクトル $\vec{v}$ と点 A を考える．A をとおり，$\vec{v}$ と直交する平面 $P$ の方程式を求めてみよう．

平面 $P$ 上の点 $\mathrm{Q}(x, y, z)$ を考える．ベクトル $\overrightarrow{\mathrm{AQ}}$ は $P$ と平行なので，ベクトル $\vec{v}$ と直交する．つまり，

$$\overrightarrow{\mathrm{AQ}} \cdot \vec{v} = 0$$

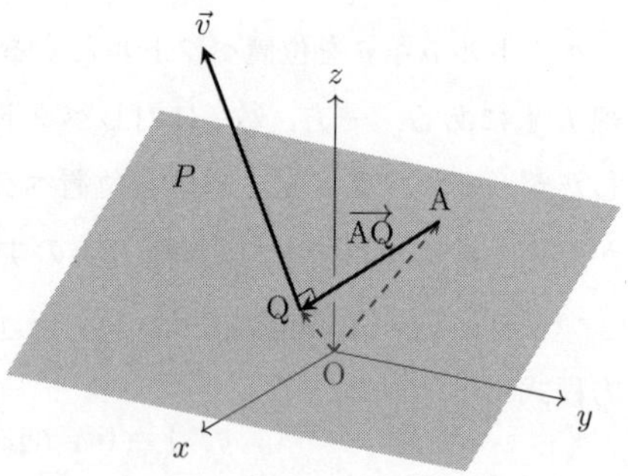


**図 1.16**　点 A をとおり，ベクトル $\vec{v}$ と直交する平面 $P$

である．したがって，$\mathrm{A}(a_1, a_2, a_3)$，$\vec{v} = (v_1, v_2, v_3)$ とすると，点 $(x, y, z)$ は方程式

$$\begin{aligned} 0 &= (x - a_1, y - a_2, z - a_3) \cdot (v_1, v_2, v_3) \\ &= (x - a_1)v_1 + (y - a_2)v_2 + (z - a_3)v_3 \end{aligned}$$

をみたす．

**定理 1.11**

点 $\mathrm{A}(a_1, a_2, a_3)$ をとおり，零でないベクトル $\vec{v} = (v_1, v_2, v_3)$ と直交する平面 $P$ の方程式は

$$(x - a_1)v_1 + (y - a_2)v_2 + (z - a_3)v_3 = 0$$

で与えられる．

○**例 1.16.** 点 $\mathrm{A}(1, -2, 5)$ をとおり，ベクトル $\vec{v} = (-1, -4, 1)$ と直交する平面の方程式は

$$(x - 1) \times (-1) + (y + 2) \times (-4) + (z - 5) \times 1 = 0,$$

つまり，$x + 4y - z + 12 = 0$ で与えられる．□

◆**演習 1.15.** 点 $(0, 1, -2)$ をとおり，ベクトル $\vec{v} = (0, 1, 0)$ と直交する平面の方程式を求めよ．

## 1.5 節の問題

点 $\mathrm{A}(-2, 0, 3)$ とベクトル $\vec{v} = (1, 1, 1)$ に対し，次の問いに答えよ．

[**1**]　点 A をとおり，$\vec{v}$ と平行な直線の方程式を求めよ．

[**2**]　点 A をとおり，$\vec{v}$ と直交する平面の方程式を求めよ．

[**3**]　点 A をとおり，$\vec{v}$ と直交する直線の方程式をすべて求めよ．

# 章末問題

[**1**]　ベクトル $\vec{a}=(1,2)$，$\vec{b}=(-1,3)$ を考える．ベクトル $\vec{a}+2\vec{b}$ と $\vec{a}-t\vec{b}$ が直交するときの $t$ を求めよ．

[**2**]　各辺の長さが3の正三角形OABを考える．辺OAの中点をM，辺OBを $2:1$ に内分する点をPとする．また，$\vec{a}=\overrightarrow{\mathrm{OA}}$，$\vec{b}=\overrightarrow{\mathrm{OB}}$ とする．このとき次の問いに答えよ．

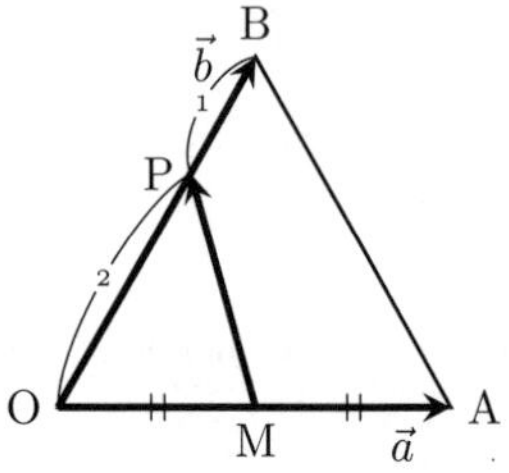


(1) 内積 $\vec{a}\cdot\vec{b}$ を求めよ．

(2) ベクトル $\overrightarrow{\mathrm{MP}}$ を $\vec{a}, \vec{b}$ を用いて表せ．

(3) 線分MPを $t:1-t$ に内分する点をQとするとき，ベクトル $\overrightarrow{\mathrm{OQ}}$ を $\vec{a}$，$\vec{b}$ を用いて表せ．

(4) $\overrightarrow{\mathrm{OQ}}$ と $\overrightarrow{\mathrm{MP}}$ が直交するときの $t$ を求めよ．

[**3**]　$\vec{a}=(1,2,0)$，$\vec{b}=(0,-2,5)$ とするとき，次の2つの式を同時にみたすベクトル $\vec{x}, \vec{y}$ の成分表示を求めよ．

$$\begin{cases} \vec{x}-\vec{y}=\vec{a} \\ 2\vec{x}+3\vec{y}=2\vec{a}-\vec{b} \end{cases}$$

[**4**]　ベクトル積は結合法則をみたさないことを示せ．つまり，

$$(\vec{a}\times\vec{b})\times\vec{c}\neq\vec{a}\times(\vec{b}\times\vec{c})$$

であるような空間ベクトル $\vec{a}, \vec{b}, \vec{c}$ の例をあげよ．

[**5**]　ベクトル $\vec{a}=(1,2,1)$ と $\vec{b}=(-1,4,0)$ の張る平面うち，原点をとおるものの方程式を求めよ．

# 第 2 章　行　　列

連立 1 次方程式

$$\begin{cases} 2x + \phantom{2}y = 3 & \cdots ① \\ 3x + 2y = 2 & \cdots ② \end{cases}$$

を解くとする．① を 2 倍し，それから ② を引くと，

$$x = 4 \qquad \cdots ③$$

が得られる．さらに，③ を 3 倍し，② 式から引き，2 で割ると，

$$y = -5 \qquad \cdots ④$$

が得られる．このプロセスを注意してみると，未知数 $x, y$ の代わりに $u, v$ などの文字を用いてもよくて，どのような文字が使われているかは重要ではない．むしろその係数が本質的であることがわかる．そこで，位置に忠実にその係数だけをぬきだして並べてみると (これを「表」とよぼう)，①, ② は

$$\begin{pmatrix} 2 & 1 & 3 \\ 3 & 2 & 2 \end{pmatrix} \qquad \cdots ⑤$$

と表される．③, ④ はまとめると

$$\begin{cases} x & = 4 \\ & y = -5 \end{cases}$$

となるが，これを表にすると

$$\begin{pmatrix} 1 & 0 & 4 \\ 0 & 1 & -5 \end{pmatrix} \qquad \cdots ⑥$$

と表される．この表をもとに上の解法をたどることもできる．このように，連立 1 次方程式 ①, ② を解くことは，表 ⑤ を適当に変形して，⑥ の形にするということと考えられる．

このように，連立1次方程式はその係数の「表」の処理として解くことができる．このような考え方は古くからあり，古代バビロニアや古代中国においても表を使って連立1次方程式が解かれていた．19世紀になり，連立1次方程式の体系的研究や抽象代数の発展にともない，このような表自身を数学的対象 (行列) として考え，それに対する研究が進められた．それらの中で，行列の概念はかなり広範囲に有効な数学的対象として考えられるようになり，行列論，線形数学と発展し，現代数学の重要な基礎となっている．

なお，線形数学で扱われる数は扱う対象により，有理数や実数，複素数またはそれ以外のいろいろなものがありうる．しかし，**本書で扱う数は特に断りがなければ実数とする**．またさらに，実数を表す文字や実数を動く変数も使う．

本章では，行列の定義，基本的演算，その性質について学ぶ．

**行　列**

数を縦横長方形状に並べた表を**行列** (matrix) という．横の並びを**行** (row)，縦の並びを**列** (column) という．

行列では，行を上から順に第1行，第2行，・・・と数え，列は左から第1列，第2列，・・・と数える．$m$ 個の行と $n$ 個の列からなる行列を，$\boldsymbol{m}$ **行** $\boldsymbol{n}$ **列の行列**，または，$\boldsymbol{m \times n}$ **行列**という．

2つの行列 $A$ と $B$ の行の個数と列の個数がそれぞれ同じであるとき，$A$ と $B$ は**同じ型の行列**であるという．

## 2.1　行列，行列の定数倍，和，差

この節では，行列の定義，和，差などの基本的演算，用語などを学ぶ.

行列は次のように定義される.

**$\boldsymbol{m \times n}$ 行列**

$$\begin{array}{c} \text{第 } 1 \text{ 行} \\ \text{第 } 2 \text{ 行} \\ \vdots \\ \text{第 } m \text{ 行} \end{array} \begin{pmatrix} a_{11} & a_{12} & \cdots & a_{1n} \\ a_{21} & a_{22} & \cdots & a_{2n} \\ \vdots & \vdots & & \vdots \\ a_{m1} & a_{m2} & \cdots & a_{mn} \end{pmatrix},$$

$$\begin{array}{cccc} \text{第 } 1 \text{ 列} & \text{第 } 2 \text{ 列} & \cdots & \text{第 } n \text{ 列} \end{array}$$
$$\begin{pmatrix} a_{11} & a_{12} & \cdots & a_{1n} \\ a_{21} & a_{22} & \cdots & a_{2n} \\ \vdots & \vdots & & \vdots \\ a_{m1} & a_{m2} & \cdots & a_{mn} \end{pmatrix}$$

7 ページの 1.2 節で学んだように，$\vec{a}$ を平面ベクトルとするとき，座標を定めると，基本ベクトル $\vec{e_1}, \vec{e_2}$ を用いて，

$$\vec{a} = a_1\vec{e_1} + a_2\vec{e_2}$$

と表すことができる．このとき，$(a_1, a_2)$ を $\vec{a}$ の**成分表示**といった．このように，座標を 1 つ定めておくと，平面ベクトル $\vec{a}$ は その成分表示 $(a_1, a_2)$ を考えることで，$1 \times 2$ 行列 $\begin{pmatrix} a_1 & a_2 \end{pmatrix}$ とみなすことができる．さらに，この対応を，$1 \times 2$ 行列ではなく，$2 \times 1$ 行列 $\begin{pmatrix} a_1 \\ a_2 \end{pmatrix}$ で表しても，実質は同じである.

同様にして，空間ベクトル $\vec{z}$ は，その成分表示を用いて，$1 \times 3$ 行列 $\begin{pmatrix} z_1 & z_2 & z_3 \end{pmatrix}$ または $\begin{pmatrix} z_1 \\ z_2 \\ z_3 \end{pmatrix}$ とみなすことができる.

このように，平面ベクトルや空間ベクトルを成分表示したものは，特別な行列と考えることができる．このことを一般化して次の定義をする.

**行ベクトル，列ベクトル**

$n$ を正の整数とするとき，$1 \times n$ 行列

$$(a_1\ a_2\ \cdots\ a_n)$$

を長さ $n$ の**行ベクトル** (row vector) という．また，$m$ を正の整数とするとき，$m \times 1$ 行列

$$\begin{pmatrix} b_1 \\ b_2 \\ \vdots \\ b_m \end{pmatrix}$$

を長さ $m$ の**列ベクトル** (column vector) という．

さらに一般に，行列

$$A = \begin{pmatrix} a_{11} & a_{12} & \cdots & a_{1n} \\ a_{21} & a_{22} & \cdots & a_{2n} \\ \vdots & \vdots & & \vdots \\ a_{m1} & a_{m2} & \cdots & a_{mn} \end{pmatrix}$$

に対し，

$$\begin{aligned} \boldsymbol{a}_1 &= (a_{11}\ a_{12}\ \cdots\ a_{1n}), \\ \boldsymbol{a}_2 &= (a_{21}\ a_{22}\ \cdots\ a_{2n}), \\ &\ \vdots \\ \boldsymbol{a}_m &= (a_{m1}\ a_{m2}\ \cdots\ a_{mn}) \end{aligned}$$

とすると，

$$A = \begin{pmatrix} \boldsymbol{a}_1 \\ \boldsymbol{a}_2 \\ \vdots \\ \boldsymbol{a}_m \end{pmatrix}$$

と表すこともできる．

同様に，

$$\boldsymbol{b}_1 = \begin{pmatrix} a_{11} \\ a_{21} \\ \vdots \\ a_{m1} \end{pmatrix}, \quad \boldsymbol{b}_2 = \begin{pmatrix} a_{12} \\ a_{22} \\ \vdots \\ a_{m2} \end{pmatrix}, \quad \cdots, \quad \boldsymbol{b}_n = \begin{pmatrix} a_{1n} \\ a_{2n} \\ \vdots \\ a_{mn} \end{pmatrix}$$

とすると，

$$A = \begin{pmatrix} \boldsymbol{b}_1 & \boldsymbol{b}_2 & \cdots & \boldsymbol{b}_n \end{pmatrix}$$

と表すこともできる．

1.2 節では，ベクトルを成分表示する場合は，行ベクトルの形で表していた．しかし，一般に線形数学では，列ベクトルの形で使うことが多く，本書でもそのようにする．これは，列ベクトルで表示したほうが，次節で扱う積の演算が扱いやすくなるからである．また，第 1 章ではベクトルを矢印記号付きで表記していたが，第 2 章以降では矢印を付けないで太字で表すこととする．

○例 **2.1.**

$$A = \begin{pmatrix} 1 & 2 \\ 3 & 4 \\ 5 & 6 \end{pmatrix}, \quad B = \begin{pmatrix} 1 & 2 & 3 \\ 4 & 5 & 6 \end{pmatrix}, \quad C = \begin{pmatrix} 1 & 2 & 3 \\ 4 & 5 & 6 \\ 7 & 8 & 9 \end{pmatrix}$$

とすると，$A$ は $3 \times 2$ 行列，$B$ は $2 \times 3$ 行列，$C$ は $3 \times 3$ 行列である．$A, B, C$ はそれぞれ同じ型の行列ではない．□

◆**演習 2.1.** $3 \times 4$ 行列，$3 \times 1$ 行列，$1 \times 4$ 行列の例をつくれ．

**行列の成分と相等**

行列を構成する各々の数を行列の**成分** (component) という．$i$ 行 $j$ 列にある成分を $\boldsymbol{(i,j)}$ **成分**という．行列の $(i,j)$ 成分を表すために，添え字を使って $a_{ij}$ のように表すことがある．

$$\begin{matrix} & \text{第}\,j\,\text{列} \\ \text{第}\,i\,\text{行} & \begin{pmatrix} & \vdots & & \\ \cdots & a_{ij} & \cdots & \cdots \\ & \vdots & & \\ & \vdots & & \end{pmatrix} \end{matrix}$$

また，行列 $A$ の $(i,j)$ 成分を $a_{ij}$ と表したとき，

$$A = \bigl(a_{ij}\bigr)$$

のように表すことがある．

2 つの同じ型の行列 $A, B$ に対して，対応する成分がすべて等しいとき，それらの行列は**等しい**といい，$A = B$ と書く．

すなわち，$m \times n$ 行列 $A = \bigl(a_{ij}\bigr)$, $B = \bigl(b_{ij}\bigr)$ に対して，$A = B$ とは

$$i = 1, \cdots, m,\ \ j = 1, \cdots, n \text{ に対して，} a_{ij} = b_{ij}$$

が成立することである．

○例 **2.2.** $A = \bigl(a_{ij}\bigr) = \begin{pmatrix} 1 & 2 \\ 3 & 4 \\ 5 & 6 \end{pmatrix}$ とすると，$a_{11} = 1$, $a_{12} = 2$, $a_{21} = 3$, $a_{22} = 4$, $a_{31} = 5$, $a_{32} = 6$ である． □

◆演習 **2.2.** $B = \bigl(b_{ij}\bigr) = \begin{pmatrix} 1 & 2 & 3 \\ 4 & 5 & 6 \end{pmatrix}$，$C = \bigl(c_{ij}\bigr) = \begin{pmatrix} 1 & 2 & 3 \\ 4 & 5 & 6 \\ 7 & 8 & 9 \end{pmatrix}$ とするとき，$b_{11}$, $b_{23}$, $c_{11}$, $c_{23}$, $c_{32}$ をそれぞれ求めよ．

**零行列**

すべての成分が 0 である行列を**零行列** (zero matrix) という．零行列は型によらないで $\boldsymbol{O}$ で表すことがある．すなわち，

$$\boldsymbol{O} = \begin{pmatrix} 0 & 0 & \cdots & 0 \\ 0 & 0 & \cdots & 0 \\ \vdots & \vdots & \ddots & \vdots \\ 0 & 0 & \cdots & 0 \end{pmatrix}$$

である．

**正方行列**

$n \times n$ 行列を $n$ 次**正方行列** (square matrix) という．すなわち，正方行列とは，行の個数と列の個数が同じ行列のことである．

平面ベクトル $\boldsymbol{a}$, $\boldsymbol{b}$ の成分表示をそれぞれ $\begin{pmatrix} a_1 \\ a_2 \end{pmatrix}$, $\begin{pmatrix} b_1 \\ b_2 \end{pmatrix}$ とすると，$\boldsymbol{a} + \boldsymbol{b}$ の成分表示は $\begin{pmatrix} a_1 + b_1 \\ a_2 + b_2 \end{pmatrix}$ である．これを一般化して，次の定義をする．

**行列の和と差**

$A$, $B$ を同じ型の行列とする．対応する各成分の和からつくられる行列を $A$ と $B$ の**和**といって，$A + B$ と表す．すなわち，$A = \bigl(a_{ij}\bigr)$, $B = \bigl(b_{ij}\bigr)$ としたとき，

$$A + B = \bigl(a_{ij} + b_{ij}\bigr)$$

である．

さらに，対応する各成分の差からつくられる行列を $A$ と $B$ の**差**といって，$A - B$ と表す．すなわち，

$$A - B = \bigl(a_{ij} - b_{ij}\bigr)$$

である．

なお，同じ型の行列でなければ，和や差は定義できないことに注意しよう．

**○例 2.3.** $$\begin{pmatrix} 1 & 2 & 3 \\ 4 & 5 & 6 \end{pmatrix} + \begin{pmatrix} 5 & 3 & 1 \\ -1 & -3 & -5 \end{pmatrix} = \begin{pmatrix} 6 & 5 & 4 \\ 3 & 2 & 1 \end{pmatrix}$$ □

**◆演習 2.3.** 次の計算をせよ．

(1) $\begin{pmatrix} 1 & -2 \\ 3 & 4 \end{pmatrix} + \begin{pmatrix} 2 & 7 \\ 1 & -5 \end{pmatrix}$

(2) $\begin{pmatrix} -3 & 7 \\ 2 & 5 \end{pmatrix} - \begin{pmatrix} 1 & -2 \\ 9 & -4 \end{pmatrix}$

平面ベクトル $\boldsymbol{a}$ の成分表示を $\begin{pmatrix} a_1 \\ a_2 \end{pmatrix}$ とすると，数 $c$ に対して，$c\boldsymbol{a}$ の成分表示は $\begin{pmatrix} ca_1 \\ ca_2 \end{pmatrix}$ であった．このことを一般化して，次の定義をする．

**行列の定数倍**

$A$ を行列，$c$ を数とする．$A$ の各成分に $c$ をかけて得られる行列を $cA$ と表す．すなわち，$A = \left(a_{ij}\right)$ としたとき，
$$cA = \left(ca_{ij}\right)$$
である．

なお $c = -1$ のとき，$(-1)A$ を $-A$ と書く．

**○例 2.4.**
$$3\begin{pmatrix} 1 & 2 \\ 3 & 4 \\ 5 & 6 \end{pmatrix} = \begin{pmatrix} 3\cdot 1 & 3\cdot 2 \\ 3\cdot 3 & 3\cdot 4 \\ 3\cdot 5 & 3\cdot 6 \end{pmatrix} = \begin{pmatrix} 3 & 6 \\ 9 & 12 \\ 15 & 18 \end{pmatrix},$$
$$-\begin{pmatrix} 1 & 2 & 3 \\ 4 & 5 & 6 \\ 7 & 8 & 9 \end{pmatrix} = \begin{pmatrix} -1 & -2 & -3 \\ -4 & -5 & -6 \\ -7 & -8 & -9 \end{pmatrix}.$$
□

行列の和については次の定理が成立する．実数について同様な性質が成立することに注意すれば，この定理は行列の相等の定義から証明される．

**定理 2.1**

$A, B, C$ を同じ型の行列とするとき，次が成立する．ここで $\boldsymbol{O}$ は零行列である．

(1) $A+B=B+A$ (交換法則)

(2) $(A+B)+C=A+(B+C)$ (結合法則)

(3) $A+\boldsymbol{O}=A$

(4) $A-A=\boldsymbol{O}$

上の定理の (2) は，行列の和を計算をするとき，括弧のつけ方に結果は依存しないことを示している．このことから，いくつかの行列の和を表すとき，括弧を省略することがある．たとえば，$(A+B)+C$ や $A+(B+C)$ のことを，単に $A+B+C$ と表すことがある．

定数倍と和についても同様な性質が成立する．この定理も各成分ごとにこの性質が成立することに注意すれば証明できる．

**定理 2.2**

$A, B$ を同じ型の行列とし，$c, d$ を数とする．このとき次が成立する．

(1) $c(dA)=(cd)A$

(2) $c(A+B)=cA+cB$,

$(c+d)A=cA+dA$

(3) $A+(-1)B=A-B$,

$1A=A$

◆**演習 2.4.** 次の計算をせよ.

(1) $\begin{pmatrix} 3 & 1 \\ -7 & 2 \end{pmatrix} - 2\begin{pmatrix} 1 & -2 \\ 3 & 4 \end{pmatrix} + 3\begin{pmatrix} -5 & 2 \\ 3 & -4 \end{pmatrix}$

(2) $\begin{pmatrix} 2 & 9 \\ -7 & 5 \\ 2 & -6 \end{pmatrix} + \begin{pmatrix} 6 & -7 \\ 3 & 4 \\ -1 & 1 \end{pmatrix} - \begin{pmatrix} 8 & 2 \\ -5 & 8 \\ 3 & -2 \end{pmatrix}$

○**例 2.5.** $A, B, C, D$ を同じ型の行列とするとき，次が成立する.

(1) $A = B$ ならば $A + C = B + C$ かつ $A - C = B - C$

(2) $A = B$ かつ $C = D$ ならば 数 $c, d$ に対して $cA + dC = cB + dD$ □

◆**演習 2.5.** 例 2.5 を利用して，次の等式をみたす 2 次正方行列 $X, Y$ を求めよ.

$$\begin{cases} 3X + 4Y = \begin{pmatrix} -3 & 5 \\ -2 & -9 \end{pmatrix} \\ 2X - Y = \begin{pmatrix} 9 & -4 \\ -5 & 5 \end{pmatrix} \end{cases}$$

## 2.1 節の問題

[**1**] 次の計算をせよ.

$$2\begin{pmatrix} 1 & 5 & -1 \\ 2 & 3 & 1 \\ 4 & 6 & -2 \end{pmatrix} - 3\begin{pmatrix} 1 & -2 & 1 \\ 5 & 3 & 1 \\ -1 & -3 & -5 \end{pmatrix}$$

[**2**] 次の等式をみたす 3 次正方行列 $X, Y$ を求めよ.

$$\begin{cases} 3X - Y = \begin{pmatrix} -2 & 3 & 6 \\ 3 & 2 & 3 \\ 6 & 3 & -2 \end{pmatrix} \\ 2X + Y = \begin{pmatrix} 2 & 2 & 4 \\ 2 & 8 & 2 \\ 4 & 2 & 2 \end{pmatrix} \end{cases}$$

## 2.2 行 列 の 積

行列の定数倍や和，差は自然に定義することができた．これに対して，行列の積の定義は少し考察が必要になる．$a, b, c, d, e, f, g, h$ を定数とし，2 つの移動 $\alpha, \beta$，すなわち

$$\alpha : \begin{cases} u = ax + by \\ v = cx + dy \end{cases} \qquad \cdots ①$$

$$\beta : \begin{cases} x = ez + fw \\ y = gz + hw \end{cases} \qquad \cdots ②$$

を考える．① の $x, y$ に ② の $x, y$ を代入して得られる，$z, w$ から $u, v$ への移動を $\alpha$ と $\beta$ の**合成**といって，$\alpha \circ \beta$ と表す．この移動は，計算すると，

$$\alpha \circ \beta : \begin{cases} u = (ae + bg)z + (af + bh)w \\ v = (ce + dg)z + (cf + dh)w \end{cases} \qquad \cdots ③$$

となる．これらの移動は ①, ②, ③ の係数で与えられると考えられる．$\alpha, \beta$ の係数を並べた行列をそれぞれ

$$A = \begin{pmatrix} a & b \\ c & d \end{pmatrix}, \qquad B = \begin{pmatrix} e & f \\ g & h \end{pmatrix}$$

とする．これに対して，合成 $\alpha \circ \beta$ をこれらの行列 $A$ と $B$ の積と考えるのは自然であろう．すなわち，行列の積を

$$\begin{pmatrix} a & b \\ c & d \end{pmatrix}\begin{pmatrix} e & f \\ g & h \end{pmatrix} = \begin{pmatrix} ae + bg & af + bh \\ ce + dg & cf + dh \end{pmatrix}$$

と定める．

同様な考え方で $A$ と列ベクトルとの積を

$$\begin{pmatrix} a & b \\ c & d \end{pmatrix}\begin{pmatrix} x \\ y \end{pmatrix} = \begin{pmatrix} ax + by \\ cx + dy \end{pmatrix}$$

と定める．この記法を使うと，① と ② は

$$\begin{pmatrix} u \\ v \end{pmatrix} = \begin{pmatrix} a & b \\ c & d \end{pmatrix}\begin{pmatrix} x \\ y \end{pmatrix}, \quad \begin{pmatrix} x \\ y \end{pmatrix} = \begin{pmatrix} e & f \\ g & h \end{pmatrix}\begin{pmatrix} z \\ w \end{pmatrix}$$

と表される．さらに，③ は

$$\begin{pmatrix} u \\ v \end{pmatrix} = \begin{pmatrix} a & b \\ c & d \end{pmatrix}\begin{pmatrix} e & f \\ g & h \end{pmatrix}\begin{pmatrix} z \\ w \end{pmatrix}$$
$$= \begin{pmatrix} ae+bg & af+bh \\ ce+dg & cf+dh \end{pmatrix}\begin{pmatrix} z \\ w \end{pmatrix}$$

と表される．

○例 **2.6.** $$\begin{pmatrix} 2 & 1 \\ 7 & 5 \end{pmatrix}\begin{pmatrix} 1 & 3 \\ 4 & -5 \end{pmatrix} = \begin{pmatrix} 2\cdot 1+1\cdot 4 & 2\cdot 3+1\cdot(-5) \\ 7\cdot 1+5\cdot 4 & 7\cdot 3+5\cdot(-5) \end{pmatrix}$$
$$= \begin{pmatrix} 6 & 1 \\ 27 & -4 \end{pmatrix}$$ □

◆**演習 2.6.** 次の計算をせよ．

(1) $\begin{pmatrix} 1 & -2 \\ 3 & 4 \end{pmatrix}\begin{pmatrix} 2 & 7 \\ 1 & -5 \end{pmatrix}$　　(2) $\begin{pmatrix} -3 & 7 \\ 2 & 5 \end{pmatrix}\begin{pmatrix} 1 & -2 \\ 9 & -4 \end{pmatrix}$

$2\times 2$ 行列以外の行列に対しても，同様に，たとえば，

$$\begin{pmatrix} a & b & c \end{pmatrix}\begin{pmatrix} x \\ y \\ z \end{pmatrix} = \begin{pmatrix} ax+by+cz \end{pmatrix}$$

と定義する．

○例 **2.7.** $$\begin{pmatrix} 1 & 2 & 3 \end{pmatrix}\begin{pmatrix} 2 \\ -1 \\ 1 \end{pmatrix} = \begin{pmatrix} 1\cdot 2+2\cdot(-1)+3\cdot 1 \end{pmatrix} = \begin{pmatrix} 3 \end{pmatrix}$$ □

◆**演習 2.7.** 次の計算をせよ．

$$\begin{pmatrix} 4 & 2 & -9 \end{pmatrix}\begin{pmatrix} 3 \\ -1 \\ 5 \end{pmatrix}$$

以上のことを一般化して，$A=\left(a_{ij}\right)$ を $m\times n$ 行列，$B=\left(b_{jk}\right)$ を $n\times l$ 行列とするとき，それらの積 $C=\left(c_{ik}\right)$ の成分 $c_{ik}$ を，$A$ の $i$ 行と，$B$ の $k$ 列の対応する成分の積の和として定義する．すなわち，

$$c_{ik} = a_{i1}b_{1k} + a_{i2}b_{2k} + \cdots + a_{in}b_{nk}$$

とする．ここで，和は $A$ の $i$ 行の成分と $B$ の $k$ 列の対応する成分の積につい

てとるから，「$A$ の列の個数 $n$ と，$B$ の行の個数 $n$ は同じでなくてはならない」ことに注意しよう．$c_{ik}, a_{ij}, b_{jk}$ の対応は以下のように表される．

$$
\begin{array}{c}
\text{第 } i \text{ 行} \\
\end{array}
\overset{\text{第 } k \text{ 列}}{\begin{pmatrix} & \vdots & & \\ & \vdots & & \\ \cdots & c_{ik} & \cdots & \cdots \\ & \vdots & & \end{pmatrix}}
=
\text{第 } i \text{ 行}
\begin{pmatrix} & & & \\ a_{i1} & a_{i2} & \cdots & a_{in} \\ & & & \end{pmatrix}
\overset{\text{第 } k \text{ 列}}{\begin{pmatrix} & b_{1k} & \\ & b_{2k} & \\ \cdots & \vdots & \cdots \\ & b_{nk} & \end{pmatrix}}
$$

$$C \qquad = \qquad A \qquad B$$

**行列の積**

$A = \big(a_{ij}\big)$ を $m \times n$ 行列，$B = \big(b_{jk}\big)$ を $n \times l$ 行列とする．このとき，$1 \leqq i \leqq m$，$1 \leqq k \leqq l$ に対して，

$$c_{ik} = a_{i1}b_{1k} + a_{i2}b_{2k} + \cdots + a_{in}b_{nk} = \sum_{j=1}^{n} a_{ij}b_{jk}$$

を $(i, k)$ 成分とする $m \times l$ 行列 $C = \big(c_{ik}\big)$ を $A$ と $B$ の積といって，$AB$ と表す．

○例 **2.8.**

$$\overset{3 \times 1}{\begin{pmatrix} 2 \\ -1 \\ 1 \end{pmatrix}} \overset{1 \times 3}{\begin{pmatrix} 1 & 2 & 3 \end{pmatrix}} = \begin{pmatrix} 2 & 4 & 6 \\ -1 & -2 & -3 \\ 1 & 2 & 3 \end{pmatrix}$$

□

○例 **2.9.**

$$\overset{2 \times 3}{\begin{pmatrix} 1 & 2 & 3 \\ 4 & 5 & 6 \end{pmatrix}} \overset{3 \times 2}{\begin{pmatrix} -1 & -2 \\ 3 & 4 \\ -5 & -6 \end{pmatrix}}$$

$$= \begin{pmatrix} 1 \cdot (-1) + 2 \cdot 3 + 3 \cdot (-5) & 1 \cdot (-2) + 2 \cdot 4 + 3 \cdot (-6) \\ 4 \cdot (-1) + 5 \cdot 3 + 6 \cdot (-5) & 4 \cdot (-2) + 5 \cdot 4 + 6 \cdot (-6) \end{pmatrix}$$

$$= \begin{pmatrix} -10 & -12 \\ -19 & -24 \end{pmatrix}$$

□

○例 **2.10.**

$$\begin{pmatrix} a & b \\ c & d \end{pmatrix}\begin{pmatrix} d & -b \\ -c & a \end{pmatrix} = (ad-bc)\begin{pmatrix} 1 & 0 \\ 0 & 1 \end{pmatrix}$$

□

**キケン！**

行列の積を上記のような形ではなく，和のときのように成分ごとの積，つまり，$A = \left(a_{ij}\right)$ と $B = \left(b_{ij}\right)$ の積を $C = \left(a_{ij}b_{ij}\right)$ とするほうが自然と考えるかもしれない．実際，数学のある場面では，その考え方で積を定義することもある．しかし，行列の場合は，この節の最初に述べた移動と行列との関係から，上記のような定義を行う．まちがえないようにしよう．

◆演習 **2.8.** 次の計算をせよ．

(1) $\begin{pmatrix} 3 & -2 \\ -1 & 5 \end{pmatrix}\begin{pmatrix} 2 & 0 & -5 \\ -3 & 4 & 1 \end{pmatrix}$

(2) $\begin{pmatrix} -3 & 7 & 1 \\ 5 & 2 & -4 \end{pmatrix}\begin{pmatrix} 6 \\ -2 \\ -5 \end{pmatrix}$

◆演習 **2.9.** 次の積は計算できないことを確認せよ．

(1) $\begin{pmatrix} 2 & 0 & -5 \\ -3 & 4 & 1 \end{pmatrix}\begin{pmatrix} 3 & -2 \\ -1 & 5 \end{pmatrix}$

(2) $\begin{pmatrix} 6 \\ -2 \\ -5 \end{pmatrix}\begin{pmatrix} -3 & 7 & 1 \\ 5 & 2 & -4 \end{pmatrix}$

○例 **2.11.** $A, B$ をそれぞれ $m \times n$，$n \times l$ 行列とする．このとき，積 $AB$ が定義できる．$B$ を $l$ 個の列ベクトル $\boldsymbol{b}_1, \boldsymbol{b}_2, \cdots, \boldsymbol{b}_l$ に分ける．すなわち，$B = \left(\boldsymbol{b}_1 \ \boldsymbol{b}_2 \ \cdots \ \boldsymbol{b}_l\right)$ とする．このとき，

$$\begin{aligned} AB &= A\left(\boldsymbol{b}_1 \ \boldsymbol{b}_2 \ \cdots \ \boldsymbol{b}_l\right) \\ &= \left(A\boldsymbol{b}_1 \ A\boldsymbol{b}_2 \ \cdots \ A\boldsymbol{b}_l\right) \end{aligned}$$

となる．

□

○例 **2.12.** 例 2.9 の式を例 2.11 で与えられた形で表すと，

$$\begin{pmatrix} 1 & 2 & 3 \\ 4 & 5 & 6 \end{pmatrix} \begin{pmatrix} -1 & -2 \\ 3 & 4 \\ -5 & -6 \end{pmatrix}$$

$$= \left( \begin{pmatrix} 1 & 2 & 3 \\ 4 & 5 & 6 \end{pmatrix} \begin{pmatrix} -1 \\ 3 \\ -5 \end{pmatrix} \quad \begin{pmatrix} 1 & 2 & 3 \\ 4 & 5 & 6 \end{pmatrix} \begin{pmatrix} -2 \\ 4 \\ -6 \end{pmatrix} \right)$$

$$= \begin{pmatrix} -10 & -12 \\ -19 & -24 \end{pmatrix}$$

となる． □

行列の積については次が成立する．

**定理 2.3**

(1) $A, B$ をそれぞれ，$m \times n$，$n \times l$ 行列とすると，

$$A(kB) = (kA)B = k(AB) \qquad (k : \text{任意の数})$$

が成立する．

(2) $A, B, C$ をそれぞれ，$m \times n$，$n \times l$，$l \times r$ 行列とすると，

$$(AB)C = A(BC)$$

が成立する．

(3) $A$ を $m \times n$ 行列，$B, C$ を $n \times l$ 行列とすると，

$$A(B + C) = AB + AC$$

が成立する．

(4) $A, B$ を $m \times n$ 行列，$C$ を $n \times l$ 行列とすると，

$$(A + B)C = AC + BC$$

が成立する．

○例 **2.13.** $A, B$ を $m \times n$ 行列，$C$ を $n \times l$ 行列，$D$ を $l \times m$ 行列とする．$A = B$ ならば $AC = BC$ かつ $DA = DB$ となる． □

◆**演習 2.10.** $A = \begin{pmatrix} a_{11} & a_{12} \\ a_{21} & a_{22} \end{pmatrix}$, $B = \begin{pmatrix} b_1 \\ b_2 \end{pmatrix}$, $C = \begin{pmatrix} c_1 & c_2 \end{pmatrix}$ とするとき，定理 2.3 の (2) $(AB)C = A(BC)$ が成立することを確かめよ．

定理 2.3 の (2) は，行列の積の計算をするとき，括弧の付け方に結果は依存しないことを示している．このことから，いくつかの行列の積を表すとき，括弧を省略することがある．たとえば，$(AB)C$ や $A(BC)$ のことを，単に $ABC$ と表すことがある．これは和のときと同じである．

○**例 2.14.** $A = \begin{pmatrix} 1 & 2 \\ 0 & 1 \end{pmatrix}$, $B = \begin{pmatrix} 1 & 0 \\ 3 & 1 \end{pmatrix}$ とすると，

$$AB = \begin{pmatrix} 7 & 2 \\ 3 & 1 \end{pmatrix}, \qquad BA = \begin{pmatrix} 1 & 2 \\ 3 & 7 \end{pmatrix}$$

となり，$AB \neq BA$ である． □

この例のように，一般に行列については **$AB = BA$ (交換法則) が成り立つとは限らない**．すなわち，$AB \neq BA$ となることがある．

◆**演習 2.11.** $a \neq 0$ に対して，$A = \begin{pmatrix} 1 & a \\ 0 & 1 \end{pmatrix}$, $B = \begin{pmatrix} 1 & 0 \\ b & a \end{pmatrix}$ とするとき，$AB = BA$ となるように $a$ と $b$ を定めよ．

**単位行列**

$n$ 次正方行列で，$(1,1)$ 成分，$(2,2)$ 成分，$\cdots$，$(n,n)$ 成分が 1 で，他の成分はすべて 0 である行列を $n$ 次**単位行列** (unit matrix) といい，$E_n$ や $I_n$ (または単に $E$ や $I$) と表す．すなわち，

$$E_n = \begin{pmatrix} 1 & & & \text{\huge 0} \\ & 1 & & \\ & & \ddots & \\ \text{\huge 0} & & & 1 \end{pmatrix}$$

である．

○例 **2.15.**

$$E_2 = \begin{pmatrix} 1 & 0 \\ 0 & 1 \end{pmatrix}, \quad E_3 = \begin{pmatrix} 1 & 0 & 0 \\ 0 & 1 & 0 \\ 0 & 0 & 1 \end{pmatrix}, \quad E_4 = \begin{pmatrix} 1 & 0 & 0 & 0 \\ 0 & 1 & 0 & 0 \\ 0 & 0 & 1 & 0 \\ 0 & 0 & 0 & 1 \end{pmatrix}$$

□

◆**演習 2.12.** $A = \begin{pmatrix} a_{11} & a_{12} & a_{13} \\ a_{21} & a_{22} & a_{23} \\ a_{31} & a_{32} & a_{33} \end{pmatrix}$ とするとき，$AE_3 = E_3A = A$ を確かめよ．

一般に，$A$ を $m \times n$ 行列とするとき，

$$AE_n = E_mA = A$$

が成立する．

**正則行列，逆行列**

$A$ を $n$ 次正方行列とする．

$$AB = BA = E_n$$

となる $n$ 次正方行列 $B$ が存在するとき，$A$ を $n$ 次**正則行列** (regular matrix) あるいは**可逆行列** (invertible matrix) という．$A$ が正則行列のとき，この $B$ を $A$ の**逆行列** (inverse matrix) といって $A^{-1}$ と表す．

上の定義で, $A$ が正則行列のとき, その逆行列はただ一つに決まることは容易に示すことができる．実際, もう一つ逆行列 $B'$ があったとして $AB' = B'A = E_n$ とすると，

$$B = BE_n = BAB' = E_nB' = B'$$

となるからである．

正方行列が正則行列になるための条件や，その場合の逆行列の求め方については，第 3 章と第 4 章で詳しく学ぶ．$2 \times 2$ 行列の場合は，具体的に計算することで簡単に得られる．

○例 **2.16.** $A=\begin{pmatrix} a & b \\ c & d \end{pmatrix}$ とする．$ad-bc\neq 0$ とするとき，$A$ は正則行列で，逆行列は

$$A^{-1}=\frac{1}{ad-bc}\begin{pmatrix} d & -b \\ -c & a \end{pmatrix}$$

となる．実際，$AA^{-1}=A^{-1}A=E_2$ となる．たとえば $A=\begin{pmatrix} 2 & -7 \\ 3 & -5 \end{pmatrix}$ のときは $2\cdot(-5)-(-7)\cdot 3=11\neq 0$ より $A$ の逆行列は存在し，$A^{-1}=\dfrac{1}{11}\begin{pmatrix} -5 & 7 \\ -3 & 2 \end{pmatrix}$ となる． □

◆**演習 2.13.** 次の逆行列を求めよ．

(1) $\begin{pmatrix} 2 & 5 \\ 1 & 3 \end{pmatrix}$　　(2) $\begin{pmatrix} 2 & 3 \\ 4 & 5 \end{pmatrix}$

◆**演習 2.14.** 次の行列が正則行列にならないような $a$ の値を定めよ．

$$\begin{pmatrix} a-3 & 6 \\ -5 & -3a \end{pmatrix}$$

○例 **2.17.** 3.3 節で学ぶが，一般に連立 1 次方程式 $A\boldsymbol{x}=\boldsymbol{b}$ を考えるとき，もし行列 $A$ の逆行列 $A^{-1}$ が存在するなら，$\boldsymbol{x}=E\boldsymbol{x}=A^{-1}A\boldsymbol{x}=A^{-1}\boldsymbol{b}$ となり，これが解となる．例えば，次の連立 1 次方程式

$$\begin{cases} x+2y=3 \\ 2x+3y=2 \end{cases}$$

は，行列を用いると，

$$\begin{pmatrix} 1 & 2 \\ 2 & 3 \end{pmatrix}\begin{pmatrix} x \\ y \end{pmatrix}=\begin{pmatrix} 3 \\ 2 \end{pmatrix}$$

と表すことができる．このことから逆行列を用いてこの方程式を解くことができる． □

◆**演習 2.15.** $\begin{pmatrix} 1 & 2 \\ 2 & 3 \end{pmatrix}$ の逆行列を求めることにより，上の方程式を解け．

**定理 2.4**

(1) $A$ を $n$ 次正則行列とすると，$A^{-1}$ も $n$ 次正則行列であり，

$$(A^{-1})^{-1} = A$$

である．

(2) $A, B$ を $n$ 次正則行列とすると，$AB$, $BA$ も $n$ 次正則行列であり，

$$(AB)^{-1} = B^{-1}A^{-1}, \qquad (BA)^{-1} = A^{-1}B^{-1}$$

である．

(3) $E$ を単位行列とすると，$E$ は正則行列であり，

$$(E)^{-1} = E$$

である．

上の定理の (2) において，$A^{-1}$ と $B^{-1}$ の順序に注意せよ．

## 2.2 節の問題

[**1**] $A = \begin{pmatrix} 1 & 0 & 5 \\ -3 & 1 & 2 \end{pmatrix}$, $B = \begin{pmatrix} 2 \\ -1 \\ 3 \end{pmatrix}$, $C = \begin{pmatrix} 1 & 0 & 4 \\ 3 & -2 & 0 \\ 0 & 5 & -1 \end{pmatrix}$ とする．このとき，

$$A^2, \quad AB, \quad AC, \quad BA, \quad B^2, \quad BC, \quad CA, \quad CB, \quad C^2$$

は計算できるか．計算できれば計算し，そうでない場合はその理由を述べよ．

[**2**] 任意 (すべて) の $x, y$ に対して，

$$\begin{pmatrix} a & b \\ c & d \end{pmatrix} \begin{pmatrix} x \\ y \end{pmatrix} = \begin{pmatrix} a' & b' \\ c' & d' \end{pmatrix} \begin{pmatrix} x \\ y \end{pmatrix}$$

ならば，$a = a'$, $b = b'$, $c = c'$, $d = d'$ となることを示せ．

## 2.3 いろいろな行列

行列のベキ乗

$A$ を正方行列とする．$n$ を正の整数とするとき，$A$ を $n$ 回かけたものを $A$ の $\boldsymbol{n}$ **乗**といって，$A^n$ と表す．すなわち，

$$A^2 = AA, \qquad A^3 = AAA, \qquad \cdots, \qquad A^n = \overbrace{A \cdots A}^{n\,個}$$

である．$n = 0, 1$ の場合は，それぞれ，$A^0 = E$ (単位行列)，$A^1 = A$ と定義する．

◆**演習 2.16.** $A = \begin{pmatrix} 0 & 1 & a \\ 0 & 0 & 1 \\ 0 & 0 & 0 \end{pmatrix}$ とするとき，$A^2, A^3, \cdots$ を求めよ．

転 置 行 列

$A = \left(a_{ij}\right)$ を $m \times n$ 行列とする．

$$a'_{ij} = a_{ji}$$

によって $a'_{ij}$ を定めるとき，$a'_{ij}$ を $(i, j)$ 成分とする $n \times m$ 行列を $A$ の**転置行列** (transposed matrix) といって，$A^{\mathrm{T}}$ と表す．すなわち，転置行列はもとの行列の行と列を入れ替えたものであり，

$$A^{\mathrm{T}} = \left(a'_{ij}\right) = \left(a_{ji}\right)$$

となる．

○例 **2.18.**

$$\begin{pmatrix} 1 \\ 3 \\ 5 \end{pmatrix}^{\mathrm{T}} = \begin{pmatrix} 1 & 3 & 5 \end{pmatrix}, \qquad \begin{pmatrix} 1 & 2 & 3 \\ 4 & 5 & 6 \end{pmatrix}^{\mathrm{T}} = \begin{pmatrix} 1 & 4 \\ 2 & 5 \\ 3 & 6 \end{pmatrix},$$

$$\begin{pmatrix} 1 & 2 & 3 \\ 4 & 5 & 6 \\ 7 & 8 & 9 \end{pmatrix}^{\mathrm{T}} = \begin{pmatrix} 1 & 4 & 7 \\ 2 & 5 & 8 \\ 3 & 6 & 9 \end{pmatrix}.$$

□

◆演習 **2.17.** $\begin{pmatrix} 3 & 5 & 3 & 1 \\ 1 & 2 & 1 & 7 \\ 4 & 6 & 3 & 2 \end{pmatrix}^{\mathrm{T}}$ を求めよ．

転置の記号を使うと，内積は次のように表される．

○例 **2.19.** 空間ベクトル $\boldsymbol{x}, \boldsymbol{y}$ の成分表示として，列ベクトルを使うことにする．すなわち，列ベクトル $\boldsymbol{x} = \begin{pmatrix} x_1 \\ x_2 \\ x_3 \end{pmatrix}$ と列ベクトル $\boldsymbol{y} = \begin{pmatrix} y_1 \\ y_2 \\ y_3 \end{pmatrix}$ とする．このとき，$\boldsymbol{x}$ と $\boldsymbol{y}$ の内積は

$$\boldsymbol{x}^{\mathrm{T}}\boldsymbol{y} = \begin{pmatrix} x_1 & x_2 & x_3 \end{pmatrix} \begin{pmatrix} y_1 \\ y_2 \\ y_3 \end{pmatrix} = x_1y_1 + x_2y_2 + x_3y_3$$

で与えられる．空間ベクトルについては 1.4 節で述べているように定理 1.4 が成立することから，零でない 2 つのベクトルが直交することと内積が 0 になることとは同値である．よって，$\boldsymbol{x}^{\mathrm{T}}\boldsymbol{y} = 0$　(ただし，$\boldsymbol{x} \neq \boldsymbol{0}$, $\boldsymbol{y} \neq \boldsymbol{0}$) となるための必要十分条件は，$\boldsymbol{x}$ と $\boldsymbol{y}$ が直交することである．　□

◆演習 **2.18.** $\boldsymbol{x} = \begin{pmatrix} 1 \\ 2 \\ 3 \end{pmatrix}$, $\boldsymbol{y} = \begin{pmatrix} a \\ 4 \\ 5 \end{pmatrix}$ に対して，$\boldsymbol{x}$ と $\boldsymbol{y}$ が直交するように $a$ を定めよ．

○例 **2.20.** $A, B$ を同じ型の行列とするとき (ただし $c$ は実数)，

(a) $(A+B)^{\mathrm{T}} = A^{\mathrm{T}} + B^{\mathrm{T}}$

(b) $(A^{\mathrm{T}})^{\mathrm{T}} = A$

(c) $(cA)^{\mathrm{T}} = cA^{\mathrm{T}}$

が成立する．実際，$A = \begin{pmatrix} a_{ij} \end{pmatrix}$, $B = \begin{pmatrix} b_{ij} \end{pmatrix}$ とすると，(a) は

$$A^{\mathrm{T}} + B^{\mathrm{T}} = \begin{pmatrix} a_{ji} \end{pmatrix} + \begin{pmatrix} b_{ji} \end{pmatrix} = \begin{pmatrix} a_{ji} + b_{ji} \end{pmatrix} = \begin{pmatrix} a_{ij} + b_{ij} \end{pmatrix}^{\mathrm{T}} = (A+B)^{\mathrm{T}}$$

となる．(b), (c) は明らか．　□

○例 **2.21.** 2 つの行列 $A, B$ に対して積 $AB$ が定義されるとき，

$$(AB)^{\mathrm{T}} = B^{\mathrm{T}} A^{\mathrm{T}}$$

が成立する．実際，$A = \big(a_{ij}\big)$ を $m \times n$ 行列，$B = \big(b_{jk}\big)$ を $n \times l$ 行列とすると，$A^{\mathrm{T}} = \big(a_{ji}\big)$, $B^{\mathrm{T}} = \big(b_{kj}\big)$ に注意すれば，

$$\begin{aligned}
(AB)^{\mathrm{T}} \text{ の } (k,i) \text{ 成分} &= (AB) \text{ の } (i,k) \text{ 成分} \\
&= \sum_{j=1}^{n} (A \text{ の } (i,j) \text{ 成分})(B \text{ の } (j,k) \text{ 成分}) \\
&= \sum_{j=1}^{n} (B \text{ の } (j,k) \text{ 成分})(A \text{ の } (i,j) \text{ 成分}) \\
&= \sum_{j=1}^{n} (B^{\mathrm{T}} \text{ の } (k,j) \text{ 成分})(A^{\mathrm{T}} \text{ の } (j,i) \text{ 成分}) \\
&= B^{\mathrm{T}} A^{\mathrm{T}} \text{ の } (k,i) \text{ 成分}
\end{aligned}$$

がわかる． □

◆**演習 2.19.** $A$ を正則行列とするとき，$A^{\mathrm{T}}$ も正則行列で，$(A^{\mathrm{T}})^{-1} = (A^{-1})^{\mathrm{T}}$ となることを示せ．

**対称行列と交代行列**

正方行列 $A$ に対して，$A^{\mathrm{T}} = A$ となるとき $A$ を**対称行列** (symmetric matrix)，$A^{\mathrm{T}} = -A$ となるとき $A$ を**交代行列** (alternating matrix) という．

つまり，転置しても変わらない行列を対称行列といい，転置したらもとの行列の (−1) 倍となってしまう行列を交代行列という．

○例 **2.22.**

$$A = \begin{pmatrix} 1 & 2 & 3 \\ 2 & 5 & 6 \\ 3 & 6 & 9 \end{pmatrix}, \quad B = \begin{pmatrix} 0 & 2 & -3 \\ -2 & 0 & 6 \\ 3 & -6 & 0 \end{pmatrix}$$

とすると，$A^{\mathrm{T}} = A$ となるので $A$ は対称行列，$B^{\mathrm{T}} = -B$ となるので $B$ は交代行列である． □

◆**演習 2.20.** (1) 正則な 2 次対称行列の例を 1 つあげよ．

(2) 正則な 2 次交代行列の例を 1 つあげよ．

○例 **2.23.**

$$A = \begin{pmatrix} a_{11} & a_{12} & a_{13} \\ a_{21} & a_{22} & a_{23} \\ a_{31} & a_{32} & a_{33} \end{pmatrix}$$

に次の 3 つの行列をそれぞれ左からかけてみる：

$$B = \begin{pmatrix} 0 & 1 & 0 \\ 1 & 0 & 0 \\ 0 & 0 & 1 \end{pmatrix}, \quad C = \begin{pmatrix} 3 & 0 & 0 \\ 0 & 1 & 0 \\ 0 & 0 & 1 \end{pmatrix}, \quad D = \begin{pmatrix} 1 & 2 & 0 \\ 0 & 1 & 0 \\ 0 & 0 & 1 \end{pmatrix}.$$

すると，$BA$ は $A$ の 1 行と 2 行を入れ替えた行列になる：

$$\begin{pmatrix} 0 & 1 & 0 \\ 1 & 0 & 0 \\ 0 & 0 & 1 \end{pmatrix} \begin{pmatrix} a_{11} & a_{12} & a_{13} \\ a_{21} & a_{22} & a_{23} \\ a_{31} & a_{32} & a_{33} \end{pmatrix} = \begin{pmatrix} a_{21} & a_{22} & a_{23} \\ a_{11} & a_{12} & a_{13} \\ a_{31} & a_{32} & a_{33} \end{pmatrix}.$$

$CA$ は $A$ の 1 行を 3 倍した行列になる：

$$\begin{pmatrix} 3 & 0 & 0 \\ 0 & 1 & 0 \\ 0 & 0 & 1 \end{pmatrix} \begin{pmatrix} a_{11} & a_{12} & a_{13} \\ a_{21} & a_{22} & a_{23} \\ a_{31} & a_{32} & a_{33} \end{pmatrix} = \begin{pmatrix} 3a_{11} & 3a_{12} & 3a_{13} \\ a_{21} & a_{22} & a_{23} \\ a_{31} & a_{32} & a_{33} \end{pmatrix}.$$

$DA$ は $A$ の 2 行を 2 倍したものを 1 行に加えた行列になる：

$$\begin{pmatrix} 1 & 2 & 0 \\ 0 & 1 & 0 \\ 0 & 0 & 1 \end{pmatrix} \begin{pmatrix} a_{11} & a_{12} & a_{13} \\ a_{21} & a_{22} & a_{23} \\ a_{31} & a_{32} & a_{33} \end{pmatrix} = \begin{pmatrix} a_{11}+2a_{21} & a_{12}+2a_{22} & a_{13}+2a_{23} \\ a_{21} & a_{22} & a_{23} \\ a_{31} & a_{32} & a_{33} \end{pmatrix}.$$

また，両辺に左からそれぞれ逆行列 $B^{-1}, C^{-1}, D^{-1}$ をかければ，右辺の 3 つの行列はそれぞれ左から $B^{-1}, C^{-1}, D^{-1}$ をかけることで，行列 $A$ にもどすことができる． □

上の例の行列 $B, C, D$ のように，行列を左からかけることで，行列に対して，

**I**．ある 2 つの行を交換する．

**II**．ある 1 つの行を $k\ (\neq 0)$ 倍する．

**III**．ある行に他の行を $k$ 倍したものを加える．

という操作をすることができる．このとき，左からかけた行列を**基本行列**という．この重要な 3 つの操作 **I**, **II**, **III** は，次章で学ぶことになる．

◆**演習 2.21.** $A$ を例 2.23 の行列とする．$A$ にどのような行列を左からかければ，上の 3 つの操作 **I**, **II**, **III** を実現できるか．すなわち，3 つの操作を実現する基本行列はどのような行列かを考えよ．

次の定理はより一般的な形で成立するが，2 次正方行列の場合は具体的に計算することで成立することがわかる．

**定理 2.5 (ハミルトン・ケーリーの定理)**

$A = \begin{pmatrix} a & b \\ c & d \end{pmatrix}$ とすると，

$$A^2 - (a+d)A + (ad-bc)E_2 = \boldsymbol{O}$$

が成立する．

◆**演習 2.22.** 上式の左辺を具体的に計算することで，ハミルトン・ケーリーの定理を証明せよ．

○**例 2.24.** ハミルトン・ケーリーの定理を利用すると，2 次正方行列 $A$ に対して，$A^n$ を比較的簡単に計算することができる．ここでは，次の行列 $A$ に対して，$A^{10}$ を計算してみよう．

$$A = \begin{pmatrix} 1 & 2 \\ -1 & 4 \end{pmatrix}$$

とすると，ハミルトン・ケーリーの定理より，

$$A^2 - 5A + 6E_2 = \boldsymbol{O}$$

となる．

ここで，$x^{10}$ を多項式 $b(x) = x^2 - 5x + 6$ で割り，商を $q(x)$，剰余を $r(x)$ とする．このとき $r(x)$ を求めたい．$x^{10}$ を $b(x)$ で実際に割って剰余を求めることも可能であるが，計算量が多い．それよりも，次のようにすると，比較的簡単に求めることができる．$r(x)$ は 1 次式以下なので，実数 $s, t$ に対して

$$x^{10} = q(x)b(x) + \overbrace{sx + t}^{r(x)}$$

と表される．この式の両辺に，$x=2,3$ を代入すると，$b(2)=b(3)=0$ より，

$$\begin{cases} 2s+t=2^{10}=1024\,, \\ 3s+t=3^{10}=59049 \end{cases}$$

となる．この方程式を解くと，$s=58025,\ t=-115026$ となる．すなわち，

$$x^{10}=q(x)(x^2-5x+6)+58025x-115026$$

となる．そこで，この両辺に $x=A$ を代入すると，

$$b(A)=A^2-5A+6E_2=\boldsymbol{O} \quad \text{より，} \quad A^{10}=58025A-115026E_2$$

となる．したがって，

$$A^{10}=\begin{pmatrix} -57001 & 116050 \\ -58025 & 117074 \end{pmatrix}$$

を得る． □

◆**演習 2.23.** 上記の方法で，$A^3$ を計算せよ．

**キケン！**

上記で，多項式での恒等式 $f(x)=g(x)$ の $x$ に正方行列 $A$ を代入した．しかし，このようなことは，2 変数以上の多項式の恒等式ではつねにできるとはいえない．実際，多項式ではつねに $xy=yx$ であるが，行列では $AB=BA$ が成立するとは限らないからである．

行列は多項式の変形に利用することができる．$A=\begin{pmatrix} a & b \\ b & c \end{pmatrix}$, $\boldsymbol{x}=\begin{pmatrix} x \\ y \end{pmatrix}$ とすると，2 変数多項式 $ax^2+2bxy+cy^2$ は

$$ax^2+2bxy+cy^2=(x,y)\begin{pmatrix} a & b \\ b & c \end{pmatrix}\begin{pmatrix} x \\ y \end{pmatrix}=\boldsymbol{x}^{\mathrm{T}}A\boldsymbol{x}$$

と表すことができる．この形の式 $ax^2+2bxy+cy^2$ は $x,\ y$ に関する **2 次形式** (quadratic form) という．

○例 **2.25.** 方程式 $3x^2 - 2xy + 3y^2 = 3$ で表される図形を求めてみよう．上記より

$$A = \begin{pmatrix} 3 & -1 \\ -1 & 3 \end{pmatrix}$$

とおく．このとき，$\boldsymbol{x} = \begin{pmatrix} x \\ y \end{pmatrix}$ に対して，

$$3x^2 - 2xy + 3y^2 = (x, y) \begin{pmatrix} 3 & -1 \\ -1 & 3 \end{pmatrix} \begin{pmatrix} x \\ y \end{pmatrix} = \boldsymbol{x}^{\mathrm{T}} A \boldsymbol{x}$$

となる．そこで，

$$P = \begin{pmatrix} \frac{1}{\sqrt{2}} & -\frac{1}{\sqrt{2}} \\ \frac{1}{\sqrt{2}} & \frac{1}{\sqrt{2}} \end{pmatrix} = \begin{pmatrix} \cos\frac{\pi}{4} & -\sin\frac{\pi}{4} \\ \sin\frac{\pi}{4} & \cos\frac{\pi}{4} \end{pmatrix}$$

とすると，$P$ は正則行列であり，$P^{-1} = P^{\mathrm{T}}$ が成立する．

このとき，

$$B = P^{\mathrm{T}} A P = P^{-1} A P = \begin{pmatrix} 2 & 0 \\ 0 & 4 \end{pmatrix}$$

が得られる．(このような $P$ をどのようにして求めるかは，5.1 節の行列の対角化で学ぶ.)　そこで，$\boldsymbol{x}' = \begin{pmatrix} x' \\ y' \end{pmatrix}$ とし，$\boldsymbol{x} = P\boldsymbol{x}'$ によって $\boldsymbol{x}'$ を定めると，$\boldsymbol{x}'$ は座標軸を原点のまわりに $\dfrac{\pi}{4}$ 回転したとき得られる座標である．(実際，$\boldsymbol{x}' = P^{\mathrm{T}}\boldsymbol{x}$ より，求める図形を $-\dfrac{\pi}{4}$ 回転した図形の $xy$ 座標が $\begin{pmatrix} x' \\ y' \end{pmatrix}$ であり，逆にそれは，図形を動かさず，座標軸を $\dfrac{\pi}{4}$ 回転したときの $x'y'$ 座標である.)　このとき，

$$\begin{aligned} 3x^2 - 2xy + 3y^2 &= \boldsymbol{x}^{\mathrm{T}} A \boldsymbol{x} = (P\boldsymbol{x}')^{\mathrm{T}} A P \boldsymbol{x}' \\ &= \boldsymbol{x}'^{\mathrm{T}} P^{\mathrm{T}} A P \boldsymbol{x}' = \boldsymbol{x}'^{\mathrm{T}} \begin{pmatrix} 2 & 0 \\ 0 & 4 \end{pmatrix} \boldsymbol{x}' = 2x'^2 + 4y'^2 \end{aligned}$$

となる．すなわち，$x'y'$ 座標として考えると，求めるグラフは

$$2x'^2 + 4y'^2 = 3,\ \text{すなわち,}\quad \frac{2}{3}x'^2 + \frac{4}{3}y'^2 = 1$$

となり，楕円であることがわかる． □

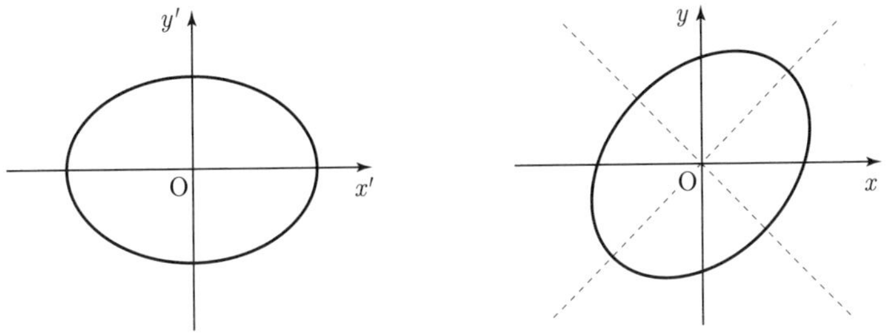


$2x'^2+4y'^2=3$ の表す図形　　$3x^2-2xy+3y^2=3$ の表す図形

図 2.1

## 2.3 節の問題

[ **1** ]　$A=\begin{pmatrix}1 & -1 & 0\\ 0 & 1 & 0\\ 0 & 0 & 2\end{pmatrix}$, $B=\begin{pmatrix}1 & 0 & 0\\ -1 & 0 & 0\\ 0 & 3 & -1\end{pmatrix}$ とするとき，

$$(A+E_3)^3,\quad (A+B)^2,\quad A^2+2AB+B^2,\quad (A+B^{\mathrm{T}})^3$$

を計算せよ．

[ **2** ]　$A=\begin{pmatrix}2 & 1\\ 4 & -1\end{pmatrix}$ とするとき，$A^{10}$ を求めよ．

**コラム：ケーリー (1821–1895)**

行列論の発展には，19 世紀イギリスの数学者たちが多くの貢献をしました．ケーリー (Arthur Cayley) はその中心的な人物で，1858 年の「行列論についての覚書」と題された論文は特に有名です．その中で，彼は，正方行列を今日とほぼ同じもの (1 次形式に表れる係数の表) として理解し，それについて，加法，定数倍，そして行列の乗法についてを定義しています．この乗法の定義は，点の移動の合成を表にしたものとして行っています．(これは 2.2 節の冒頭で述べたものにほかなりません．) さらに，零行列，単位行列，逆行列，転置行列についても定義しています．彼は，これらの性質を使って，現在，ハミルトン・ケーリー (Hamilton-Cayley) の定理として知られている定理を証明しています．

# 章末問題

[**1**] 次の計算をせよ.

(1) $$\begin{pmatrix} 0 & -2 & 0 & 1 \\ 5 & 2 & 3 & 0 \\ -4 & 0 & 1 & 1 \\ 0 & -1 & 0 & 3 \end{pmatrix} \begin{pmatrix} 5 & -1 & 0 \\ 6 & 0 & 2 \\ 0 & 1 & -3 \\ 2 & 0 & 4 \end{pmatrix}$$

(2) $$\begin{pmatrix} 0 & a & b \\ c & 0 & a \\ b & c & 0 \end{pmatrix} \begin{pmatrix} -ac & bc & a^2 \\ ab & -b^2 & bc \\ c^2 & ab & -ac \end{pmatrix}$$

[**2**]
$$B \begin{pmatrix} a_{11} & a_{12} & a_{13} \\ a_{21} & a_{22} & a_{23} \\ a_{31} & a_{32} & a_{33} \end{pmatrix} = \begin{pmatrix} a_{11} - a_{31} & a_{12} - a_{32} & a_{13} - a_{33} \\ a_{21} + a_{11} & a_{22} + a_{12} & a_{23} + a_{13} \\ 2a_{31} & 2a_{32} & 2a_{33} \end{pmatrix}$$
となる $3 \times 3$ 行列 $B$ を 1 つ求めよ.

[**3**] 次の条件をみたす 2 次正方行列の例をあげよ.

(1) $A^2 = B^2$ かつ $A \neq B$ かつ $A \neq -B$.

(2) $AB = \boldsymbol{O}$ かつ $BA \neq \boldsymbol{O}$.

[**4**] $A, B$ を $n$ 次正方行列とする. このとき次の問いに答えよ.

(1) $A + A^{\mathrm{T}}$ は対称行列であることを示せ.

(2) $A - A^{\mathrm{T}}$ は交代行列であることを示せ.

(3) $B$ は対称行列と交代行列の和として表されることを示せ.

(4) $B = \begin{pmatrix} 1 & 2 \\ 3 & 4 \end{pmatrix}$ を対称行列と交代行列の和として表せ.

[**5**] 自然数 $n$ に対して, $A^n = \boldsymbol{O}$ をみたす正則行列 $A$ が存在しないことを示せ.

# 第 3 章　連立 1 次方程式

鶴亀算というものがある．それは

「ツルとカメがあわせて 8 匹，足の数があわせて 26 本であるとき，ツルとカメは何匹いるか．ただし，ツルの足は 2 本，カメの足は 4 本である．」

というようなものである．このような問題の歴史は古く，すでに中国の唐の時代においても「百鶏問題」というのがあった．次のようなものである．

「雄鶏は 1 羽で 5 銭，雌鶏は 1 羽で 3 銭，雛は 3 羽で 1 銭である．100 銭でこれらの鶏 100 羽を買うとする．何羽の雄鶏，雌鶏，雛となるか．」

これらの問題は文字式を用いることで解決が容易になる．

現代では以前にくらべはるかに科学が進歩し，また社会も複雑になるなかで，きわめて複雑な問題が提出され，それを解決する必要性がでてきている．たとえば，「有限要素法」といって，構造力学などで三角形などの有限の大きさの基本構成要素に対して，応力と歪みなどの量の関係を直接方程式にたて，それを解く．この際，大型計算機の発達とともに，数万の連立方程式をたてて解くようなことも行われる．あるいは経済動向を予測するためには，農業，自動車，電気，石油，・・・など各種の産業界の経済活動を示す膨大な統計資料を整理して，それらをもとに大量の連立方程式を解く必要性もでてくる．

この章では，中学校以来学んできた連立 1 方程式を，効率的にうまく解く方法を紹介する．

## 3.1　行列の基本変形

行列の基本変形を学ぶ一つの大きな目的は，連立 1 次方程式を解くことである．第 2 章の冒頭の部分と似た行列の変形の繰り返しになるが，もう一度例にあたってみよう．連立 1 次方程式

$$\begin{cases} 4x+5y=3 & \cdots \text{①} \\ 2x+3y=1 & \cdots \text{②} \end{cases}$$

を解くプロセスを復習すると，

$$\begin{cases} \phantom{2x+3}-y=1 \\ 2x+3y=1 \end{cases} \overset{\text{(i)}}{\longrightarrow} \begin{cases} 2x+3y=1 \\ \phantom{2x+3}-y=1 \end{cases}$$

$$\overset{\text{(ii)}}{\longrightarrow} \begin{cases} 2x \phantom{+3y} =4 \\ \phantom{2x+}-y=1 \end{cases} \longrightarrow \begin{cases} x \phantom{y} = \phantom{-}2 \\ \phantom{x}y=-1 \end{cases}$$

最後の式より，解 $x=2,\ y=-1$ を得る．

以上の変形を説明すると，$x$ を消去するため ① に ② の $(-2)$ 倍を加える $(\text{①}+\text{②}\times(-2))$ を考え，② はそのままにした第 2 の連立方程式を考える．(i) において，式の順番を交換する．(ii) の変形で，第 1 式に第 2 式の 3 倍を加える．

以上のプロセスを係数と定数項の変化に注目してみると，次の操作をしていることがわかる．

**変形の 3 法則**

**I**. 2 つの式を上下に交換する．

**II**. 1 つの式を $k\ (\neq 0)$ 倍する．

**III**. 1 つの式に他の式を $k$ 倍したものを加える．

以上において本質的に大事なのは，文字の $x$ や $y$ でなくて，係数と定数項であることがわかる．そこで第 2 章で学んだ行列を用いて，この変化の様子を調べてみる．① と ② の係数と定数項をそれぞれ 1 行と 2 行に順に並べた，$2\times 3$ 行列をつくる．さらに，右辺と左辺を区別するために，縦線を引く．

$$\left(\begin{array}{cc|c} 4 & 5 & 3 \\ 2 & 3 & 1 \end{array}\right)$$

上で行った変形を行列で表すと：

$$
\left(\begin{array}{cc|c} 4 & 5 & 3 \\ 2 & 3 & 1 \end{array}\right) \longrightarrow \left(\begin{array}{cc|c} 0 & -1 & 1 \\ 2 & 3 & 1 \end{array}\right) \longrightarrow \left(\begin{array}{cc|c} 2 & 3 & 1 \\ 0 & -1 & 1 \end{array}\right)
$$

$$
\longrightarrow \left(\begin{array}{cc|c} 2 & 0 & 4 \\ 0 & -1 & 1 \end{array}\right) \longrightarrow \left(\begin{array}{cc|c} 1 & 0 & 2 \\ 0 & 1 & -1 \end{array}\right)
$$

となる．一番右の列以外の部分の行列を単位行列にするように変形していることに注目しよう．また，上の表し方において，“$\longrightarrow$” は変形を表しているのであって，**等号ではない**ことにも注意しよう．これを行列に関する変形とみると，次の 3 つの変形をすることにまとめられる．

**行列の基本変形**

**I**. ある 2 つの行を交換する．

**II**. ある 1 つの行を $k$ $(\neq 0)$ 倍する．

**III**. ある行に他の行を $k$ 倍したものを加える．

以上の 3 つの操作を行列の**基本変形** (elementary transformation) (行基本変形) という．

第 2 章の例 2.23 でみたように，行列の基本変形は左から基本行列をかけることに対応している．このとき，変形 $\longrightarrow$ をもどす逆の変形 $\longleftarrow$ は基本行列の逆行列を左からかけることで実現される．このように行ったり来たりできることが，最初の連立 1 次方程式の解と最後に得られた式の解が完全に一致していることを保証してくれる．

行列の基本変形を用いた方法は非常に有力で，未知数や方程式の数が多い連立 1 次方程式にも適用できる．ためしに，次の連立 1 次方程式を行列の形に置き換え，基本変形を用いて解いてみよう．

○例 **3.1.**

$$
\begin{cases} x + y + 2z = 9 \\ 2x - y + z = 3 \\ 3x + 2y + z = 10 \end{cases}
$$

これを行列で表すと

$$\left(\begin{array}{ccc|c} 1 & 1 & 2 & 9 \\ 2 & -1 & 1 & 3 \\ 3 & 2 & 1 & 10 \end{array}\right)$$

である．これを行列の基本変形の 3 つの操作のみを用いて順に変形する．

$$\left(\begin{array}{ccc|c} 1 & 1 & 2 & 9 \\ 2 & -1 & 1 & 3 \\ 3 & 2 & 1 & 10 \end{array}\right) \xrightarrow{\text{(i)}} \left(\begin{array}{ccc|c} 1 & 1 & 2 & 9 \\ 0 & -3 & -3 & -15 \\ 3 & 2 & 1 & 10 \end{array}\right)$$

(2 行) に (1 行)×(−2) を加える

$$\xrightarrow{\text{(ii)}} \left(\begin{array}{ccc|c} 1 & 1 & 2 & 9 \\ 0 & 1 & 1 & 5 \\ 3 & 2 & 1 & 10 \end{array}\right)$$

(2 行)$\times\left(-\dfrac{1}{3}\right)$

$$\xrightarrow{\text{(iii)}} \left(\begin{array}{ccc|c} 1 & 1 & 2 & 9 \\ 0 & 1 & 1 & 5 \\ 0 & -1 & -5 & -17 \end{array}\right)$$

(3 行) に (1 行)×(−3) を加える

$$\xrightarrow{\text{(iv)}} \left(\begin{array}{ccc|c} 1 & 0 & 1 & 4 \\ 0 & 1 & 1 & 5 \\ 0 & 0 & -4 & -12 \end{array}\right)$$

(1 行) に (2 行)×(−1) を加える，(3 行) に (2 行) を加える

$$\xrightarrow{\text{(v)}} \left(\begin{array}{ccc|c} 1 & 0 & 1 & 4 \\ 0 & 1 & 1 & 5 \\ 0 & 0 & 1 & 3 \end{array}\right)$$

(3 行)$\times\left(-\dfrac{1}{4}\right)$

$$\xrightarrow{\text{(vi)}} \left(\begin{array}{ccc|c} 1 & 0 & 0 & 1 \\ 0 & 1 & 0 & 2 \\ 0 & 0 & 1 & 3 \end{array}\right)$$

(1 行) に (3 行)×(−1) を加える，(2 行) に (3 行)×(−1) を加える

となって解 $x=1$, $y=2$, $z=3$ を得る．(ここで，上の (i) ∼ (vi) では，各変形の右側に書いてある操作を行っている．) □

**◆演習 3.1.**

$$\left(\begin{array}{ccc|c} 2 & 5 & 7 & 1 \\ 1 & -1 & 3 & 2 \\ -3 & 2 & 1 & 6 \end{array}\right)$$

の第 2 行を (−2) 倍したものを第 1 行に加え，その後，第 2 行を 3 倍したものを第 3 行に加えて得られる行列を求めよ．

**キケン！**

基本変形を行うとき，上記の方法 I, II, III **を同時にやってはいけない.** たとえば

$$\begin{pmatrix} 1 & 2 \\ 1 & 1 \end{pmatrix} \xrightarrow{(*)} \begin{pmatrix} 0 & 1 \\ 0 & -1 \end{pmatrix}$$

の $(*)$ の変形では，(1 行)−(2 行) の計算と (2 行)−(1 行) の計算を同時にやったためにおきたまちがいである.

行列は行と列でできており，上記では行に関しての基本変形を考えたが，同様に列に関しても考えることができる．しかし，**列の変形を連立方程式を解くときにやってはいけない.** (一番右の列以外の列の交換はしてもよいが，その際は，$x$, $y$ などの未知数が交換されたことになるので注意が必要である.)

**キケン！**

方程式を解くとき列の変形をしてはいけない理由は，たとえば，連立 1 次方程式

$$\begin{cases} 4x + 5y = 3 \\ 2x + 3y = 1 \end{cases}$$

から行列 $\left(\begin{array}{cc|c} 4 & 5 & 3 \\ 2 & 3 & 1 \end{array}\right)$ が得られるが，これに “列の変形” (2 列) + (1 列) × $\left(-\dfrac{3}{2}\right)$ を行うと $\left(\begin{array}{cc|c} 4 & -1 & 3 \\ 2 & 0 & 1 \end{array}\right)$，つまり

$$\begin{cases} 4x - y = 3 \\ 2x \phantom{{}-y} = 1 \end{cases}$$

という連立方程式になり，異なる連立方程式を解くことになってしまうからである.

## 3.1 節の問題

[**1**] 次の各問いに答えよ.

(a) 次の基本変形を行ったとき $x, y$ を求めよ.

$$\left(\begin{array}{cc|c} 1 & 5 & 4 \\ 2 & -1 & 3 \end{array}\right) \longrightarrow \left(\begin{array}{cc|c} 1 & 5 & 4 \\ 0 & x & y \end{array}\right)$$

(b) 次の行列の最後の列以外の $2 \times 2$ 行列が単位行列となるように基本変形をせよ.

$$\left(\begin{array}{cc|c} 3 & 5 & 9 \\ 5 & 7 & 11 \end{array}\right)$$

[**2**] 次の行列の最後の列を除いた行列が単位行列となるように基本変形をせよ.

(a) $\left(\begin{array}{ccc|c} 1 & 2 & 3 & 5 \\ -1 & 1 & 3 & 4 \\ 2 & 3 & 1 & 1 \end{array}\right)$

(b) $\left(\begin{array}{cc|c} a & b & c \\ 2a & 3b & 4c \end{array}\right)$, ただし, $ab \neq 0$ であるとする.

**コラム:式の変形**

方程式を解くとき, 式の変形をして簡単な形にして解くことはいままでしばしば経験してきたことでしょう. たとえば 2 次方程式 $ax^2 + bx + c = 0$ $(a \neq 0)$ は, 平方完成して

$$a\left(x + \frac{b}{2a}\right)^2 = \frac{b^2 - 4ac}{4a}$$

として解を求めました. もちろん 2 つの方程式の解は同じです. 同様に, 連立 1 次方程式を基本変形によって解くときも, 新しく得られた方程式の解と最初の方程式の解は同じです. このことは基本変形の 3 種類の各変形で解は変わらないことかから容易にわかるでしょう (その理由をきちんと述べてみよう).

## 3.2 掃き出し法

前節では，解がちょうど一組ある場合の連立 1 次方程式に対応する，行列の基本変形を調べた．一般的には，未知数の数と方程式の数が等しいとは限らないし，解がないこともあるし，またはたくさんあることもある．簡単な例として

$$\begin{cases} 2x+3y=1 \\ 4x+6y=2 \end{cases} \quad や \quad \begin{cases} 2x+3y=1 \\ 4x+6y=1 \end{cases}$$

などを考えてみればはっきりするであろう．前者は 1 個の方程式 $2x+3y=1$ と同じであるし，後者には解がない．すなわち，基本変形したとき最後の列以外の $2\times 2$ 行列の部分が単位行列にならないのである．このことをふまえ，一般的な行列に基本変形を行うことを考察する．まず結果を述べる．

すべての $m\times n$ 行列は，行基本変形と列の入れ替えを，何回か行うことによって次の形に変形できる．

$$
\begin{array}{cc}
 & \begin{array}{ccccccccccccccc} & & & \begin{array}{c}\text{第}\\ n_1\\ \text{列}\end{array} & & \cdots & & \begin{array}{c}\text{第}\\ n_2\\ \text{列}\end{array} & & \cdots & & \begin{array}{c}\text{第}\\ n_r\\ \text{列}\end{array} & & & \end{array} \\
\begin{array}{c} \text{第 1 行} \\ \text{第 2 行} \\ \vdots \\ \\ \\ \text{第 } r \text{ 行} \\ \vdots \\ \\ \\ \end{array} &
\left(\begin{array}{ccccccccccc|c|ccc}
0 & \cdots & 0 & 1 & * & \cdots & * & 0 & & & & 0 & & & \\
0 & \cdots & 0 & 0 & 0 & \cdots & 0 & 1 & & & & 0 & & & \\
0 & \cdots & 0 & 0 & 0 & \cdots & \cdots & 0 & & \bigstar & & \vdots & & \bigstar & \\
\vdots & & & \vdots & & & & \vdots & & & & 0 & & & \\
 & & & & \text{左より見てゆく}\longrightarrow & & & & & & & & \swarrow\text{初 1} & & \\
0 & \cdots & 0 & 0 & 0 & \cdots & 0 & 0 & 0 & \cdots & 0 & 1 & & & \\
0 & \cdots & 0 & 0 & 0 & \cdots & 0 & 0 & 0 & \cdots & 0 & 0 & 0 & \cdots & 0 \\
\vdots & & & \vdots & & & & \vdots & & & & \vdots & & & \vdots \\
0 & \cdots & 0 & 0 & 0 & \cdots & 0 & 0 & 0 & \cdots & 0 & 0 & 0 & \cdots & 0
\end{array}\right)
\end{array}
$$

ここで，$*$ にはどのような数が入ってもよい．また ★ の部分は $*$ の集まりである．なお $n_1=1$ のこともある．このとき，$(1,1)$ 成分は 1 である．さらに $r=m$ のこともある．このときは下の方の行に並んでいる 0 は現れない．この行列の特徴を述べると，

(1) ある行が 0 以外の数を含めば，その行の成分を左から見ていくと最初の 0 でない数は 1 である．これを **初《はつ》 1** という．

(2) 0 でない成分をもつ 2 つの行については，上の行の初 1 は下の行の初 1 より左にある．

(3) 初 1 を含む列については，この列の他の成分はすべて 0 である．

**ガウス行列**

上の性質 (1), (2), (3) を同時にみたす行列を**ガウス行列**という．

では，任意の行列が行基本変形でガウス行列にできることを証明する．$m \times n$ 行列 $A$ について考えるが，この証明で行われる方法は実際の計算にも有効である．

**証明**. $A = \boldsymbol{O}$ ならば正しい．そこで $A \neq \boldsymbol{O}$ のときを考察する．$A$ を第 1 列から順に列ベクトルを見ていき，最初の零ベクトルでない列が第 $n_1$ 列であるとする．行基本変形 I を行って，第 $n_1$ 列の第 1 行の成分が 0 でないようにできる．そこで行基本変形 II によって，その成分を 1 にできる．さらに行基本変形 III によって，第 $n_1$ 列の他の成分を 0 にできる．したがって，$A$ は次の行列 $A'$ に変形できる．

$$A' = \begin{pmatrix} 0 & \cdots & 0 & \overset{\substack{\text{第}\\ n_1\\ \text{列}}}{1} & * & \cdots & * \\ 0 & \cdots & \cdots & 0 & * & \cdots & * \\ \vdots & & \vdots & \vdots & \vdots & & \vdots \\ 0 & \cdots & 0 & 0 & * & \cdots & * \end{pmatrix}$$

この操作を $(1, n_1)$ 成分を中心として第 $n_1$ 列を**掃き出す**という．

このあとは $A'$ の第 $n_1$ 列第 2 行以降について同様な操作を繰り返し行う．最後に 0 のみからなる列ベクトルを，列の入れ替えによって左測の列に集めてガウス行列を得る． □

この証明のようにしてガウス行列を求める方法を**掃き出し法**という．

○例 **3.2.** 次の行列

$$\begin{pmatrix} 0 & 1 & -1 & 2 \\ 0 & 3 & 5 & -2 \\ 0 & 5 & 3 & 2 \\ 0 & 2 & 6 & -4 \end{pmatrix}$$

を掃き出し法によってガウス行列に変形せよ.

［解］

$$\begin{pmatrix} 0 & 1 & -1 & 2 \\ 0 & 3 & 5 & -2 \\ 0 & 5 & 3 & 2 \\ 0 & 2 & 6 & -4 \end{pmatrix} \xrightarrow{\text{(i)}} \begin{pmatrix} 0 & 1 & -1 & 2 \\ 0 & 0 & 8 & -8 \\ 0 & 5 & 3 & 2 \\ 0 & 2 & 6 & -4 \end{pmatrix} \qquad (2\text{ 行}) + (1\text{ 行}) \times (-3)$$

$$\xrightarrow{\text{(ii)}} \begin{pmatrix} 0 & 1 & -1 & 2 \\ 0 & 0 & 8 & -8 \\ 0 & 0 & 8 & -8 \\ 0 & 2 & 6 & -4 \end{pmatrix} \qquad (3\text{ 行}) + (1\text{ 行}) \times (-5)$$

$$\xrightarrow{\text{(iii)}} \begin{pmatrix} 0 & 1 & -1 & 2 \\ 0 & 0 & 8 & -8 \\ 0 & 0 & 8 & -8 \\ 0 & 0 & 8 & -8 \end{pmatrix} \qquad (4\text{ 行}) + (1\text{ 行}) \times (-2)$$

$$\xrightarrow{\text{(iv)}} \begin{pmatrix} 0 & 1 & -1 & 2 \\ 0 & 0 & 1 & -1 \\ 0 & 0 & 0 & 0 \\ 0 & 0 & 0 & 0 \end{pmatrix} \qquad \begin{array}{l} (3\text{ 行}) + (2\text{ 行}) \times (-1), \\ (4\text{ 行}) + (2\text{ 行}) \times (-1), \\ (2\text{ 行}) \times \dfrac{1}{8} \end{array}$$

$$\xrightarrow{\text{(v)}} \begin{pmatrix} 0 & 1 & 0 & 1 \\ 0 & 0 & 1 & -1 \\ 0 & 0 & 0 & 0 \\ 0 & 0 & 0 & 0 \end{pmatrix} \qquad (1\text{ 行}) + (2\text{ 行})$$

(ここで，上の (i) ～ (v) では，各変形の右側に書いてある操作を行っている.)

□

◆**演習 3.2.** (1) 次の行列をガウス行列に変形せよ.

$$\begin{pmatrix} 0 & 1 & -2 & 3 \\ 2 & 0 & 1 & 5 \\ 1 & -3 & 4 & 0 \\ -1 & -3 & 3 & -5 \end{pmatrix}$$

(2) 行列 $A = \begin{pmatrix} a & b \\ c & d \end{pmatrix}$ で $ad - bc \neq 0$ ならば，$A$ は単位行列に基本変形できることを示せ.

**階 数**

行列 $A$ を基本変形してガウス行列にしたとき，初1の個数 $r$ を行列 $A$ の**階数** (rank) といい，$\mathrm{rank}(A)$ と表す.

この定義からすぐわかるように，$A$ が $m \times n$ 行列ならば，

$$\mathrm{rank}(A) \leqq \min\{m, n\}$$

が成立する．ここで，$\min\{m, n\}$ は $m$ と $n$ の大きくないほうを表す記法である．たとえば，$\min\{4, 5\} = 4$，$\min\{4, 4\} = 4$ である.

**注意** 上に定義した階数 $r$ は基本変形の方法によらないで一定である．証明は文献 [6, p.51] などを参照のこと.

○**例 3.3.**

$$A = \begin{pmatrix} 0 & 1 & -1 & 2 \\ 0 & 3 & 5 & -2 \\ 0 & 5 & 3 & 2 \\ 0 & 2 & 6 & -4 \end{pmatrix}, \quad B = \begin{pmatrix} a & b \\ c & d \end{pmatrix}$$

について，それぞれの行列の階数を調べる．$A$ は例 3.2 にあるように，$\mathrm{rank}(A) = 2$ である．一方 $B$ については，$ad - bc \neq 0$ ならば，演習 3.2 (2) にあるように，$\mathrm{rank}(B) = 2$ である．また $ad - bc = 0$ のとき，$a, b, c, d$ の少なくとも 1 つが 0 でなければ，$\mathrm{rank}(B) = 1$ であり，すべての成分が 0 であれば，$\mathrm{rank}(B) = 0$ である. □

◆**演習 3.3.** 次の行列の階数を求めよ.

$$\begin{pmatrix} -1 & 2 & -1 \\ 1 & 1 & 2 \\ -2 & 1 & -3 \end{pmatrix}$$

## 3.2 節の問題

[**1**] 次の行列をガウス行列に基本変形せよ.

(a) $A = \begin{pmatrix} 0 & 1 & -1 & 3 \\ 2 & 0 & 5 & -3 \\ 6 & 2 & 13 & -3 \end{pmatrix}$

(b) $B = \begin{pmatrix} 2 & 1 & 0 & 3 \\ 7 & 2 & 1 & 5 \\ 3 & 0 & 1 & -1 \\ 1 & -1 & 1 & -4 \end{pmatrix}$

[**2**] 行列 $\begin{pmatrix} 1 & 2 & 3 & 2 \\ 2 & 3 & 5 & 1 \\ 1 & 3 & 4 & a \end{pmatrix}$ の階数が 2 のとき，定数 $a$ の値を求めよ.

## 3.3 連立1次方程式

この章の最初の「百鶏問題」を考察してみる．文字を用いると3つの未知数を含んだ2つの方程式に表される．すなわち，雄鶏，雌鶏，雛の数をそれぞれ $x$, $y$, $z$ とすると，次の連立1次方程式を得る．

$$\begin{cases} 5x + 3y + \dfrac{1}{3}z = 100 \\ \ \ x + \ \ y + \ \ \ z = 100 \end{cases}$$

これを行列の形にすると，

$$\left(\begin{array}{ccc|c} 5 & 3 & \dfrac{1}{3} & 100 \\ 1 & 1 & 1 & 100 \end{array}\right)$$

となる．これを3.2節の方法でガウス行列に基本変形すると，

$$\left(\begin{array}{ccc|c} 1 & 0 & -\dfrac{4}{3} & -100 \\ 0 & 1 & \dfrac{7}{3} & 200 \end{array}\right)$$

となる．これより $x - \dfrac{4}{3}z = -100$, $y + \dfrac{7}{3}z = 200$ の関係を得る．ここで $x + 100 = \dfrac{4}{3}z$ は正の整数なので，$z$ は3の倍数である．したがって $z = 3n$ とおくと，$x = 4n - 100$, $y = -7n + 200$ という関係式を得る．ここで，$x, y, z$ の非負条件 (0の場合も含めて考える) より，$n = 25, 26, 27, 28$ の4通りの解が求まる．すなわち，$(x, y, z) = (0, 25, 75)$, $(4, 18, 78)$, $(8, 11, 81)$, $(12, 4, 84)$ である．

しかし，一般にはもっとたくさんの未知数のあることが普通である．そこですべての可能性も含めた連立1次方程式を解くことを考える．

$$(1) \quad \begin{cases} a_{11}x_1 + a_{12}x_2 + \cdots + a_{1n}x_n = b_1 \\ a_{21}x_1 + a_{22}x_2 + \cdots + a_{2n}x_n = b_2 \\ \qquad\qquad \cdots\cdots \\ a_{m1}x_1 + a_{m2}x_2 + \cdots + a_{mn}x_n = b_m \end{cases}$$

この連立1次方程式の係数から得られる行列を $A$，定数項の $n \times 1$ 行列 (縦ベクトル) を $\boldsymbol{b}$ として連立1次方程式を行列で表示する．

$$
A = \begin{pmatrix} a_{11} & a_{12} & \cdots & a_{1n} \\ a_{21} & a_{22} & \cdots & a_{2n} \\ \vdots & \vdots & & \vdots \\ a_{m1} & a_{m2} & \cdots & a_{mn} \end{pmatrix}, \qquad \boldsymbol{x} = \begin{pmatrix} x_1 \\ x_2 \\ \vdots \\ x_n \end{pmatrix}, \quad \boldsymbol{b} = \begin{pmatrix} b_1 \\ b_2 \\ \vdots \\ b_m \end{pmatrix}
$$

とおくと，上の連立 1 次方程式 (1) は

$$
A\boldsymbol{x} = \boldsymbol{b}
$$

と表せる．行列 $A$ を連立 1 次方程式 (1) の**係数行列**といい，$A$ の最後の列に $\boldsymbol{b}$ を付け加えて得られる次の $m \times (n+1)$ 行列

$$
\bigl(A \mid \boldsymbol{b}\bigr) = \left(\begin{array}{cccc|c} a_{11} & a_{12} & \cdots & a_{1n} & b_1 \\ a_{21} & a_{22} & \cdots & a_{2n} & b_2 \\ \vdots & \vdots & & \vdots & \vdots \\ a_{m1} & a_{m2} & \cdots & a_{mn} & b_m \end{array}\right)
$$

を**拡大係数行列**という．$\bigl(A \mid \boldsymbol{b}\bigr)$ に行基本変形を何回か行うことによって，次の形に変形できる．

$$
\left(\begin{array}{ccccccccccccccc|c}
0 & \cdots & 0 & \overset{\substack{\text{第}\\ n_1\\ \text{列}}}{1} & * & \cdots & * & \overset{\substack{\text{第}\\ n_2\\ \text{列}}}{0} & & & & \overset{\substack{\text{第}\\ n_r\\ \text{列}}}{0} & & & & \overset{\substack{\text{第}\\ n+1\\ \text{列}}}{d_1} \\
0 & \cdots & 0 & 0 & 0 & \cdots & 0 & 1 & & & & 0 & & & & d_2 \\
0 & \cdots & 0 & 0 & 0 & \cdots & \cdots & 0 & & \bigstar & & \vdots & & \bigstar & & \vdots \\
\vdots & & & \vdots & & & & \vdots & & & & 0 & & & & \vdots \\
0 & \cdots & 0 & 0 & 0 & \cdots & 0 & 0 & 0 & \cdots & 0 & 1 & & & & d_r \\
0 & \cdots & 0 & 0 & 0 & \cdots & 0 & 0 & 0 & \cdots & 0 & 0 & 0 & \cdots & 0 & d_{r+1} \\
\vdots & & & \vdots & & & & \vdots & & & & \vdots & & & \vdots & \vdots \\
0 & \cdots & 0 & 0 & 0 & \cdots & 0 & 0 & 0 & \cdots & 0 & 0 & 0 & \cdots & 0 & d_m
\end{array}\right)
$$

ここで，$*$ にはどのような数が入ってもよく，$\bigstar$ の部分は $*$ の集まりである．

これを連立方程式の形に直すのであるが，見やすくするために次の未知数の置き換え (♠) を行う：

$$(\spadesuit)\ \begin{cases} x_{n_1} \to y_1, \quad x_{n_2} \to y_2, \quad \cdots, \quad x_{n_r} \to y_r, \\ \text{これ以外の } x_j\ (j \neq n_1, n_2, \cdots, n_r) \text{ は } x_1 \text{ から } x_n \text{ までを順に,} \\ \quad \text{それぞれ } y_{r+1}, y_{r+2}, \cdots, y_n \text{ とする.} \end{cases}$$

すると次の方程式を得る.

$$(2)\ \begin{cases} y_1 \qquad\qquad + c_{1\,r+1}y_{r+1} + \cdots + c_{1n}y_n = d_1 \\ \quad y_2 \qquad\quad + c_{2\,r+1}y_{r+1} + \cdots + c_{2n}y_n = d_2 \\ \qquad \ddots \qquad \cdots\cdots \qquad\qquad \vdots \\ \qquad\quad y_r + c_{r\,r+1}y_{r+1} + \cdots + c_{rn}y_n = d_r \\ \qquad\qquad\qquad\qquad\qquad 0 = d_{r+1} \\ \qquad\qquad\qquad\qquad\qquad \vdots \\ \qquad\qquad\qquad\qquad\qquad 0 = d_m \end{cases}$$

もし，$d_{r+1}, \cdots, d_m$ の中に 0 でない $d_k$ $(r+1 \leqq k \leqq m)$ があれば，方程式

$$0y_1 + 0y_2 + \cdots + 0y_n = d_k$$

があるので，解は存在しない.

一方，$d_{r+1} = \cdots = d_m = 0$ であれば，$y_{r+1}$，$y_{r+2}$，$\cdots$，$y_n$ をそれぞれ任意定数 $t_{r+1}, t_{r+2}, \cdots, t_n$ とおいて次の解を得る.

$$(3)\ \begin{cases} y_1 = d_1 \qquad\qquad - c_{1\,r+1}t_{r+1} - \cdots - c_{1n}t_n \\ y_2 = \quad d_2 \qquad - c_{2\,r+1}t_{r+1} - \cdots - c_{2n}t_n \\ \qquad\qquad \ddots \qquad \cdots\cdots \\ y_r = \qquad\qquad d_r - c_{r\,r+1}t_{r+1} - \cdots - c_{rn}t_n \\ y_{r+1} = \qquad\qquad\qquad t_{r+1} \\ \ \vdots \qquad\qquad\qquad\qquad\qquad \ddots \\ y_n = \qquad\qquad\qquad\qquad\qquad\qquad t_n \end{cases}$$

つまり，解をもつための条件は，

$$\operatorname{rank}(A) = \operatorname{rank}\left((A \mid \boldsymbol{b})\right)$$

である．したがって次の定理が得られた.

**定理 3.1**

連立 1 次方程式が解をもつための必要十分条件は，係数行列と拡大係数行列の階数が等しいことである．

関連する詳しい内容は付録 A.2 を参照のこと．

○例 **3.4.** 文字 $a$ を含む次の連立 1 次方程式を解く．

$$\begin{cases} x + y + 2z = 9 \\ 2x - y + \ \ z = 0 \\ 3x \qquad\ + 3z = a \end{cases}$$

拡大係数行列は

$$\left(\begin{array}{ccc|c} 1 & 1 & 2 & 9 \\ 2 & -1 & 1 & 0 \\ 3 & 0 & 3 & a \end{array}\right)$$

である．これを基本変形すると以下のとおりの結果を得る．

$$\xrightarrow{\text{(i)}} \left(\begin{array}{ccc|c} 1 & 1 & 2 & 9 \\ 0 & -3 & -3 & -18 \\ 0 & -3 & -3 & a-27 \end{array}\right) \qquad \begin{array}{l} (2\,行) + (1\,行) \times (-2), \\ (3\,行) + (1\,行) \times (-3) \end{array}$$

$$\xrightarrow{\text{(ii)}} \left(\begin{array}{ccc|c} 1 & 1 & 2 & 9 \\ 0 & -3 & -3 & -18 \\ 0 & 0 & 0 & a-9 \end{array}\right) \qquad (3\,行) + (2\,行) \times (-1)$$

$$\xrightarrow{\text{(iii)}} \left(\begin{array}{ccc|c} 1 & 1 & 2 & 9 \\ 0 & 1 & 1 & 6 \\ 0 & 0 & 0 & a-9 \end{array}\right) \qquad (2\,行) \times \left(-\frac{1}{3}\right)$$

$$\xrightarrow{\text{(iv)}} \left(\begin{array}{ccc|c} 1 & 0 & 1 & 3 \\ 0 & 1 & 1 & 6 \\ 0 & 0 & 0 & a-9 \end{array}\right) \qquad (1\,行) + (2\,行) \times (-1)$$

(ここで，上の (i) ～ (iv) では，各変形の右側に書いてある操作を行っている．)

したがって，$a \neq 9$ ならば解はない．

また，$a=9$ のとき，

$$\begin{cases} x \quad + z = 3 \\ \quad y + z = 6 \end{cases}$$

より，$t$ を任意の実数として $z=t$ とおくと，解

$$x = 3-t, \qquad y = 6-t, \qquad z = t$$

を得る． □

基本変形のもう一つの重要な応用として，**逆行列** (inverse matrix) を求める方法を紹介する．

たとえば，$3\times 3$ 行列 $A$ が与えられたとする．連立1次方程式

$$(4) \qquad A\boldsymbol{x} = \boldsymbol{e}_i \qquad (i=1,2,3)$$

を考える．ただし，$\boldsymbol{e}_i$ は $i$ 番目の成分だけ 1 でその他の成分は 0 の基本ベクトルである．3つの方程式がそれぞれ1つの解 $\boldsymbol{b}_i$ をもったとする．このとき，左から順に解の列ベクトルを並べて得られる行列を $B=\begin{pmatrix}\boldsymbol{b}_1 & \boldsymbol{b}_2 & \boldsymbol{b}_3\end{pmatrix}$ とすると，小行列に分解した積の性質 (例 2.11) からわかるように，$AB=E$ である．したがって $B$ は $A$ の逆行列である．(正確にはもう一つの条件 $BA=E$ も必要であるが，実は不要であることが 4.3 節でわかる．) これを具体的に調べてみる．

$$A = \begin{pmatrix} 1 & 1 & 2 \\ 2 & -1 & 1 \\ 3 & 2 & 1 \end{pmatrix}$$

とする．上の連立1次方程式 (4) の拡大係数行列 $\left(A \mid \boldsymbol{e}_i\right)$ は，それぞれ

$$\left(\begin{array}{ccc|c} 1 & 1 & 2 & 1 \\ 2 & -1 & 1 & 0 \\ 3 & 2 & 1 & 0 \end{array}\right), \quad \left(\begin{array}{ccc|c} 1 & 1 & 2 & 0 \\ 2 & -1 & 1 & 1 \\ 3 & 2 & 1 & 0 \end{array}\right), \quad \left(\begin{array}{ccc|c} 1 & 1 & 2 & 0 \\ 2 & -1 & 1 & 0 \\ 3 & 2 & 1 & 1 \end{array}\right)$$

となる．これらを基本変形によって，$\left(E \mid \boldsymbol{b}_i\right)$ $(i=1,2,3)$ の形に変形すれば，$A$ の逆行列 $B=\begin{pmatrix}\boldsymbol{b}_1 & \boldsymbol{b}_2 & \boldsymbol{b}_3\end{pmatrix}$ が得られる．

拡大係数行列 $\left(A \mid \boldsymbol{e}_i\right)$ の $A$ の部分を基本変形で $E$ にするのはそれぞれ同じなので，これらを一度に行うことを考える．すなわち，$3\times 6$ 行列 $\left(A \mid E\right)$ に

基本変形を行って $\left(E \mid B\right)$ になったとすれば，$B$ が $A$ の逆行列 $A^{-1}$ である．これを，以下で実行してみよう．

$$\left(A \mid E\right) = \left(\begin{array}{ccc|ccc} 1 & 1 & 2 & 1 & 0 & 0 \\ 2 & -1 & 1 & 0 & 1 & 0 \\ 3 & 2 & 1 & 0 & 0 & 1 \end{array}\right)$$

の左半分の部分が単位行列になるように基本変形する：

$$\left(A \mid E\right) \xrightarrow{\text{(i)}} \left(\begin{array}{ccc|ccc} 1 & 1 & 2 & 1 & 0 & 0 \\ 0 & -3 & -3 & -2 & 1 & 0 \\ 0 & -1 & -5 & -3 & 0 & 1 \end{array}\right) \qquad \begin{array}{l} (2\,\text{行}) + (1\,\text{行}) \times (-2), \\ (3\,\text{行}) + (1\,\text{行}) \times (-3) \end{array}$$

$$\xrightarrow{\text{(ii)}} \left(\begin{array}{ccc|ccc} 1 & 1 & 2 & 1 & 0 & 0 \\ 0 & -1 & -5 & -3 & 0 & 1 \\ 0 & -3 & -3 & -2 & 1 & 0 \end{array}\right) \qquad (2\,\text{行})\ \text{と}\ (3\,\text{行})\ \text{を交換}$$

$$\xrightarrow{\text{(iii)}} \left(\begin{array}{ccc|ccc} 1 & 1 & 2 & 1 & 0 & 0 \\ 0 & 1 & 5 & 3 & 0 & -1 \\ 0 & -3 & -3 & -2 & 1 & 0 \end{array}\right) \qquad (2\,\text{行}) \times (-1)$$

$$\xrightarrow{\text{(iv)}} \left(\begin{array}{ccc|ccc} 1 & 0 & -3 & -2 & 0 & 1 \\ 0 & 1 & 5 & 3 & 0 & -1 \\ 0 & 0 & 12 & 7 & 1 & -3 \end{array}\right) \qquad \begin{array}{l} (1\,\text{行}) + (2\,\text{行}) \times (-1), \\ (3\,\text{行}) + (2\,\text{行}) \times 3 \end{array}$$

$$\xrightarrow{\text{(v)}} \left(\begin{array}{ccc|ccc} 1 & 0 & -3 & -2 & 0 & 1 \\ 0 & 1 & 5 & 3 & 0 & -1 \\ 0 & 0 & 1 & \frac{7}{12} & \frac{1}{12} & -\frac{1}{4} \end{array}\right) \qquad (3\,\text{行}) \times \frac{1}{12}$$

$$\xrightarrow{\text{(vi)}} \left(\begin{array}{ccc|ccc} 1 & 0 & 0 & -\frac{1}{4} & \frac{1}{4} & \frac{1}{4} \\ 0 & 1 & 0 & \frac{1}{12} & -\frac{5}{12} & \frac{1}{4} \\ 0 & 0 & 1 & \frac{7}{12} & \frac{1}{12} & -\frac{1}{4} \end{array}\right) \qquad \begin{array}{l} (1\,\text{行}) + (3\,\text{行}) \times 3, \\ (2\,\text{行}) + (3\,\text{行}) \times (-5) \end{array}$$

(ここで，上の (i) ～ (vi) では，各変形の右側に書いてある操作を行っている.)
すなわち，$A$ の逆行列 $A^{-1}$ が得られた：

$$A^{-1} = \begin{pmatrix} -\frac{1}{4} & \frac{1}{4} & \frac{1}{4} \\ \frac{1}{12} & -\frac{5}{12} & \frac{1}{4} \\ \frac{7}{12} & \frac{1}{12} & -\frac{1}{4} \end{pmatrix} = \frac{1}{12} \begin{pmatrix} -3 & 3 & 3 \\ 1 & -5 & 3 \\ 7 & 1 & -3 \end{pmatrix}.$$

以上をまとめると，

**定理 3.2**

$A$ を $n$ 次正方行列とする．$A$ が正則ならば，$n \times 2n$ 行列 $\big(A \mid E\big)$ に基本変形を行い，その左半分の部分が単位行列となるように $\big(E \mid B\big)$ と変形できる．このとき，右半分の部分の行列 $B$ が $A$ の逆行列である．

ところで，計算間違いがないにもかかわらず，もし左半分が単位行列に変形できなかったときはどうなるのか？ 実はありがたいことに，

「$n$ 次正方行列 $A$ に対して $\big(A \mid E\big)$ の左半分の部分が単位行列に基本変形できなければ $A$ は正則でない.」

が成立する．証明は文献 [6, 2 章] などをみよ．

## 3.3 節の問題

[**1**] 次の問いに答えよ．

(a) 次の連立 1 次方程式を解け．

$$\begin{cases} x + y + z = 2 \\ 2x + y + 3z = 6 \\ 3x - 2y + 3z = 1 \end{cases}$$

(b) 定数 $a, b$ を含む連立 1 次方程式

$$\begin{cases} ax + (b+2)y = -3 \\ bx - 2ay = 8 \end{cases}$$

を解いて $x = 2, y = -1$ を得た．このとき $a, b$ の値を求めよ．

[**2**] 次の行列の逆行列を基本変形の方法により求めよ．

$$\begin{pmatrix} -1 & 1 & -1 \\ 4 & -1 & 3 \\ -2 & 1 & -1 \end{pmatrix}$$

# 章末問題

[**1**] 次の連立 1 次方程式を解け.

$$\begin{cases} 3x + y + z - 2w = 1 \\ 2x + 5y + 3z + w = 4 \\ -2x - y + z - w = 4 \\ 5x + y - z - w = -5 \end{cases}$$

[**2**] $a$ を定数とする次の連立 1 次方程式が解をもつとき，$a$ の値を求め，そのときの解を求めよ.

$$\begin{cases} x + 4y + 2z + 3w = 1 \\ 2x + 3y + 4z + w = -2 \\ 3x + 2y + z + 4w = 3 \\ 4x + y + 3z + 2w = a \end{cases}$$

[**3**] 次の問題を解け

(1) $a, b, c$ を定数とするとき，次の行列をガウス行列に基本変形せよ.

$$\begin{pmatrix} 1 & a & a^2 \\ 1 & b & b^2 \\ 1 & c & c^2 \end{pmatrix}$$

(2) 放物線 $y = ax^2 + bx + c$ は 3 点 $(1, 0), (2, 3), (-2, 15)$ をとおるという. このとき，$a, b, c$ を求めよ.

[**4**] 連立 1 次方程式

$$A\boldsymbol{x} = \boldsymbol{b} \quad \cdots ①$$

が 1 つの解 $\boldsymbol{x} = \boldsymbol{a}$ をもつとする. また，連立 1 次方程式

$$A\boldsymbol{x} = \boldsymbol{0} \quad \cdots ②$$

の任意の解を $\boldsymbol{t}$ とする. このとき以下の問いに答えよ.

(1) $\boldsymbol{t} + \boldsymbol{a}$ は ① の解であることを証明せよ.

(2) ① の任意の解は ② の適当な解 $\boldsymbol{t}_0$ によって，$\boldsymbol{t}_0 + \boldsymbol{a}$ と表せることを証明せよ.

(3) 次の二組の連立 1 次方程式を解いて，それぞれの解を比較せよ.

$$\begin{cases} x - y + z = 1 \\ -2x + y + 2z = 2 \\ -4x + y + 8z = 8 \end{cases}, \qquad \begin{cases} x - y + z = 0 \\ -2x + y + 2z = 0 \\ -4x + y + 8z = 0 \end{cases}$$

**コラム：ガウス (1777–1855)**

ガウス (Carl Friedrich Gauss) は北ドイツの貧しい家に生まれ，幼いときから異常な数学的才能を示しました．10歳の頃の1から100までの和を計算する逸話は有名です．また，1796年3月30日の朝，18歳のガウスが目ざめてベッドから起き出ようとする瞬間に正17角形の作図法を発見し，それが機縁となって数学を専門としたと伝えられています．この章での掃き出し法は「ガウスの消去法」ともいわれており，ガウスが連立1次方程式を解くとき用いた方法です．なお，整数論，幾何学，複素関数論などの数学の分野に限らず，測地学，天文学や電磁気学の業績でも有名です．

# 第 4 章　行列式

次の連立 1 次方程式

$$\begin{cases} ax + by = e \\ cx + dy = f \end{cases}$$

を解くことを考えてみよう．この連立 1 次方程式は，行列を用いて次のように表される．

$$\begin{pmatrix} a & b \\ c & d \end{pmatrix}\begin{pmatrix} x \\ y \end{pmatrix} = \begin{pmatrix} e \\ f \end{pmatrix}$$

第 2 章と第 3 章で学んだように，上の連立 1 次方程式の係数行列 $A = \begin{pmatrix} a & b \\ c & d \end{pmatrix}$ が正則であるときは，この連立 1 次方程式の解はただ一つで，

$$\begin{aligned} \begin{pmatrix} x \\ y \end{pmatrix} &= A^{-1}\begin{pmatrix} e \\ f \end{pmatrix} \\ &= \frac{1}{ad - bc}\begin{pmatrix} d & -b \\ -c & a \end{pmatrix}\begin{pmatrix} e \\ f \end{pmatrix} \end{aligned}$$

より，

$$x = \frac{de - bf}{ad - bc}, \qquad y = \frac{af - ce}{ad - bc}$$

となる．実は，$x, y$ の式の分母，分子に現れている $ad - bc$, $de - bf$, $af - ce$ はそれぞれ，行列 $A$, $\begin{pmatrix} e & b \\ f & d \end{pmatrix}$, $\begin{pmatrix} a & e \\ c & f \end{pmatrix}$ の**行列式**とよばれるものなのである．

後で説明するように，行列式というものは，正方行列に対して定まる式のことであるが，連立 1 次方程式の解法の研究のなかから生まれた．この章では，$n$ 次正方行列の行列式の定義を行い，行列式に関するいろいろな性質について学ぶことにする．

## 4.1 行列式の定義

**行列式** (determinant) とは $n$ 次正方行列に対応する式のことである．$n$ 次正方行列 $A$ の行列式のことを

$$|A|, \quad \det(A)$$

などと表す (det は行列式を表す英語 determinant の略である)．$n$ 次正方行列

$$A = \begin{pmatrix} a_{11} & a_{12} & \cdots & a_{1n} \\ a_{21} & a_{22} & \cdots & a_{2n} \\ \vdots & \vdots & & \vdots \\ a_{n1} & a_{n2} & \cdots & a_{nn} \end{pmatrix}$$

に対して，$A$ の行列式 $|A|$ を

$$|A| = \left| \begin{pmatrix} a_{11} & a_{12} & \cdots & a_{1n} \\ a_{21} & a_{22} & \cdots & a_{2n} \\ \vdots & \vdots & & \vdots \\ a_{n1} & a_{n2} & \cdots & a_{nn} \end{pmatrix} \right| = \begin{vmatrix} a_{11} & a_{12} & \cdots & a_{1n} \\ a_{21} & a_{22} & \cdots & a_{2n} \\ \vdots & \vdots & & \vdots \\ a_{n1} & a_{n2} & \cdots & a_{nn} \end{vmatrix}$$

と表す．なお，**正方行列でない行列の行列式は定義されない**．$n$ 次正方行列の行列式を **$n$ 次行列式**とよぶこともある．

この節では，$n$ 次正方行列の行列式を定義するが，これを基本的な事実から行うには数学的な準備がたくさん必要である．本書ではそのようにしないで，行列式の具体的な計算方法から行うことにする．基本的事実からの定義については，巻末にある参考文献 [6] などを参照されたい．

**1 次正方行列の行列式**

1 次正方行列 $\left(a_{11}\right)$ の行列式を次のように定義する．

$$|a_{11}| = a_{11} \qquad \left(\det\left(a_{11}\right) = a_{11}\right)$$

なお，1 次行列式を表す記号は数の絶対値を表す記号と見かけ上同じであるが異なるものなので注意すること．

○**例 4.1.** 1 次正方行列 $\begin{pmatrix}5\end{pmatrix}$ の行列式は $|5|=5$ となり，1 次正方行列 $\begin{pmatrix}-3\end{pmatrix}$ の行列式は $|-3|=-3$ となる． □

**2 次正方行列の行列式**

2 次正方行列 $A=\begin{pmatrix}a_{11} & a_{12}\\ a_{21} & a_{22}\end{pmatrix}$ の行列式を次のように定義する．

$$|A| = a_{11}|a_{22}| - a_{12}|a_{21}| = a_{11}a_{22} - a_{12}a_{21}$$

この 2 次行列式の定義式で，$|a_{21}|$, $|a_{22}|$ はそれぞれ，1 次正方行列 $\begin{pmatrix}a_{21}\end{pmatrix}$, $\begin{pmatrix}a_{22}\end{pmatrix}$ の行列式である．

○**例 4.2.** (1) $\begin{vmatrix}3 & -2\\ 4 & -1\end{vmatrix} = 3\cdot|-1| - (-2)\cdot|4| = 3\cdot(-1) - (-2)\cdot 4 = 5$

(2) $\begin{vmatrix}1 & -2\\ -3 & 9\end{vmatrix} = 1\cdot 9 - (-2)\cdot(-3) = 3$ □

◆**演習 4.1.** 次の行列式を計算せよ．

(1) $|-1|$　　(2) $\begin{vmatrix}1 & -1\\ 2 & 0\end{vmatrix}$　　(3) $\begin{vmatrix}3 & 1\\ 2 & 2\end{vmatrix}$

次に，3 次正方行列の行列式を定義する．

**3 次正方行列の行列式**

3 次正方行列 $A=\begin{pmatrix}a_{11} & a_{12} & a_{13}\\ a_{21} & a_{22} & a_{23}\\ a_{31} & a_{32} & a_{33}\end{pmatrix}$ の行列式を次のように定義する．

$$|A| = a_{11}\begin{vmatrix}a_{22} & a_{23}\\ a_{32} & a_{33}\end{vmatrix} - a_{12}\begin{vmatrix}a_{21} & a_{23}\\ a_{31} & a_{33}\end{vmatrix} + a_{13}\begin{vmatrix}a_{21} & a_{22}\\ a_{31} & a_{32}\end{vmatrix}$$

3 次行列式の定義式の右辺の 2 次行列式を計算すると，上記の 3 次正方行列 $A$ の行列式は次のようになる．

$$
\begin{aligned}
|A| &= a_{11}(a_{22}a_{33} - a_{23}a_{32}) - a_{12}(a_{21}a_{33} - a_{23}a_{31}) + a_{13}(a_{21}a_{32} - a_{22}a_{31}) \\
&= a_{11}a_{22}a_{33} + a_{12}a_{23}a_{31} + a_{13}a_{21}a_{32} \\
&\quad - a_{11}a_{23}a_{32} - a_{12}a_{21}a_{33} - a_{13}a_{22}a_{31}
\end{aligned}
$$

○例 **4.3.**

$$
\begin{aligned}
\begin{vmatrix} 1 & 1 & -2 \\ 3 & 2 & 1 \\ -3 & 4 & -1 \end{vmatrix} &= 1 \cdot \begin{vmatrix} 2 & 1 \\ 4 & -1 \end{vmatrix} - 1 \cdot \begin{vmatrix} 3 & 1 \\ -3 & -1 \end{vmatrix} + (-2) \cdot \begin{vmatrix} 3 & 2 \\ -3 & 4 \end{vmatrix} \\
&= 1 \cdot (-6) - 1 \cdot 0 + (-2) \cdot 18 = -42
\end{aligned}
$$
□

◆**演習 4.2.** 次の行列式を計算せよ．

(1) $\begin{vmatrix} 2 & 0 & 0 \\ -1 & 1 & 2 \\ 1 & 2 & 1 \end{vmatrix}$　　(2) $\begin{vmatrix} 2 & 1 & 1 \\ 1 & 2 & 1 \\ 1 & 1 & 2 \end{vmatrix}$

いままで 3 次以下の行列式を定義したが，それらはすべて同じような法則で定義されていることがわかる．これをさらに拡張して，$n$ 次正方行列の行列式を定義する．

次の $n$ 次正方行列 $(n \geqq 2)$

$$
A = \begin{pmatrix} a_{11} & a_{12} & \cdots & a_{1n} \\ a_{21} & a_{22} & \cdots & a_{2n} \\ \vdots & \vdots & & \vdots \\ a_{n1} & a_{n2} & \cdots & a_{nn} \end{pmatrix}
$$

の第 1 行と第 $i$ 列を取り除いてできる行列を $A_{1i}$ と表す．つまり，

$$
A_{1i} = \begin{pmatrix} a_{21} & \cdots & a_{2\,i-1} & a_{2\,i+1} & \cdots & a_{2n} \\ a_{31} & \cdots & a_{3\,i-1} & a_{3\,i+1} & \cdots & a_{3n} \\ \vdots & & \vdots & \vdots & & \vdots \\ a_{n1} & \cdots & a_{n\,i-1} & a_{n\,i+1} & \cdots & a_{nn} \end{pmatrix}
$$

とする．このとき，$n$ 次正方行列 $A$ の行列式を次のように定義する．

**$n$ 次正方行列の行列式 $(n \geqq 2)$**

$A = \left(a_{ij}\right)$ を $n$ 次正方行列 $(n \geqq 2)$ とする．このとき，$A$ の行列式 $|A|$ を次のように定義する．

$$\begin{aligned} |A| &= \sum_{i=1}^{n} (-1)^{1+i} a_{1i} |A_{1i}| \\ &= a_{11}|A_{11}| - a_{12}|A_{12}| + \cdots + (-1)^{n+1} a_{1n}|A_{1n}| \end{aligned}$$

上の式で，$A_{11}, A_{12}, \cdots, A_{1n}$ は $(n-1)$ 次正方行列なので，その行列式は上の定義式より，$(n-2)$ 次の行列式を用いて計算できる．以下，これを繰り返せば，すべての $n$ 次正方行列の行列式が計算できる．

○例 **4.4.** 上の $n$ 次正方行列の行列式の定義から，4 次行列式は次のように表される．

$$\begin{aligned} \begin{vmatrix} a_{11} & a_{12} & a_{13} & a_{14} \\ a_{21} & a_{22} & a_{23} & a_{24} \\ a_{31} & a_{32} & a_{33} & a_{34} \\ a_{41} & a_{42} & a_{43} & a_{44} \end{vmatrix} &= a_{11} \begin{vmatrix} a_{22} & a_{23} & a_{24} \\ a_{32} & a_{33} & a_{34} \\ a_{42} & a_{43} & a_{44} \end{vmatrix} - a_{12} \begin{vmatrix} a_{21} & a_{23} & a_{24} \\ a_{31} & a_{33} & a_{34} \\ a_{41} & a_{43} & a_{44} \end{vmatrix} \\ &\quad + a_{13} \begin{vmatrix} a_{21} & a_{22} & a_{24} \\ a_{31} & a_{32} & a_{34} \\ a_{41} & a_{42} & a_{44} \end{vmatrix} - a_{14} \begin{vmatrix} a_{21} & a_{22} & a_{23} \\ a_{31} & a_{32} & a_{33} \\ a_{41} & a_{42} & a_{43} \end{vmatrix} \end{aligned}$$

□

○例 **4.5.**

$$\begin{aligned} \begin{vmatrix} 0 & 2 & 0 & -1 \\ 0 & 0 & 3 & 2 \\ 1 & 0 & 0 & 0 \\ 1 & 2 & 3 & 4 \end{vmatrix} &= 0 \cdot \begin{vmatrix} 0 & 3 & 2 \\ 0 & 0 & 0 \\ 2 & 3 & 4 \end{vmatrix} - 2 \cdot \begin{vmatrix} 0 & 3 & 2 \\ 1 & 0 & 0 \\ 1 & 3 & 4 \end{vmatrix} \\ &\quad + 0 \cdot \begin{vmatrix} 0 & 0 & 2 \\ 1 & 0 & 0 \\ 1 & 2 & 4 \end{vmatrix} - (-1) \cdot \begin{vmatrix} 0 & 0 & 3 \\ 1 & 0 & 0 \\ 1 & 2 & 3 \end{vmatrix} \\ &= -2 \cdot (-6) - (-1) \cdot 6 = 18 \end{aligned}$$

□

◆**演習 4.3.** $n$ 次零行列と $n$ 次単位行列の行列式を計算せよ．

**キケン！**

$\begin{pmatrix} a & b \\ c & d \end{pmatrix}$ は行列であり，$\begin{vmatrix} a & b \\ c & d \end{vmatrix}$ は数値で，2 つはまったく異なる．

**コラム：行列式の起源**

本書では行列のほうが行列式より先に出てきていますが，歴史的にはその逆です．3 元連立 1 次方程式を解くとき，各係数を文字で与えておいて解けば解の公式になるわけですが，解に現れる係数にはある一定の法則があります．これを $n$ 元まで拡張して組織的に研究をしたのは，ライプニッツ (G.W. Leibniz, 1646–1716) が最初であるといわれていました．ところが，日本の関孝和 (1642? (1639 の説もあります) –1708) はそれより 10 年以上早く発見していたといわれています．行列のほうはシルベスター (J.J. Sylvester, 1814–1897) が 19 世紀の中頃に初めて論じたといわれています．

## 4.1 節の問題

[**1**] 次の行列式を計算せよ．

(a) $\begin{vmatrix} \cos\theta & -\sin\theta \\ \sin\theta & \cos\theta \end{vmatrix}$　(b) $\begin{vmatrix} 0 & 1 & -4 \\ 2 & 3 & 0 \\ 2 & 1 & 3 \end{vmatrix}$　(c) $\begin{vmatrix} 1 & 2 & 3 \\ 4 & 3 & 7 \\ -2 & 1 & -1 \end{vmatrix}$

[**2**] 次の行列式を計算せよ．

(a) $\begin{vmatrix} 0 & 1 & 2 & 4 \\ 0 & 5 & 6 & 7 \\ 0 & -2 & 3 & 1 \\ 0 & 6 & 0 & 9 \end{vmatrix}$　(b) $\begin{vmatrix} 1 & 0 & 0 & -2 \\ 0 & 0 & 3 & 0 \\ -1 & 0 & 0 & 1 \\ 1 & 2 & 3 & 4 \end{vmatrix}$

## 4.2　行列式の計算法

前節で正方行列の行列式を定義した．それによると，$n$ 次行列式を計算するためには，$(n-1)$ 次行列式を $n$ 個計算する必要があり，$(n-1)$ 次行列式を計算するためには，$(n-2)$ 次行列式を $(n-1)$ 個計算する必要がある，$\cdots$ ということになり，$n$ の値が大きくなれば急に計算量が多くなる．行列式の計算をもっと効率良く行うことはできないだろうか？

この節では，行列式の基本的な性質について学び，それらの性質をうまく使うことにより，行列式の計算がより簡単になることを具体例を通して学ぶことにする．なお，この節ででてくる定理の証明は一部を除いて行わない．詳しい証明については巻末にある参考文献 [6] 等を参照のこと．

まず，行列式の定義により，次が成立することがわかる．

**定理 4.1**

$$\begin{vmatrix} a_{11} & 0 & \cdots & 0 \\ a_{21} & a_{22} & \cdots & a_{2n} \\ \vdots & \vdots & & \vdots \\ a_{n1} & a_{n2} & \cdots & a_{nn} \end{vmatrix} = a_{11} \begin{vmatrix} a_{22} & \cdots & a_{2n} \\ \vdots & & \vdots \\ a_{n2} & \cdots & a_{nn} \end{vmatrix}$$

定理 4.1 の左辺は $(1,1)$ 成分以外の第 1 行の成分がすべて 0 であり，右辺の行列式はもとの行列の第 1 行と第 1 列を取り除いた行列の行列式で，次数が 1 つ下がっている．

以下で，定理 4.1 を証明する．

**証明**. $A = \left(a_{ij}\right)$ を $n$ 次正方行列で，$a_{12} = a_{13} = \cdots = a_{1n} = 0$ とする．$i = 1, 2, \cdots, n$ に対して，前節のように $A_{1i}$ を $A$ の第 1 行と第 $i$ 列を取り除いてできる行列とする．行列式の定義より

$$|A| = \sum_{i=1}^{n} (-1)^{1+i} a_{1i} |A_{1i}|$$

となるが，$a_{12} = a_{13} = \cdots = a_{1n} = 0$ より，

$$|A| = a_{11}|A_{11}|$$

となる． □

◆**演習 4.4.** 定理 4.1 により，次の式が成立することを確かめよ．

$$\begin{vmatrix} a_{11} & & & \text{\huge 0} \\ a_{21} & a_{22} & & \\ \vdots & & \ddots & \\ a_{n1} & a_{n2} & \cdots & a_{nn} \end{vmatrix} = a_{11}a_{22}\cdots a_{nn}$$

ここで，上の行列式内の右上の大きいゼロは，余白の部分 (ここでは上三角形の部分) にすべて 0 が入ることを表す記号である．

次の定理は行列式の理論では重要であるが，これを 4.1 節での行列式の定義から直接証明するのは難しい．

**定理 4.2**

$A$ を $n$ 次正方行列とすると，

$$|A^{\mathrm{T}}| = |A|$$

となる．つまり，$A$ の行列式と $A$ の転置行列 $A^{\mathrm{T}}$ の行列式は等しい．

◆**演習 4.5.** $n = 3$ のときに，定理 4.2 が成立することを確認せよ．つまり，次が成立することを確かめよ．

$$\begin{vmatrix} a_{11} & a_{12} & a_{13} \\ a_{21} & a_{22} & a_{23} \\ a_{31} & a_{32} & a_{33} \end{vmatrix} = \begin{vmatrix} a_{11} & a_{21} & a_{31} \\ a_{12} & a_{22} & a_{32} \\ a_{13} & a_{23} & a_{33} \end{vmatrix}$$

定理 4.1 と定理 4.2 より，次の定理が成り立つ．

**定理 4.3**

$$\begin{vmatrix} a_{11} & a_{12} & \cdots & a_{1n} \\ 0 & a_{22} & \cdots & a_{2n} \\ \vdots & \vdots & & \vdots \\ 0 & a_{n2} & \cdots & a_{nn} \end{vmatrix} = a_{11} \begin{vmatrix} a_{22} & \cdots & a_{2n} \\ \vdots & & \vdots \\ a_{n2} & \cdots & a_{nn} \end{vmatrix}$$

定理 4.3 の左辺は $(1,1)$ 成分以外の第 1 列の成分がすべて 0 であり，右辺の行列式はもとの行列の第 1 行と第 1 列を取り除いた行列の行列式で，次数が 1 つ下がっている．

次の定理における行列式の性質を，**行列式の交代性** (alternating property) という．

**定理 4.4**

行列式の 2 つの行を入れ替えると，行列式の符号が変わる．つまり，次が成り立つ．

$$\begin{vmatrix} a_{11} & a_{12} & \cdots & a_{1n} \\ \vdots & \vdots & & \vdots \\ a_{j1} & a_{j2} & \cdots & a_{jn} \\ \vdots & \vdots & & \vdots \\ a_{k1} & a_{k2} & \cdots & a_{kn} \\ \vdots & \vdots & & \vdots \\ a_{n1} & a_{n2} & \cdots & a_{nn} \end{vmatrix} = - \begin{vmatrix} a_{11} & a_{12} & \cdots & a_{1n} \\ \vdots & \vdots & & \vdots \\ a_{k1} & a_{k2} & \cdots & a_{kn} \\ \vdots & \vdots & & \vdots \\ a_{j1} & a_{j2} & \cdots & a_{jn} \\ \vdots & \vdots & & \vdots \\ a_{n1} & a_{n2} & \cdots & a_{nn} \end{vmatrix}$$

◆**演習 4.6.** $n = 3, j = 2, k = 3$ の場合に定理 4.4 が成立することを確かめよ．つまり，次が成立することを確かめよ．

$$\begin{vmatrix} a_{11} & a_{12} & a_{13} \\ a_{21} & a_{22} & a_{23} \\ a_{31} & a_{32} & a_{33} \end{vmatrix} = - \begin{vmatrix} a_{11} & a_{12} & a_{13} \\ a_{31} & a_{32} & a_{33} \\ a_{21} & a_{22} & a_{23} \end{vmatrix}$$

定理 4.4 により，次の定理が成立する．

**定理 4.5**

異なる 2 つの行が等しい正方行列の行列式は 0 になる．

**証明**. $n$ 次正方行列 $A$ の第 $j$ 行と第 $k$ 行 $(j \neq k)$ が等しいとすると，第 $j$ 行と第 $k$ 行を入れ替えることによってできる行列 $A'$ は $A$ と等しい．すると，定理 4.4 により，

$$|A| = -|A'| = -|A|$$

となり，$|A| = 0$ となることがわかる． □

次の 2 つの定理における行列式の性質を，**行列式の多重線形性** (multilinearity) という．

**定理 4.6**

$n$ 次正方行列 $A$ の 1 つの行 (第 $k$ 行とする) のすべての成分を $c$ 倍すると ($c$ は定数)，その行列式は $A$ の行列式の $c$ 倍になる．つまり，次の式が成立する．

$$\begin{vmatrix} a_{11} & a_{12} & \cdots & a_{1n} \\ \vdots & \vdots & & \vdots \\ c\,a_{k1} & c\,a_{k2} & \cdots & c\,a_{kn} \\ \vdots & \vdots & & \vdots \\ a_{n1} & a_{n2} & \cdots & a_{nn} \end{vmatrix} = c \begin{vmatrix} a_{11} & a_{12} & \cdots & a_{1n} \\ \vdots & \vdots & & \vdots \\ a_{k1} & a_{k2} & \cdots & a_{kn} \\ \vdots & \vdots & & \vdots \\ a_{n1} & a_{n2} & \cdots & a_{nn} \end{vmatrix}$$

定理 4.6 の等式では，左辺の行列式の第 $k$ 行のすべての成分にかかっている定数 $c$ が，右辺では行列式の外にくくり出されている．

**定理 4.7**

$n$ 次正方行列 $A$ の第 $k$ 行が 2 つの行ベクトル

$$\boldsymbol{a}'_k = (a'_{k1}\ a'_{k2}\ \cdots\ a'_{kn}),$$

$$\boldsymbol{a}''_k = (a''_{k1}\ a''_{k2}\ \cdots\ a''_{kn})$$

の和に等しいならば，$A$ の行列式は $A$ の第 $k$ 行を $\boldsymbol{a}'_k$ と $\boldsymbol{a}''_k$ で置き換えてできる 2 つの行列式の和に等しい．つまり，次の式が成立する．

$$\begin{vmatrix} a_{11} & a_{12} & \cdots & a_{1n} \\ \vdots & \vdots & & \vdots \\ a'_{k1}+a''_{k1} & a'_{k2}+a''_{k2} & \cdots & a'_{kn}+a''_{kn} \\ \vdots & \vdots & & \vdots \\ a_{n1} & a_{n2} & \cdots & a_{nn} \end{vmatrix}$$

$$= \begin{vmatrix} a_{11} & a_{12} & \cdots & a_{1n} \\ \vdots & \vdots & & \vdots \\ a'_{k1} & a'_{k2} & \cdots & a'_{kn} \\ \vdots & \vdots & & \vdots \\ a_{n1} & a_{n2} & \cdots & a_{nn} \end{vmatrix} + \begin{vmatrix} a_{11} & a_{12} & \cdots & a_{1n} \\ \vdots & \vdots & & \vdots \\ a''_{k1} & a''_{k2} & \cdots & a''_{kn} \\ \vdots & \vdots & & \vdots \\ a_{n1} & a_{n2} & \cdots & a_{nn} \end{vmatrix}$$

◆**演習 4.7.** $n=3$, $k=2$ の場合に定理 4.6 と定理 4.7 が成立することを確かめよ．つまり，次が成立することを確かめよ．

$$\begin{vmatrix} a_{11} & a_{12} & a_{13} \\ ca_{21} & ca_{22} & ca_{23} \\ a_{31} & a_{32} & a_{33} \end{vmatrix} = c\begin{vmatrix} a_{11} & a_{12} & a_{13} \\ a_{21} & a_{22} & a_{23} \\ a_{31} & a_{32} & a_{33} \end{vmatrix},$$

$$\begin{vmatrix} a_{11} & a_{12} & a_{13} \\ a'_{21}+a''_{21} & a'_{22}+a''_{22} & a'_{23}+a''_{23} \\ a_{31} & a_{32} & a_{33} \end{vmatrix} = \begin{vmatrix} a_{11} & a_{12} & a_{13} \\ a'_{21} & a'_{22} & a'_{23} \\ a_{31} & a_{32} & a_{33} \end{vmatrix} + \begin{vmatrix} a_{11} & a_{12} & a_{13} \\ a''_{21} & a''_{22} & a''_{23} \\ a_{31} & a_{32} & a_{33} \end{vmatrix}.$$

いままで述べてきた定理を用いることにより，次の定理を得る．

**定理 4.8**

行列式のある行に他の行の $c$ 倍 ($c$ は定数) を加えても，行列式の値は変わらない．つまり，次が成立する．

$$\begin{vmatrix} a_{11} & a_{12} & \cdots & a_{1n} \\ \vdots & \vdots & & \vdots \\ a_{j1} & a_{j2} & \cdots & a_{jn} \\ \vdots & \vdots & & \vdots \\ a_{k1} & a_{k2} & \cdots & a_{kn} \\ \vdots & \vdots & & \vdots \\ a_{n1} & a_{n2} & \cdots & a_{nn} \end{vmatrix} = \begin{vmatrix} a_{11} & a_{12} & \cdots & a_{1n} \\ \vdots & \vdots & & \vdots \\ a_{j1}+ca_{k1} & a_{j2}+ca_{k2} & \cdots & a_{jn}+ca_{kn} \\ \vdots & \vdots & & \vdots \\ a_{k1} & a_{k2} & \cdots & a_{kn} \\ \vdots & \vdots & & \vdots \\ a_{n1} & a_{n2} & \cdots & a_{nn} \end{vmatrix}$$

**証明.**

$$右辺 = \begin{vmatrix} a_{11} & a_{12} & \cdots & a_{1n} \\ \vdots & \vdots & & \vdots \\ a_{j1} & a_{j2} & \cdots & a_{jn} \\ \vdots & \vdots & & \vdots \\ a_{k1} & a_{k2} & \cdots & a_{kn} \\ \vdots & \vdots & & \vdots \\ a_{n1} & a_{n2} & \cdots & a_{nn} \end{vmatrix} + \begin{vmatrix} a_{11} & a_{12} & \cdots & a_{1n} \\ \vdots & \vdots & & \vdots \\ ca_{k1} & ca_{k2} & \cdots & ca_{kn} \\ \vdots & \vdots & & \vdots \\ a_{k1} & a_{k2} & \cdots & a_{kn} \\ \vdots & \vdots & & \vdots \\ a_{n1} & a_{n2} & \cdots & a_{nn} \end{vmatrix} \quad (定理\ 4.7\ より)$$

$$= \begin{vmatrix} a_{11} & a_{12} & \cdots & a_{1n} \\ \vdots & \vdots & & \vdots \\ a_{j1} & a_{j2} & \cdots & a_{jn} \\ \vdots & \vdots & & \vdots \\ a_{k1} & a_{k2} & \cdots & a_{kn} \\ \vdots & \vdots & & \vdots \\ a_{n1} & a_{n2} & \cdots & a_{nn} \end{vmatrix} + c\begin{vmatrix} a_{11} & a_{12} & \cdots & a_{1n} \\ \vdots & \vdots & & \vdots \\ a_{k1} & a_{k2} & \cdots & a_{kn} \\ \vdots & \vdots & & \vdots \\ a_{k1} & a_{k2} & \cdots & a_{kn} \\ \vdots & \vdots & & \vdots \\ a_{n1} & a_{n2} & \cdots & a_{nn} \end{vmatrix} \quad (定理\ 4.6\ より)$$

$= 左辺$ (定理 4.5 より) □

いままで行列式のいろいろな性質について学んできたが，それらの性質を利用して，より効率的に行列式を計算することを考えてみよう．第 3 章で行列の行基本変形を学んだが，それは次の 3 種類であった．

**I.**　ある 2 つの行を交換する．

**II.**　ある 1 つの行を $c$ 倍 $(c \neq 0)$ する．

**III.**　ある行に他の行を $c$ 倍したものを加える．

正方行列に上のような基本変形を行った場合，新しくできた行列の行列式はどのようになるだろうか？ 実は，上の基本変形を行ってできた行列の行列式は次のようになる．

(1)　I の基本変形を行うと，行列式はもとの行列式の $(-1)$ 倍になる．(定理 4.4 より)

(2)　II の基本変形を行うと，行列式はもとの行列式の $c$ 倍になる．(定理 4.6 より)

(3)　III の基本変形を行っても，行列式は変わらない．(定理 4.8 より)

第 3 章での連立 1 次方程式の解法では，拡大係数行列に行基本変形を行って，ガウス行列にした．行列式の場合も，適当な行基本変形を行って，与えられた行列を次のような行列に変形する．

$$\begin{pmatrix} a & * & \cdots & * \\ 0 & * & \cdots & * \\ \vdots & \vdots & & \vdots \\ 0 & * & \cdots & * \end{pmatrix}$$

定理 4.3 を用いると，上の行列の行列式は $a$ と $(n-1)$ 次行列式 $\begin{vmatrix} * & \cdots & * \\ \vdots & & \vdots \\ * & \cdots & * \end{vmatrix}$ の積になる．これを繰り返すと，行列式を計算することができる．行列の基本変形を行うと，変形した後の行列式はもとの行列の行列式と変わってしまうので，行列式の値が一致するように，適当な数 (2 つの行を入れ替えた場合は $(-1)$，ある行を $c$ 倍したら $\dfrac{1}{c}$) をかける必要がある．

行列の「列基本変形」も行基本変形と同じように考えることができるが，列基本変形を行った場合は，行列式はどのように変化するのだろうか？ $n$ 次正方行列 $A$ に対して，$A$ がある列基本変形により行列 $B$ に変形されたとすると，$A$ の転置行列 $A^{\mathrm{T}}$ は，対応する行基本変形により行列 $B^{\mathrm{T}}$ に変形される．定理 4.2 より，定理 4.4, 定理 4.5, 定理 4.6, 定理 4.7, 定理 4.8 は行と列の役割を入れ替えても成り立つことがわかる．

いくつか具体例を紹介する．なお，以下の例では，行列の列基本変形は用いずに計算している．

○例 **4.6.**

$$\begin{vmatrix} 3 & 2 & 1 \\ 1 & -2 & -1 \\ -1 & 1 & 1 \end{vmatrix} \overset{\text{(i)}}{=} -\begin{vmatrix} 1 & -2 & -1 \\ 3 & 2 & 1 \\ -1 & 1 & 1 \end{vmatrix} \qquad \text{(1 行と 2 行を交換)}$$

$$\overset{\text{(ii)}}{=} -\begin{vmatrix} 1 & -2 & -1 \\ 0 & 8 & 4 \\ 0 & -1 & 0 \end{vmatrix} \qquad \begin{array}{l}\text{(2 行)} + \text{(1 行)} \times (-3), \\ \text{(3 行)} + \text{(1 行)}\end{array}$$

$$\overset{\text{(iii)}}{=} -1 \cdot \begin{vmatrix} 8 & 4 \\ -1 & 0 \end{vmatrix} \qquad \text{(定理 4.3 を用いて次数を下げる)}$$

$$= -4$$

(ここで，上の (i)〜(iii) の式変形では，式の右側に書いてある操作を行っている.)　□

○例 **4.7.**

$$\begin{vmatrix} 1 & 2 & 3 & -1 \\ -3 & 2 & 7 & 11 \\ 0 & 5 & 9 & 16 \\ -2 & 0 & 1 & 6 \end{vmatrix} \overset{\text{(i)}}{=} \begin{vmatrix} 1 & 2 & 3 & -1 \\ 0 & 8 & 16 & 8 \\ 0 & 5 & 9 & 16 \\ 0 & 4 & 7 & 4 \end{vmatrix} \qquad \begin{array}{l}\text{(2 行)} + \text{(1 行)} \times 3, \\ \text{(4 行)} + \text{(1 行)} \times 2\end{array}$$

$$\overset{\text{(ii)}}{=} 1 \cdot \begin{vmatrix} 8 & 16 & 8 \\ 5 & 9 & 16 \\ 4 & 7 & 4 \end{vmatrix} \qquad \text{(定理 4.3 を用いて次数を下げる)}$$

$$
\overset{\text{(iii)}}{=} 8 \cdot \begin{vmatrix} 1 & 2 & 1 \\ 5 & 9 & 16 \\ 4 & 7 & 4 \end{vmatrix} \qquad \text{(1 行目から 8 をくくり出す)}
$$

$$
\overset{\text{(iv)}}{=} 8 \cdot \begin{vmatrix} 1 & 2 & 1 \\ 0 & -1 & 11 \\ 0 & -1 & 0 \end{vmatrix} \qquad \begin{array}{l} \text{(2 行)} + \text{(1 行)} \times (-5), \\ \text{(3 行)} + \text{(1 行)} \times (-4) \end{array}
$$

$$
\overset{\text{(v)}}{=} 8 \cdot \begin{vmatrix} -1 & 11 \\ -1 & 0 \end{vmatrix} \qquad \text{(定理 4.3 を用いて次数を下げる)}
$$

$$
= 88
$$

(ここで，上の (i)〜(v) の式変形では，式の右側に書いてある操作を行っている．) □

これまでしばしば行列あるいは行列式の変形を行ってきた．そのとき使われていた記号 “→” と “=” に注意すること．“→” は変形の前後で行列は同じであるとは限らない．しかし，行列が対応する連立 1 次方程式の解は同じである．

○**例 4.8.** 次の行列式を因数分解せよ．

$$
\begin{vmatrix} x & y & z \\ y & x & y \\ z & z & x \end{vmatrix}
$$

［解］

$$
\text{与式} \overset{\text{(i)}}{=} \begin{vmatrix} x+y+z & x+y+z & x+y+z \\ y & x & y \\ z & z & x \end{vmatrix} \qquad \begin{array}{l} \text{(1 行)} + \text{((2 行)} + \text{(3 行))} \\ \text{(1 行に 2 行と 3 行を加える)} \end{array}
$$

$$
\overset{\text{(ii)}}{=} (x+y+z) \begin{vmatrix} 1 & 1 & 1 \\ y & x & y \\ z & z & x \end{vmatrix} \qquad \text{(1 行から } (x+y+z) \text{ をくくり出す)}
$$

$$
\overset{\text{(iii)}}{=} (x+y+z) \begin{vmatrix} 1 & 1 & 1 \\ 0 & x-y & 0 \\ 0 & 0 & x-z \end{vmatrix} \qquad \begin{array}{l} \text{(2 行)} + \text{(1 行)} \times (-y), \\ \text{(3 行)} + \text{(1 行)} \times (-z) \end{array}
$$

$$
= (x+y+z)(x-y)(x-z)
$$

(ここで，上の (i) ∼ (iv) の式変形では，式の右側に書いてある操作を行っている.) □

**キケン！**

$A$ を $n$ 次正方行列，$c$ を定数とする．このとき，定理 4.6 を繰り返し用いると，

$$|cA| = c^n|A|$$

となる ($cA$ は行列 $A$ の $c$ 倍)．一般に，$n \geqq 2$ のときは $|cA| = c|A|$ とはならないので注意すること．

## 4.2 節の問題

次の問題は前節の行列式の定義を用いても解くことは可能であるが，この節で学んだ行列式の性質を用いることにより，計算が容易になることを確認しよう．

[**1**] 次の行列式を計算せよ．

(a) $\begin{vmatrix} 1 & 2 & 1 & 0 \\ 0 & 1 & 3 & 1 \\ -1 & 4 & 2 & 1 \\ 3 & 1 & 0 & -7 \end{vmatrix}$　　(b) $\begin{vmatrix} 2 & -5 & -3 & -4 \\ 1 & 2 & 1 & -3 \\ 0 & 1 & -1 & 2 \\ 1 & -1 & 3 & 1 \end{vmatrix}$

[**2**] 次の行列式を因数分解せよ．

(a) $\begin{vmatrix} x & y & y \\ y & x & y \\ y & y & x \end{vmatrix}$　　(b) $\begin{vmatrix} 0 & a & b & c \\ a & 0 & c & b \\ b & c & 0 & a \\ c & b & a & 0 \end{vmatrix}$　　(c) $\begin{vmatrix} x & -y & -x & y \\ y & x & -y & -x \\ z & -w & z & -w \\ w & z & w & z \end{vmatrix}$

## 4.3　行列式の展開

この節では前節に引き続き，行列式に関する基本的な性質について学ぶ．なお，定理の証明については巻末にある参考文献 [6] などを参照されたい．

**定理 4.9**

2 つの $n$ 次正方行列 $A, B$ の積 $AB$ の行列式は，$A$ の行列式と $B$ の行列式の積に等しい．すなわち，次の式

$$|AB| = |A|\,|B|$$

が成立する．

◆**演習 4.8.** $n = 2$ のときに，定理 4.9 が成立することを，行列式を計算することにより確認せよ．

**キケン！**

一般に，$n$ 次正方行列 $(n \geqq 2)$ $A, B$ に対して，$|A+B| = |A| + |B|$ は成立しない．定理 4.7 とまちがえやすいので注意すること．

4.1 節において，$n$ 次正方行列 $A = \left(a_{ij}\right)$ の行列式は

$$\begin{aligned} |A| &= \sum_{i=1}^{n}(-1)^{1+i}a_{1i}|A_{1i}| \\ &= a_{11}|A_{11}| - a_{12}|A_{12}| + \cdots + (-1)^{n+1}a_{1n}|A_{1n}| \end{aligned}$$

と定義されていた．ここで，$A_{1i}$ は $A$ から第 1 行と第 $i$ 列を取り除いてできる行列である．これを他の行や列を除いた場合にも考えてみる．

**余因子**

$A=\left(a_{ij}\right)$ を $n$ 次正方行列としたとき，$A$ の $(i,j)$ 成分 $a_{ij}$ を中心に第 $i$ 行と第 $j$ 列を取り除いてできる行列を $A_{ij}$ とおく．つまり，$A_{ij}$ は次のように表される $(n-1)$ 次正方行列である．

$$A_{ij}=\begin{pmatrix} a_{11} & \cdots & a_{1\,j-1} & a_{1\,j+1} & \cdots & a_{1n} \\ \vdots & & \vdots & \vdots & & \vdots \\ a_{i-1\,1} & \cdots & a_{i-1\,j-1} & a_{i-1\,j+1} & \cdots & a_{i-1\,n} \\ a_{i+1\,1} & \cdots & a_{i+1\,j-1} & a_{i+1\,j+1} & \cdots & a_{i+1\,n} \\ \vdots & & \vdots & \vdots & & \vdots \\ a_{n1} & \cdots & a_{n\,j-1} & a_{n\,j+1} & \cdots & a_{nn} \end{pmatrix}$$

この行列 $A_{ij}$ の行列式に $(-1)^{i+j}$ をかけて得られるものを，行列 $A$ の **$(i,j)$ 余因子** (cofactor) といい，$\widetilde{a}_{ij}$ と表す．つまり，

$$\widetilde{a}_{ij}=(-1)^{i+j}|A_{ij}|.$$

上の記号を用いると，$A$ の行列式 $|A|$ は

$$|A|=a_{11}\widetilde{a}_{11}+a_{12}\widetilde{a}_{12}+\cdots+a_{1n}\widetilde{a}_{1n}=\sum_{i=1}^{n}a_{1i}\widetilde{a}_{1i}$$

と表される．より一般に，次の定理が成り立つ．

**定理 4.10 (行列式の余因子展開)**

$A=\left(a_{ij}\right)$ を $n$ 次正方行列，$\widetilde{a}_{ij}$ を $A$ の $(i,j)$ 余因子とする．このとき，次の (1) と (2) が成り立つ．

(1) $$a_{i1}\widetilde{a}_{j1}+a_{i2}\widetilde{a}_{j2}+\cdots+a_{in}\widetilde{a}_{jn}=\sum_{k=1}^{n}a_{ik}\widetilde{a}_{jk}=\begin{cases}|A| & (i=j),\\ 0 & (i\neq j)\end{cases}$$

(2) $$a_{1i}\widetilde{a}_{1j}+a_{2i}\widetilde{a}_{2j}+\cdots+a_{ni}\widetilde{a}_{nj}=\sum_{k=1}^{n}a_{ki}\widetilde{a}_{kj}=\begin{cases}|A| & (i=j),\\ 0 & (i\neq j)\end{cases}$$

定理 4.10 (1) で $i=j$ のときの式

$$|A| = a_{i1}\widetilde{a}_{i1} + a_{i2}\widetilde{a}_{i2} + \cdots + a_{in}\widetilde{a}_{in} = \sum_{k=1}^{n} a_{ik}\widetilde{a}_{ik}$$

を**第 $i$ 行に関する $|A|$ の余因子展開**という．また，定理 4.10 (2) で $i=j$ のときの式

$$|A| = a_{1i}\widetilde{a}_{1i} + a_{2i}\widetilde{a}_{2i} + \cdots + a_{ni}\widetilde{a}_{ni} = \sum_{k=1}^{n} a_{ki}\widetilde{a}_{ki}$$

を**第 $i$ 列に関する $|A|$ の余因子展開**という．

○例 **4.9.** 73 ページの例 4.5 の行列式の第 3 行に関する余因子展開を行うと

$$\begin{vmatrix} 2 & 0 & -1 \\ 0 & 3 & 2 \\ 2 & 3 & 4 \end{vmatrix} = 2\cdot 3\cdot 2\begin{vmatrix} 1 & 1 \\ 1 & 2 \end{vmatrix} - 3\begin{vmatrix} 0 & 1 \\ 2 & 1 \end{vmatrix} = 18$$

となる．□

○例 **4.10.** $n=3$, $i=j=2$ のとき，定理 4.10 (1) は次のようになる．

$$\begin{vmatrix} a_{11} & a_{12} & a_{13} \\ a_{21} & a_{22} & a_{23} \\ a_{31} & a_{32} & a_{33} \end{vmatrix} = a_{21}(-1)^{2+1}\begin{vmatrix} a_{12} & a_{13} \\ a_{32} & a_{33} \end{vmatrix} + a_{22}(-1)^{2+2}\begin{vmatrix} a_{11} & a_{13} \\ a_{31} & a_{33} \end{vmatrix}$$
$$+ a_{23}(-1)^{2+3}\begin{vmatrix} a_{11} & a_{12} \\ a_{31} & a_{32} \end{vmatrix}$$

この等式が成り立つことは，実際に行列式を計算してみればわかる．また，上の式で，左辺の行列式の第 3 行を第 2 行で置き換えると

$$\begin{vmatrix} a_{11} & a_{12} & a_{13} \\ a_{21} & a_{22} & a_{23} \\ a_{21} & a_{22} & a_{23} \end{vmatrix} = a_{21}(-1)^{2+1}\begin{vmatrix} a_{12} & a_{13} \\ a_{22} & a_{23} \end{vmatrix} + a_{22}(-1)^{2+2}\begin{vmatrix} a_{11} & a_{13} \\ a_{21} & a_{23} \end{vmatrix}$$
$$+ a_{23}(-1)^{2+3}\begin{vmatrix} a_{11} & a_{12} \\ a_{21} & a_{22} \end{vmatrix}$$

となるが，定理 4.5 により，この行列式は 0 になる．これにより，$n=3, i=2$, $j=3$ のときに定理 4.10 (1) が成立することがわかる．□

第 2 章と第 3 章において，正方行列が正則であるための条件や逆行列の求め方を学んだが，行列式の理論を用いて，行列が正則であるための条件や逆行列を求めることができる．次にこれらのことについて説明する．

**余因子行列**

$A = \bigl(a_{ij}\bigr)$ を $n$ 次正方行列，$\widetilde{a}_{ij}$ を $A$ の $(i,j)$ 余因子とする．このとき，$A$ の $(j,i)$ **余因子** $\widetilde{a}_{ji}$ **を** $(i,j)$ **成分とする** $\boldsymbol{n}$ **次正方行列を** $A$ **の余因子行列**といい，$\widetilde{A}$ で表す．つまり

$$\widetilde{A} = \begin{pmatrix} \widetilde{a}_{11} & \widetilde{a}_{21} & \cdots & \widetilde{a}_{n1} \\ \widetilde{a}_{12} & \widetilde{a}_{22} & \cdots & \widetilde{a}_{n2} \\ \vdots & \vdots & & \vdots \\ \widetilde{a}_{1n} & \widetilde{a}_{2n} & \cdots & \widetilde{a}_{nn} \end{pmatrix}.$$

定理 4.10 より，次が成立することが確認できる．

$$A\widetilde{A} = \widetilde{A}A = |A|E$$

よって，次の定理が成立する．

**定理 4.11**

$A$ を $n$ 次正方行列としたとき，$A$ が正則であるための必要十分条件は $|A| \neq 0$ である．さらに，$A$ が正則であるとき，$A$ の逆行列 $A^{-1}$ は

$$A^{-1} = \frac{1}{|A|}\widetilde{A}$$

となる．ここで，$\widetilde{A}$ は $A$ の余因子行列である．

**証明**. $A$ が正則ならば，$A$ の逆行列 $A^{-1}$ が存在して $AA^{-1} = E$ と $A^{-1}A = E$ が成り立つ．$AA^{-1} = E$ の両辺の行列式をとると，定理 4.9 より，

$$|A|\,|A^{-1}| = |AA^{-1}| = |E| = 1$$

となり，$|A| \neq 0$ となる (単位行列の行列式は 1 になることに注意せよ)．

逆に，$A\widetilde{A} = \widetilde{A}A = |A|E$ より，$|A| \neq 0$ ならば，

$$A^{-1} = \frac{1}{|A|}\widetilde{A}$$

となる． □

○例 **4.11.** 2 次正方行列 $A = \begin{pmatrix} a_{11} & a_{12} \\ a_{21} & a_{22} \end{pmatrix}$ の $(i, j)$ 余因子 $\widetilde{a}_{ij}$ は次のようになる．

$$\widetilde{a}_{11} = (-1)^{1+1}|a_{22}| = a_{22}, \qquad \widetilde{a}_{12} = (-1)^{1+2}|a_{21}| = -a_{21},$$

$$\widetilde{a}_{21} = (-1)^{2+1}|a_{12}| = -a_{12}, \qquad \widetilde{a}_{22} = (-1)^{2+2}|a_{11}| = a_{11}.$$

よって，$A$ の余因子行列 $\widetilde{A}$ は次のようになる．

$$\widetilde{A} = \begin{pmatrix} \widetilde{a}_{11} & \widetilde{a}_{21} \\ \widetilde{a}_{12} & \widetilde{a}_{22} \end{pmatrix} = \begin{pmatrix} a_{22} & -a_{12} \\ -a_{21} & a_{11} \end{pmatrix}$$

定理 4.11 により，$A$ が正則であるための必要十分条件は

$$|A| = a_{11}a_{22} - a_{12}a_{21} \neq 0$$

で，$A$ が正則であるとき，$A$ の逆行列 $A^{-1}$ は

$$A^{-1} = \frac{1}{a_{11}a_{22} - a_{12}a_{21}} \begin{pmatrix} a_{22} & -a_{12} \\ -a_{21} & a_{11} \end{pmatrix}$$

となることがわかるが，これは 38 ページの例 2.16 の結果と一致している． □

## 4.3 節の問題

次の行列の行列式と余因子行列を求めよ．さらに，正則ならばその逆行列を求めよ．

[**1**] $A = \begin{pmatrix} 1 & 0 & -1 \\ -2 & -1 & 0 \\ 0 & -1 & 2 \end{pmatrix}$

[**2**] $B = \begin{pmatrix} -2 & -1 & 0 \\ 7 & 4 & -1 \\ 3 & 2 & -1 \end{pmatrix}$

## コラム：平行四辺形の面積と行列式の関係

2 つの零ベクトルでない平面ベクトル

$$\boldsymbol{a}_1 = (a_{11}, a_{12}), \qquad \boldsymbol{a}_2 = (a_{21}, a_{22})$$

で定まる平行四辺形の面積 $S$ を求めてみよう．$\boldsymbol{a}_1$ と $\boldsymbol{a}_2$ のなす角を $\theta$ とすると，

$$\begin{aligned} S &= ||\boldsymbol{a}_1||\,||\boldsymbol{a}_2||\,|\sin\theta| \\ &= \sqrt{||\boldsymbol{a}_1||^2\,||\boldsymbol{a}_2||^2 - \langle \boldsymbol{a}_1, \boldsymbol{a}_2 \rangle^2} \\ &= |a_{11}a_{22} - a_{12}a_{21}| \end{aligned}$$

(ここで，$||\boldsymbol{a}_1||$ と $||\boldsymbol{a}_2||$ はそれぞれ，$\boldsymbol{a}_1$ と $\boldsymbol{a}_2$ の大きさ，$\langle \boldsymbol{a}_1, \boldsymbol{a}_2 \rangle$ は $\boldsymbol{a}_1$ と $\boldsymbol{a}_2$ の内積です (詳しくは第 5 章を見て下さい)) より，$S$ は行列

$$\begin{pmatrix} a_{11} & a_{12} \\ a_{21} & a_{22} \end{pmatrix}$$

の行列式の絶対値と等しくなります．このように，2 次行列式 (の絶対値) は平行四辺形の面積として現れてきます．

また，3 つの空間ベクトル

$$\boldsymbol{a}_i = (a_{i1}, a_{i2}, a_{i3}) \qquad (i = 1, 2, 3)$$

で定まる平行六面体 (下の図を見てください) の体積 $V$ は，行列

$$\begin{pmatrix} a_{11} & a_{12} & a_{13} \\ a_{21} & a_{22} & a_{23} \\ a_{31} & a_{32} & a_{33} \end{pmatrix}$$

の行列式の絶対値と等しくなることもわかります．

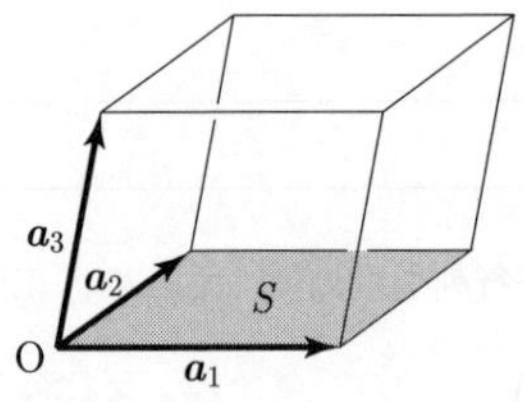

# 章 末 問 題

［**1**］ 次の行列式を計算せよ．

(a) $\begin{vmatrix} 3 & -5 & 2 & -10 \\ 2 & 0 & 1 & -3 \\ 0 & 3 & -1 & -4 \\ -3 & 2 & -3 & 2 \end{vmatrix}$　　(b) $\begin{vmatrix} 1 & -3 & 3 & -1 & 0 \\ 2 & 2 & 1 & 0 & -1 \\ 0 & -1 & -1 & -2 & 2 \\ 1 & 5 & 2 & 0 & -2 \\ 2 & -1 & 0 & 4 & 1 \end{vmatrix}$

［**2**］ 次の行列式を因数分解せよ．

(a) $\begin{vmatrix} a & b & c & d \\ b & b & c & d \\ c & c & c & d \\ d & d & d & d \end{vmatrix}$　　(b) $\begin{vmatrix} 1 & 1 & 1 & 1 \\ x & y & z & w \\ x^2 & y^2 & z^2 & w^2 \\ x^3 & y^3 & z^3 & w^3 \end{vmatrix}$

［**3**］ 次の 3 次正方行列 $A$ について，以下の (a), (b) に答えよ．

$$A = \begin{pmatrix} 1 & 0 & a \\ a & 1 & 2 \\ 1 & a & 0 \end{pmatrix}$$

(a) $A$ が正則でないときの $a$ の値をすべて求めよ．(ヒント．$A$ の行列式が 0 になるような $a$ の値を求めればよい．)

(b) $A$ が正則であるとき，$A$ の余因子行列 $\widetilde{A}$ と逆行列 $A^{-1}$ を求めよ．

［**4**］ 次の (a), (b) に答えよ．

(a) $A$ が奇数次数の交代行列 ($A^{\mathrm{T}} = -A$ となる行列) としたとき，$A$ の行列式は 0 になることを示せ．

(b) $A$ が直交行列 ($A^{\mathrm{T}} = A^{-1}$ となる行列) としたとき，$A$ の行列式は 1 かまたは $-1$ になることを示せ．

# 第 5 章　行列の対角化

例 2.25 では，$xy$ 座標平面上で，方程式 $3x^2-2xy+3y^2=\boldsymbol{x}^{\mathrm{T}}A\boldsymbol{x}=3$ によって表される図形が，座標変換 $\boldsymbol{x}=P\boldsymbol{x}'$ を行うことにより，$x'y'$ 座標では，

$$\frac{2}{3}x'^2+\frac{4}{3}y'^2=1$$

となることをみた．ここで，

$$A=\begin{pmatrix} 3 & -1 \\ -1 & 3 \end{pmatrix}, \qquad P=\begin{pmatrix} \frac{1}{\sqrt{2}} & -\frac{1}{\sqrt{2}} \\ \frac{1}{\sqrt{2}} & \frac{1}{\sqrt{2}} \end{pmatrix}$$

である．この例では，$P^{\mathrm{T}}AP$ が**対角行列** (対角成分以外の成分が 0 である行列) になる $P$ を選ぶことにより方程式が簡単になった．

2.2 節の冒頭にあるように，行列 $A$ を使って表される $xy$ 平面上の点 $\boldsymbol{x}$ を点 $A\boldsymbol{x}$ に移動させる写像の場合でも，座標を取り換えることで式が簡単になることがある．実際，上記の行列 $A$ と $P$ の場合には，座標変換 $\boldsymbol{x}=P\boldsymbol{x}'$ を行い $x'y'$ 座標を使って表すと，

$$P^{-1}AP=\begin{pmatrix} 2 & 0 \\ 0 & 4 \end{pmatrix}$$

になる．考えていた移動は，$x'y'$ 座標では，$x'$ を 2 倍，$y'$ を 4 倍する移動であることがわかる．この移動が行列 $P^{-1}AP$ で表されることは次のように理解できる．$x'y'$ 座標を $xy$ 座標に変換すると $P\boldsymbol{x}'$ になり，移動後の点の $xy$ 座標は $AP\boldsymbol{x}'$ なので，再び $x'y'$ 座標に変換すると $P^{-1}AP\boldsymbol{x}'$ になる．

このように，平面や空間に座標を導入し，その座標を使って図形を方程式で表したり，点の移動を記述したりする際には，なるべく式が簡単になるような座標を使うように工夫したほうがよい．この章では，$n$ 次正方行列 $A$ に対して，$P^{-1}AP$ または $P^{\mathrm{T}}AP$ が対角行列になる行列 $P$ の求め方を学ぶ．

## 5.1 行列の対角化

この節では，行列が対角化できるための条件について学ぶ．まず，数ベクトル，数ベクトル空間の定義からはじめる．

**数ベクトル，数ベクトル空間**

$n$ 個の実数の組 $\begin{pmatrix} x_1 \\ \vdots \\ x_n \end{pmatrix}$ を **$n$ 次元数ベクトル** (vector) という．$n$ 次元数ベクトルの全体を **$n$ 次元数ベクトル空間** (vector space) といい，$\mathbb{R}^n$ で表す．

第 2 章でも学んだように $n$ 次元数ベクトルは，$n \times 1$ 行列のことである．**$n$ 次元数ベクトルの演算は行列としての加法と実数倍で定義する．**

また，$m \times n$ 行列 $A$ と $n$ 次元数ベクトル $\boldsymbol{x}$ との積 $A\boldsymbol{x}$ は $m$ 次元数ベクトルになる．特に，$m = 1$ のときは，実数であると考える．

**対角行列**

対角成分以外の成分がすべて 0 である正方行列を**対角行列** (diagonal matrix) という．すなわち，

$$\begin{pmatrix} a_{11} & & \mathbf{0} \\ & \ddots & \\ \mathbf{0} & & a_{nn} \end{pmatrix}$$

のような形をした行列のことである．

$n$ 次正方行列 $A$ は，正則行列 $P$ を用いて $P^{-1}AP$ が対角行列であるようにできるとき，**対角化可能** (diagonalizable) であるという．

では，行列が対角化可能であるための条件をみつけよう．$n$ 次正則行列 $P$ を用いて，$A$ が対角化できたとする．すなわち，

$$P^{-1}AP = \begin{pmatrix} \lambda_1 & & \text{\huge 0} \\ & \ddots & \\ \text{\huge 0} & & \lambda_n \end{pmatrix}$$

とする．$P$ の列ベクトルを $\boldsymbol{p}_1, \boldsymbol{p}_2, \cdots, \boldsymbol{p}_n$ とすると，$P = \begin{pmatrix} \boldsymbol{p}_1 & \boldsymbol{p}_2 & \cdots & \boldsymbol{p}_n \end{pmatrix}$ を上式の両辺の左からかけて，この式は

$$A\begin{pmatrix} \boldsymbol{p}_1 & \boldsymbol{p}_2 & \cdots & \boldsymbol{p}_n \end{pmatrix} = \begin{pmatrix} \boldsymbol{p}_1 & \boldsymbol{p}_2 & \cdots & \boldsymbol{p}_n \end{pmatrix} \begin{pmatrix} \lambda_1 & & \text{\huge 0} \\ & \ddots & \\ \text{\huge 0} & & \lambda_n \end{pmatrix}$$

と変形できる．したがって，例 2.11 を参考にして，

$$\begin{pmatrix} A\boldsymbol{p}_1 & A\boldsymbol{p}_2 & \cdots & A\boldsymbol{p}_n \end{pmatrix} = \begin{pmatrix} \lambda_1\boldsymbol{p}_1 & \lambda_2\boldsymbol{p}_2 & \cdots & \lambda_n\boldsymbol{p}_n \end{pmatrix}$$

となるので，

$$A\boldsymbol{p}_1 = \lambda_1\boldsymbol{p}_1, \quad A\boldsymbol{p}_2 = \lambda_2\boldsymbol{p}_2, \quad \cdots, \quad A\boldsymbol{p}_n = \lambda_n\boldsymbol{p}_n$$

が成立する．

**固有値・固有ベクトル**

$A$ を $n$ 次正方行列とする．$A\boldsymbol{p} = \lambda\boldsymbol{p}$ となる零ベクトルではないベクトル $\boldsymbol{p} \in \mathbb{R}^n$ が存在するとき，$\lambda$ を $A$ の**固有値** (eigenvalue) という．このような $\boldsymbol{p}$ を，固有値 $\lambda$ に対する $A$ の**固有ベクトル** (eigenvector) という．固有値 $\lambda$ に対する $A$ の固有ベクトルの全体に零ベクトルをつけ加えた集合を，固有値 $\lambda$ に対する $A$ の**固有空間** (eigenspace) という．

○例 **5.1.** $A = \begin{pmatrix} 0 & 1 \\ 1 & 0 \end{pmatrix}$，$\boldsymbol{p}_1 = \begin{pmatrix} 1 \\ 1 \end{pmatrix}$，$\boldsymbol{p}_2 = \begin{pmatrix} 1 \\ -1 \end{pmatrix}$ とすると，

$$A\boldsymbol{p}_1 = \begin{pmatrix} 0 & 1 \\ 1 & 0 \end{pmatrix}\begin{pmatrix} 1 \\ 1 \end{pmatrix} = \begin{pmatrix} 1 \\ 1 \end{pmatrix} = \boldsymbol{p}_1,$$

$$A\boldsymbol{p}_2 = \begin{pmatrix} 0 & 1 \\ 1 & 0 \end{pmatrix} \begin{pmatrix} 1 \\ -1 \end{pmatrix} = \begin{pmatrix} -1 \\ 1 \end{pmatrix} = -\boldsymbol{p}_2$$

となるので，$\boldsymbol{p}_1$ は $A$ の固有値 1 に対する固有ベクトルであり，$\boldsymbol{p}_2$ は $A$ の固有値 $-1$ に対する固有ベクトルである．□

これらの言葉を使えば，$P^{-1}AP$ が対角行列である場合には，対角成分が $A$ の固有値 $\lambda_i$ で，$P$ の第 $i$ 列ベクトルは $\lambda_i$ に対する $A$ の固有ベクトル $\boldsymbol{p}_i$ である．

上述の議論を逆にたどることにより，次の定理が証明できる．

**定理 5.1**

$A$ を $n$ 次正方行列とする．$A$ は重複を許して $n$ 個の固有値 $\lambda_1, \cdots, \lambda_n$ をもち，各固有値に対する固有ベクトル $\boldsymbol{p}_1, \boldsymbol{p}_2, \cdots, \boldsymbol{p}_n$ を列ベクトルとする行列を $P = \begin{pmatrix} \boldsymbol{p}_1 & \boldsymbol{p}_2 & \cdots & \boldsymbol{p}_n \end{pmatrix}$ とする．もしも，$P$ が正則ならば，

$$P^{-1}AP = \begin{pmatrix} \lambda_1 & & \text{\huge 0} \\ & \ddots & \\ \text{\huge 0} & & \lambda_n \end{pmatrix}$$

が成り立つ．

ここで $A\boldsymbol{p} = \lambda\boldsymbol{p}$ は，$(A - \lambda E)\boldsymbol{p} = \boldsymbol{0}$ と変形されるので，固有ベクトル $\boldsymbol{p}$ は同次連立 1 次方程式 $(A - \lambda E)\boldsymbol{x} = \boldsymbol{0}$ の $\boldsymbol{0}$ 以外の解である．同次連立 1 次方程式の解については付録 A.2 に詳しい解説がある．$|A - \lambda E| \neq 0$ であると，$A - \lambda E$ の逆行列が存在し，解は $\boldsymbol{0}$ だけである．したがって，固有値 $\lambda$ は，$t$ に関する $n$ 次方程式 $|tE - A| = 0$ の実数解である．

**固有多項式・固有方程式**

$n$ 次正方行列 $A$ に対して,

$$f_A(t) = |tE - A|$$

を $A$ の**固有多項式** (characteristic polynomial) といい,

$$f_A(t) = 0$$

を $A$ の**固有方程式** (characteristic equation) という.

固有値,固有ベクトルを求める例をあげる.

○例 **5.2.** $A = \begin{pmatrix} 1 & 2 & 3 \\ 0 & 2 & 3 \\ 0 & 0 & 3 \end{pmatrix}$ の固有値と各固有値に対する固有ベクトルを求めてみよう.

$$f_A(t) = |tE - A| = (t-1)(t-2)(t-3) = 0$$

であるから,$A$ の固有値は 1, 2, 3 である.

固有値 1 に対する $A$ の固有ベクトルを求めるには,同次連立 1 次方程式

$$\left(\begin{pmatrix} 1 & 2 & 3 \\ 0 & 2 & 3 \\ 0 & 0 & 3 \end{pmatrix} - \begin{pmatrix} 1 & 0 & 0 \\ 0 & 1 & 0 \\ 0 & 0 & 1 \end{pmatrix}\right)\begin{pmatrix} x \\ y \\ z \end{pmatrix} = \begin{pmatrix} 0 \\ 0 \\ 0 \end{pmatrix},$$

すなわち,

$$\begin{pmatrix} 0 & 2 & 3 \\ 0 & 1 & 3 \\ 0 & 0 & 2 \end{pmatrix}\begin{pmatrix} x \\ y \\ z \end{pmatrix} = \begin{pmatrix} 0 \\ 0 \\ 0 \end{pmatrix}$$

の解を,基本変形を利用して例 3.4 のように求める必要がある.この方程式の解は,$s$ を媒介変数として,

$$\begin{pmatrix} x \\ y \\ z \end{pmatrix} = s\begin{pmatrix} 1 \\ 0 \\ 0 \end{pmatrix} \quad (s \neq 0)$$

と表せる.同様にして,$A$ の固有値 2, 3 に対する固有ベクトルを求めると,$t, u$ を媒介変数として,それぞれ,

$$t\begin{pmatrix}2\\1\\0\end{pmatrix}\quad (t\neq 0),\qquad u\begin{pmatrix}\frac{9}{2}\\3\\1\end{pmatrix}\quad (u\neq 0)$$

と表せる． □

**◆演習 5.1.** $A=\begin{pmatrix}0&1\\1&0\end{pmatrix}$ の固有値と各固有値に対する固有ベクトルを求めよ．

定理 4.9 より，$|AB|=|A|\,|B|$ が成立することに注意すると，

$$f_A(t)=|tE-A|=|P^{-1}(tE-A)P|=|tE-P^{-1}AP|=f_{P^{-1}AP}(t)$$

が得られる．$P^{-1}AP$ が対角行列ならば，固有方程式は容易に計算できる．すなわち，$\lambda_1,\lambda_2,\cdots,\lambda_n$ のうち相異なるものを $\alpha_1,\alpha_2,\cdots,\alpha_k$ とし，$\alpha_1$ が $n_1$ 個，$\alpha_2$ が $n_2$ 個，$\cdots$，$\alpha_k$ が $n_k$ 個とすると，

$$f_A(t)=(t-\alpha_1)^{n_1}(t-\alpha_2)^{n_2}\cdots(t-\alpha_k)^{n_k}$$

が成立する．特に，固有方程式 $f_A(t)=0$ は実数解だけをもち，虚数解をもたない．

逆に，$A$ の各固有値に対して，同次連立 1 次方程式 $(A-\alpha_i E)\boldsymbol{x}=\mathbf{0}$ の $n_i$ 個の解をみつけて，それらを列ベクトルとして並べた行列 $P$ が正則ならば，$P^{-1}AP$ は対角行列である．このとき次の定理が成り立つ (証明は 5.4 節にある)．

**定理 5.2**

$n$ 次正方行列 $A$ に対して，$A$ の固有多項式 $f_A(t)$ が

$$f_A(t)=(t-\alpha_1)^{n_1}(t-\alpha_2)^{n_2}\cdots(t-\alpha_k)^{n_k}\qquad (\alpha_1,\alpha_2,\cdots,\alpha_k \text{ は実数})$$

と因数分解され，すべての $i$ $(1\leqq i\leqq k)$ に対して，

$$\mathrm{rank}(A-\alpha_i E)=n-n_i$$

ならば，$A$ は対角化可能である．

○例 **5.3.** $A = \begin{pmatrix} 1 & 3 & 2 \\ 2 & 2 & 2 \\ 3 & 1 & 2 \end{pmatrix}$ が対角化可能か調べよう．固有多項式は，

$$f_A(t) = \begin{vmatrix} t-1 & -3 & -2 \\ -2 & t-2 & -2 \\ -3 & -1 & t-2 \end{vmatrix} = t(t+1)(t-6)$$

である．

$$\mathrm{rank}(A) = 2, \quad \mathrm{rank}(A+E) = 2, \quad \mathrm{rank}(A-6E) = 2$$

であるから，$A$ は対角化可能である． □

◆**演習 5.2.** 上の例で，$P^{-1}AP$ が対角行列となる行列 $P$ を求めよ．

次に，$P^{\mathrm{T}} = P^{-1}$ となるように $P$ を選べる場合について考えていこう．

**直交行列**

$n$ 次正方行列 $P$ が

$$P^{\mathrm{T}}P = E_n$$

をみたすとき，**直交行列** (orthogonal matrix) という．

明らかに，直交行列は正則である．$n$ 次正方行列 $A$ が，直交行列 $P$ で対角化可能であるとき，**直交対角化可能**であるという．

定理 5.1 により，$A$ の固有ベクトル $\boldsymbol{p}_1, \boldsymbol{p}_2, \cdots, \boldsymbol{p}_n$ を列ベクトルとして並べた行列 $P = \begin{pmatrix} \boldsymbol{p}_1 & \boldsymbol{p}_2 & \cdots & \boldsymbol{p}_n \end{pmatrix}$ が直交行列であれば，$A$ は直交対角化可能である．

$A' = P^{\mathrm{T}}AP$ が対角行列であるとすると，$A = PA'P^{\mathrm{T}}$ なので，

$$A^{\mathrm{T}} = P{A'}^{\mathrm{T}}P^{\mathrm{T}} = PA'P^{\mathrm{T}} = A$$

である．したがって，$A$ が直交対角化可能であるためには，$A$ は対称行列であることが必要である．十分であることも 5.4 節で証明する．

**定理 5.3 (直交対角化)**

正方行列 $A$ が直交対角化可能であるための必要十分条件は，$A$ が対称行列であることである．

この定理の証明や対称行列を直交対角化する方法は，数ベクトル空間に内積を定義して，内積と行列の積の間の関係を学ぶと理解しやすくなる．

**正規直交座標**

$n$ 次元数ベクトルに対して，$\boldsymbol{x} = \begin{pmatrix} x_1 \\ x_2 \\ \vdots \\ x_n \end{pmatrix}$ と $\boldsymbol{y} = \begin{pmatrix} y_1 \\ y_2 \\ \vdots \\ y_n \end{pmatrix}$ の**内積** (inner product) $\langle \boldsymbol{x}, \boldsymbol{y} \rangle$ が，

$$\langle \boldsymbol{x}, \boldsymbol{y} \rangle = x_1 y_1 + x_2 y_2 + \cdots + x_n y_n$$

で定義されているとき，この $n$ 次元数ベクトル空間を $\mathbb{E}^n$ で表す．また，このような座標を，**正規直交座標** (orthonormal coordinates) という．

この座標は，原点 O をとおり，$n$ 個のベクトル

$$\boldsymbol{e}_1 = \begin{pmatrix} 1 \\ 0 \\ \vdots \\ 0 \end{pmatrix}, \quad \boldsymbol{e}_2 = \begin{pmatrix} 0 \\ 1 \\ \vdots \\ 0 \end{pmatrix}, \quad \cdots, \quad \boldsymbol{e}_n = \begin{pmatrix} 0 \\ 0 \\ \vdots \\ 1 \end{pmatrix}$$

を座標軸に含むものである．$\boldsymbol{e}_1, \boldsymbol{e}_2, \cdots, \boldsymbol{e}_n$ を $\mathbb{E}^n$ の**標準基底**という．

41 ページの例 2.19 でみたように，内積 $\langle \boldsymbol{x}, \boldsymbol{y} \rangle$ を行列の積を用いて表すと，

$$\langle \boldsymbol{x}, \boldsymbol{y} \rangle = \boldsymbol{x}^{\mathrm{T}} \boldsymbol{y}$$

である．

○例 **5.4.** $A$ と $B$ を $n$ 次正方行列とし，$A$ の第 $i$ 行 $(a_{i1}\ a_{i2}\ \cdots\ a_{in})$ を縦ベクトルとしたものを $\boldsymbol{a}_i$ とし，$B$ の第 $j$ 列を $\boldsymbol{b}_j$ で表すと，

$$AB = \begin{pmatrix} {\boldsymbol{a}_1}^{\mathrm{T}} \\ {\boldsymbol{a}_2}^{\mathrm{T}} \\ \vdots \\ {\boldsymbol{a}_n}^{\mathrm{T}} \end{pmatrix} \begin{pmatrix} \boldsymbol{b}_1 & \boldsymbol{b}_2 & \cdots & \boldsymbol{b}_n \end{pmatrix}$$

$$= \begin{pmatrix} \langle \boldsymbol{a}_1, \boldsymbol{b}_1 \rangle & \langle \boldsymbol{a}_1, \boldsymbol{b}_2 \rangle & \cdots & \langle \boldsymbol{a}_1, \boldsymbol{b}_n \rangle \\ \langle \boldsymbol{a}_2, \boldsymbol{b}_1 \rangle & \langle \boldsymbol{a}_2, \boldsymbol{b}_2 \rangle & \cdots & \langle \boldsymbol{a}_2, \boldsymbol{b}_n \rangle \\ \vdots & \vdots & & \vdots \\ \langle \boldsymbol{a}_n, \boldsymbol{b}_1 \rangle & \langle \boldsymbol{a}_n, \boldsymbol{b}_2 \rangle & \cdots & \langle \boldsymbol{a}_n, \boldsymbol{b}_n \rangle \end{pmatrix}$$

が成り立つ．$AB$ が対角行列であるときは，$i \neq j$ に対して $\langle \boldsymbol{a}_i, \boldsymbol{b}_j \rangle = 0$ なので，$A$ の第 $i$ 行ベクトル $\boldsymbol{a}_i$ と $B$ の第 $j$ 列ベクトル $\boldsymbol{b}_j$ の内積の値は $0$ である．

特に，$n$ 次元数ベクトル $\boldsymbol{p}_1, \boldsymbol{p}_2, \cdots, \boldsymbol{p}_n$ を列ベクトルとする行列 $P = \begin{pmatrix} \boldsymbol{p}_1 & \boldsymbol{p}_2 & \cdots & \boldsymbol{p}_n \end{pmatrix}$ が直交行列であるための必要十分条件は，すべての $i, j$ に対して，$\langle \boldsymbol{p}_i, \boldsymbol{p}_j \rangle = \delta_{ij}$ が成り立つことである．ここで，$\delta_{ij}$ は**クロネッカーのデルタ**である．すなわち，$i = j$ のとき $\delta_{ij} = 1$，$i \neq j$ のとき $\delta_{ij} = 0$ である．　□

◆**演習 5.3.** $P = \begin{pmatrix} \boldsymbol{p}_1 & \boldsymbol{p}_2 & \cdots & \boldsymbol{p}_n \end{pmatrix}$ を正則行列とし，$\lambda_1, \lambda_2, \cdots, \lambda_n$ を実数とする．

(1) $P^{-1} = \begin{pmatrix} {\boldsymbol{q}_1}^{\mathrm{T}} \\ {\boldsymbol{q}_2}^{\mathrm{T}} \\ \vdots \\ {\boldsymbol{q}_n}^{\mathrm{T}} \end{pmatrix}$ とすると，$\langle \boldsymbol{q}_i, \boldsymbol{p}_j \rangle = \delta_{ij}$ であることを証明せよ．

(2)

$$P^{-1} \begin{pmatrix} \lambda \boldsymbol{p}_1 & \lambda_2 \boldsymbol{p}_2 & \cdots & \lambda_n \boldsymbol{p}_n \end{pmatrix} = \begin{pmatrix} \lambda_1 & & \text{\huge 0} \\ & \ddots & \\ \text{\huge 0} & & \lambda_n \end{pmatrix}$$

が成り立つことを証明せよ．

## 5.1 節の問題

[**1**]　行列

$$\begin{pmatrix} 0 & -1 & 1 \\ 2 & 1 & 1 \\ 1 & 1 & 1 \end{pmatrix}$$

は対角化可能かどうか判定せよ．

[**2**]　次の行列の固有値と固有ベクトルを求めよ．

$$\begin{pmatrix} 0 & 2 & 0 \\ 0 & 0 & 2 \\ 2 & -6 & 6 \end{pmatrix}, \qquad \begin{pmatrix} 2 & 2 & 0 \\ 3 & 1 & 0 \\ 0 & 0 & 4 \end{pmatrix}$$

[**3**]　正方行列 $A$ に対して，$|A| = 0$ は，$A$ が固有値 0 をもつための必要十分条件であることを示せ．

[**4**]　$A$ を 3 次の正方行列とする．$\begin{pmatrix} 1 \\ 1 \\ 0 \end{pmatrix}, \begin{pmatrix} 1 \\ 0 \\ 1 \end{pmatrix}, \begin{pmatrix} 0 \\ 1 \\ 1 \end{pmatrix}$ は，それぞれ $A$ の固有値 $1, 2, 3$ に対する固有ベクトルとする．このとき，$A$ を求めよ．

[**5**]

$$A = \begin{pmatrix} 2 & -1 & 4 \\ 0 & 1 & 4 \\ -3 & 3 & -1 \end{pmatrix}$$

とする．次の問いに答えよ．

(1) $A$ の固有多項式 $f_A(t) = |\,tE - A\,|$ を求めよ．

(2) $A$ の固有方程式 $f_A(t) = 0$ を解き，$A$ の固有値を求めよ．

(3) $A$ の各固有値に対する固有ベクトルを求めよ．

(4) $A$ の固有ベクトルを列ベクトルとする 3 次の正則行列 $P$ をつくれ．

(5) $P^{-1}AP$ を求めよ．

## 5.2　正規直交化法と直交対角化法

1.3 節で取り上げた内積の性質は一般の数ベクトルでも成り立ち，次の性質をもっている．

**定理 5.4**

$n$ 次元数ベクトルを $\boldsymbol{x}, \boldsymbol{y}, \boldsymbol{z} \in \mathbb{E}^n$ とし，$c$ を実数とする．このとき，次の等式が成立する．

(1) $\langle \boldsymbol{x}, \boldsymbol{x} \rangle \geqq 0$，ここで等号が成立するのは，$\boldsymbol{x} = \boldsymbol{0}$ のときに限る．

(2) $\langle \boldsymbol{x} + \boldsymbol{y}, \boldsymbol{z} \rangle = \langle \boldsymbol{x}, \boldsymbol{z} \rangle + \langle \boldsymbol{y}, \boldsymbol{z} \rangle$,

$\langle \boldsymbol{x}, \boldsymbol{y} + \boldsymbol{z} \rangle = \langle \boldsymbol{x}, \boldsymbol{y} \rangle + \langle \boldsymbol{x}, \boldsymbol{z} \rangle$

(3) $\langle c\boldsymbol{x}, \boldsymbol{y} \rangle = c \langle \boldsymbol{x}, \boldsymbol{y} \rangle$,

$\langle \boldsymbol{x}, c\boldsymbol{y} \rangle = c \langle \boldsymbol{x}, \boldsymbol{y} \rangle$

(4) $\langle \boldsymbol{x}, \boldsymbol{y} \rangle = \langle \boldsymbol{y}, \boldsymbol{x} \rangle$

この定理の (1) から，$\langle \boldsymbol{x}, \boldsymbol{x} \rangle$ の平方根が実数なので，ベクトルの大きさが定義できる．

**ベクトルの大きさ**

$n$ 次元数ベクトル $\boldsymbol{x} \in \mathbb{E}^n$ に対して，$\boldsymbol{x}$ の大きさ $\|\boldsymbol{x}\|$ を

$$\|\boldsymbol{x}\| = \sqrt{\langle \boldsymbol{x}, \boldsymbol{x} \rangle}$$

によって定義する．

たとえば，$\mathbb{E}^2$ の $\boldsymbol{x} = \begin{pmatrix} 3 \\ 4 \end{pmatrix}$ のときは

$$\|\boldsymbol{x}\| = \sqrt{3^2 + 4^2} = 5$$

である．

◆**演習 5.4.** $\boldsymbol{x} = \begin{pmatrix} 1 \\ 2 \\ 3 \end{pmatrix} \in \mathbb{E}^3$ のとき，$\|\boldsymbol{x}\|$ の値を求めよ．

内積を利用した次の不等式は，応用のもっとも多い式の一つである．

**定理 5.5 (コーシー・シュワルツの不等式)**

$n$ 次元数ベクトル $\boldsymbol{x}, \boldsymbol{y} \in \mathbb{E}^n$ に対して，

$$|\langle \boldsymbol{x}, \boldsymbol{y} \rangle| \leqq \|\boldsymbol{x}\| \, \|\boldsymbol{y}\|$$

が成り立つ．ただし，ここでは $|\cdot|$ は絶対値を表す記号である．等号が成立するのは，$a\boldsymbol{x} + b\boldsymbol{y} = \boldsymbol{0}$ となる実数 $a, b$ (どちらか一方は 0 でない) が存在するときに限る．

この不等式から，$\boldsymbol{x} \neq \boldsymbol{0}$, $\boldsymbol{y} \neq \boldsymbol{0}$ のとき，

$$-1 \leqq \frac{\langle \boldsymbol{x}, \boldsymbol{y} \rangle}{\|\boldsymbol{x}\| \, \|\boldsymbol{y}\|} \leqq 1$$

となり，$n$ 次元数ベクトルのなす角度を定義することができる．

**ベクトルのなす角度**

$\boldsymbol{x} \neq \boldsymbol{0}$, $\boldsymbol{y} \neq \boldsymbol{0}$ のとき，

$$\frac{\langle \boldsymbol{x}, \boldsymbol{y} \rangle}{\|\boldsymbol{x}\| \, \|\boldsymbol{y}\|} = \cos\theta \qquad (0 \leqq \theta \leqq \pi)$$

となる $\theta$ がただ一つ存在する．この $\theta$ を $\boldsymbol{x}$ と $\boldsymbol{y}$ のなす**角度** (angle) という．

ここで

$$\langle \boldsymbol{x}, \boldsymbol{y} \rangle = 0$$

のとき，$\boldsymbol{x}$ と $\boldsymbol{y}$ は**直交** (orthogonal) するという．

◆**演習 5.5.** $\boldsymbol{x}$ と $\boldsymbol{y}$ が直交するための条件は，$\boldsymbol{x}$ と $\boldsymbol{y}$ のなす角度が $\dfrac{\pi}{2}$ なることである．これを証明せよ．ただし，$\boldsymbol{x} \neq \boldsymbol{0}$, $\boldsymbol{y} \neq \boldsymbol{0}$ とする．

◆**演習 5.6.** $\boldsymbol{x} = \begin{pmatrix} 1 \\ 2 \\ 3 \\ 4 \end{pmatrix}, \boldsymbol{y} = \begin{pmatrix} 1 \\ 0 \\ 3 \\ 0 \end{pmatrix}$ のとき，$\|\boldsymbol{x}\|, \|\boldsymbol{y}\|, \langle \boldsymbol{x}, \boldsymbol{y} \rangle$ の値を求めよ．また，$\boldsymbol{x}$ と $\boldsymbol{y}$ のなす角度を $\theta$ とするとき，$\cos\theta$ の値を求めよ．

◆**演習 5.7.** $A$ は対称行列とし，$A\boldsymbol{x}_1 = \alpha_1 \boldsymbol{x}_1, A\boldsymbol{x}_2 = \alpha_2 \boldsymbol{x}_2$ $(\alpha_1 \neq \alpha_2)$ とする．このとき，$\langle \boldsymbol{x}_1, \boldsymbol{x}_2 \rangle = 0$ であることを示せ．

ここで 1.3 節の 10 ページで説明した図 1.11 を再考しよう．

**ベクトルの正射影，直交成分**

$n$ 次元数ベクトル $\boldsymbol{v} \in \mathbb{E}^n$ の大きさを 1 とする．$\boldsymbol{x} \in \mathbb{E}^n$ に対して，$\langle \boldsymbol{x}, \boldsymbol{v} \rangle \boldsymbol{v}$ を $\boldsymbol{v}$ 方向への**正射影** (orthogonal projection) という．このとき，$\langle \boldsymbol{x}, \boldsymbol{v} \rangle$ を $\boldsymbol{v}$ 方向の**成分** (component) という．また，$\boldsymbol{x} - \langle \boldsymbol{x}, \boldsymbol{v} \rangle \boldsymbol{v}$ を $\boldsymbol{x}$ の $\boldsymbol{v}$ に関する**直交成分** (orthogonal component) という．

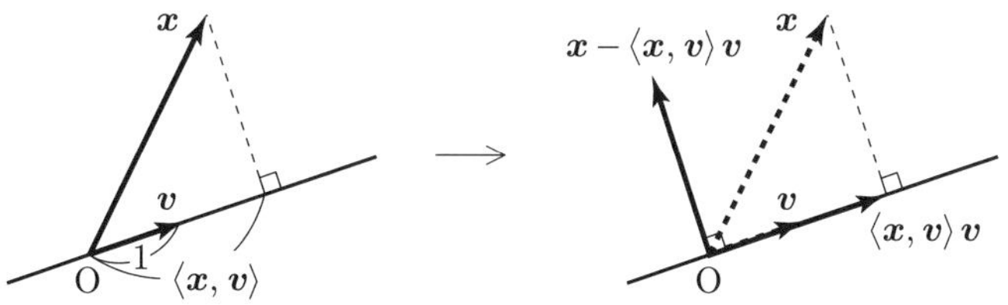


図 5.1

◆**演習 5.8.** $\boldsymbol{v} = \begin{pmatrix} \frac{1}{\sqrt{3}} \\ \frac{1}{\sqrt{3}} \\ \frac{1}{\sqrt{3}} \end{pmatrix}, \boldsymbol{x} = \begin{pmatrix} 1 \\ 2 \\ 3 \end{pmatrix}$ とする．このとき，$\boldsymbol{x}$ の $\boldsymbol{v}$ 方向への正射影と $\boldsymbol{v}$ に関する直交成分を求めよ．

次の定理は，与えられたベクトルに直交するベクトルを求める方法である．

**定理 5.6**

$k$ 個の $n$ 次元数ベクトル $\boldsymbol{v}_1, \boldsymbol{v}_2, \cdots, \boldsymbol{v}_k \in \mathbb{E}^n$ は，大きさが 1 で，互いに直交しているとする ($1 \leqq k \leqq n-1$)．$\boldsymbol{x} \in \mathbb{E}^n$ に対して，

$$\boldsymbol{x}' = \boldsymbol{x} - \langle \boldsymbol{x}, \boldsymbol{v}_1 \rangle \boldsymbol{v}_1 - \langle \boldsymbol{x}, \boldsymbol{v}_2 \rangle \boldsymbol{v}_2 - \cdots - \langle \boldsymbol{x}, \boldsymbol{v}_k \rangle \boldsymbol{v}_k$$

とする．このとき，$\boldsymbol{x}'$ は $\boldsymbol{v}_1, \boldsymbol{v}_2, \cdots, \boldsymbol{v}_k$ と直交する．

◆**演習 5.9.** この定理を証明せよ．

例 2.25 で登場した座標変換の式 $\boldsymbol{x} = P\boldsymbol{x}'$ の行列 $P$ は直交行列で，この座標 $\boldsymbol{x}'$ を使うと，与えられた図形を簡単な式で表すことができた．次の定理は，定理 5.6 を利用して直交行列を構成する方法をまとめたものである．

**定理 5.7 (グラム・シュミットの正規直交化法)**

$n$ 次元数ベクトル $\boldsymbol{v}_1, \boldsymbol{v}_2, \cdots, \boldsymbol{v}_n \in \mathbb{E}^n$ を並べた行列 $Q = (\boldsymbol{v}_1\ \boldsymbol{v}_2\ \cdots\ \boldsymbol{v}_n)$ は正則とする．$\boldsymbol{p}_1 = \dfrac{\boldsymbol{v}_1}{\|\boldsymbol{v}_1\|}$ とし，すべての $i$ ($2 \leqq i \leqq n$) に対して，順番に

$$\boldsymbol{p}_i = \frac{\boldsymbol{v}_i - \langle \boldsymbol{v}_i, \boldsymbol{p}_1 \rangle \boldsymbol{p}_1 - \cdots - \langle \boldsymbol{v}_i, \boldsymbol{p}_{i-1} \rangle \boldsymbol{p}_{i-1}}{\left\| \boldsymbol{v}_i - \langle \boldsymbol{v}_i, \boldsymbol{p}_1 \rangle \boldsymbol{p}_1 - \cdots - \langle \boldsymbol{v}_i, \boldsymbol{p}_{i-1} \rangle \boldsymbol{p}_{i-1} \right\|}$$

とする．このとき，$P = (\boldsymbol{p}_1\ \boldsymbol{p}_2\ \cdots\ \boldsymbol{p}_n)$ は直交行列である．

一般に，$n$ 次元数ベクトル $\boldsymbol{v}_1, \boldsymbol{v}_2, \cdots, \boldsymbol{v}_k$ ($k \leqq n$) に対して，これらを列ベクトルとして並べた行列の階数が $k$ ならば，定理 5.7 の方法でつくられるベクトル $\boldsymbol{p}_1, \boldsymbol{p}_2, \cdots, \boldsymbol{p}_k$ は，すべて大きさが 1 で，互いに直交するベクトルである．

◆**演習 5.10.** $\mathbb{E}^2$ の 2 個のベクトル $\begin{pmatrix} 1 \\ 1 \end{pmatrix}, \begin{pmatrix} 1 \\ -1 \end{pmatrix}$ から，グラム・シュミットの正規直交化法を用いて，2 次の直交行列 $P$ をつくれ．

◆**演習 5.11.** $xy$ 座標と $XY$ 座標の間に

$$\begin{pmatrix} x \\ y \end{pmatrix} = \begin{pmatrix} 1 & 2 \\ -2 & 1 \end{pmatrix} \begin{pmatrix} X \\ Y \end{pmatrix}$$

なる関係があるとする．$xy$ 座標平面に，$X$ 軸，$Y$ 軸，および，$XY$ 座標で $\begin{pmatrix} 1 \\ 0 \end{pmatrix}$，$\begin{pmatrix} 0 \\ 1 \end{pmatrix}$ と表される点を図示せよ．

定理 5.2，定理 5.3，定理 5.7 から，$n$ 次対称行列 $A$ を対角化する次の手順が得られる．ここで，基本解の定義は付録 A.2 を参照のこと，あるいは以下の例 5.5 にあたってみればその意味は明確になる．

**直交対角化の手順**

**手順 1.** $A$ の固有方程式 $f_A(t) = |tE - A| = 0$ を解き，固有値を求める．$A$ の相異なる固有値を $\alpha_1, \alpha_2, \cdots, \alpha_k$ とする．

**手順 2.** 各固有値 $\alpha_i$ に対して，連立 1 次方程式 $(A - \alpha_i E)\boldsymbol{x} = \boldsymbol{0}$ の基本解を求める．それを，$\boldsymbol{a}_1, \boldsymbol{a}_2, \cdots, \boldsymbol{a}_{n_i}$ とする．

**手順 3.** 各固有値 $\alpha_i$ に対する固有空間において，グラム・シュミットの直交化法や演習 5.7 などを利用して，大きさが 1 で互いに直交するベクトル $\boldsymbol{p}_1, \boldsymbol{p}_2, \cdots, \boldsymbol{p}_{n_i}$ をつくる．

**手順 4.** $A$ の相異なる固有値 $\alpha_1, \alpha_2, \cdots, \alpha_k$ のそれぞれに対して，手順 3 でつくった $n_1, n_2, \cdots, n_k$ 個のベクトルを列ベクトルとして並べた行列を $P$ とする．このとき，$n_1 + n_2 + \cdots + n_k = n$ であるから，$P$ は直交行列で，$P^{\mathrm{T}}AP$ は対角行列になる．

○例 **5.5.** 対称行列 $A = \begin{pmatrix} 3 & 1 & 1 \\ 1 & 3 & 1 \\ 1 & 1 & 3 \end{pmatrix}$ の直交対角化をしてみよう．

**手順 1.** $A$ の固有多項式は，

$$f_A(t) = \begin{vmatrix} t-3 & -1 & -1 \\ -1 & t-3 & -1 \\ -1 & -1 & t-3 \end{vmatrix} = (t-5)(t-2)^2$$

なので，固有方程式 $f_A(t) = 0$ の解は，5 と 2 である．したがって，$A$ の固有値は 5 と 2 である．

**手順 2.** 固有値5に対する固有ベクトルを求める連立1次方程式は

$$(A-5E)\boldsymbol{x}=\begin{pmatrix}-2&1&1\\1&-2&1\\1&1&-2\end{pmatrix}\begin{pmatrix}x\\y\\z\end{pmatrix}=\begin{pmatrix}0\\0\\0\end{pmatrix}$$

なので，基本解として $\begin{pmatrix}1\\1\\1\end{pmatrix}$ をとれる．固有値2に対する固有ベクトルを求める連立1次方程式は

$$(A-2E)\boldsymbol{x}=\begin{pmatrix}1&1&1\\1&1&1\\1&1&1\end{pmatrix}\begin{pmatrix}x\\y\\z\end{pmatrix}=\begin{pmatrix}0\\0\\0\end{pmatrix}$$

なので，基本解として $\boldsymbol{a}_1=\begin{pmatrix}1\\-1\\0\end{pmatrix}$ と $\boldsymbol{a}_2=\begin{pmatrix}1\\0\\-1\end{pmatrix}$ をとれる．

**手順 3.** グラム・シュミットの正規直交化法により，固有値5に対する固有ベクトルで大きさが1であるものとして，$\boldsymbol{q}_1=\begin{pmatrix}\frac{1}{\sqrt{3}}\\\frac{1}{\sqrt{3}}\\\frac{1}{\sqrt{3}}\end{pmatrix}$ をとる．固有値2に対する固有ベクトルで大きさが1で，互いに直交するベクトルをつくろう．$\boldsymbol{a}_1$ を大きさ1にして，$\boldsymbol{p}_1=\begin{pmatrix}\frac{1}{\sqrt{2}}\\-\frac{1}{\sqrt{2}}\\0\end{pmatrix}$ を得る．次に，$\boldsymbol{p}_1$ と直交するベクトル

$\boldsymbol{a}_2-\langle\boldsymbol{a}_2,\boldsymbol{p}_1\rangle\boldsymbol{p}_1=\begin{pmatrix}\frac{1}{2}\\\frac{1}{2}\\-1\end{pmatrix}$ をつくり，大きさを1にすると，$\boldsymbol{p}_2=\begin{pmatrix}\frac{1}{\sqrt{6}}\\\frac{1}{\sqrt{6}}\\-\frac{2}{\sqrt{6}}\end{pmatrix}$ を得る．ここで，$\boldsymbol{p}_1$ と $\boldsymbol{p}_2$ は行列 $A$ の固有値2に対する固有ベクトルとなっていることに注意しよう．

**手順 4.** ここで，$P=\begin{pmatrix}\boldsymbol{q}_1&\boldsymbol{p}_1&\boldsymbol{p}_2\end{pmatrix}$ とすると，$P^{\mathrm{T}}AP$ は対角行列になる．実際，

$$AP=\begin{pmatrix}A\boldsymbol{q}_1&A\boldsymbol{p}_1&A\boldsymbol{p}_2\end{pmatrix}=\begin{pmatrix}5\boldsymbol{q}_1&2\boldsymbol{p}_1&2\boldsymbol{p}_2\end{pmatrix}$$

$$= \begin{pmatrix} 5\boldsymbol{q}_1 + 0\boldsymbol{p}_1 + 0\boldsymbol{p}_2 & 0\boldsymbol{q}_1 + 2\boldsymbol{p}_1 + 0\boldsymbol{p}_2 & 0\boldsymbol{q}_1 + 0\boldsymbol{p}_1 + 2\boldsymbol{p}_2 \end{pmatrix}$$

$$= \begin{pmatrix} \boldsymbol{q}_1 & \boldsymbol{p}_1 & \boldsymbol{p}_2 \end{pmatrix} \begin{pmatrix} 5 & 0 & 0 \\ 0 & 2 & 0 \\ 0 & 0 & 2 \end{pmatrix} = P \begin{pmatrix} 5 & 0 & 0 \\ 0 & 2 & 0 \\ 0 & 0 & 2 \end{pmatrix}$$

が成立し，$P^{\mathrm{T}} = P^{-1}$ だから，$P^{\mathrm{T}}AP$ は対角行列である．ここで，固有ベクトルの並べ方と固有値の現れる位置が対応していることに注意しよう． □

## 5.2 節の問題

［**1**］ $n$ 次元数ベクトル空間 $\mathbb{E}^n$ のベクトルについて，$\boldsymbol{w}$ が $\boldsymbol{v}_1, \boldsymbol{v}_2, \cdots, \boldsymbol{v}_m$ と直交するならば，$\boldsymbol{w}$ は $k_1\boldsymbol{v}_1 + k_2\boldsymbol{v}_2 + \cdots + k_m\boldsymbol{v}_m$ $(k_1, k_2, \cdots, k_m \in \mathbb{R})$ と直交することを示せ．

［**2**］ どの 2 つも互いに直交するベクトル $\boldsymbol{v}_1, \boldsymbol{v}_2, \cdots, \boldsymbol{v}_m \in \mathbb{E}^n$ に対して，

$$\|\boldsymbol{v}_1 + \boldsymbol{v}_2 + \cdots + \boldsymbol{v}_m\|^2 = \|\boldsymbol{v}_1\|^2 + \|\boldsymbol{v}_2\|^2 + \cdots + \|\boldsymbol{v}_m\|^2$$

が成立することを示せ．

［**3**］ $x^2 + y^2 + z^2 = 3$ をみたす点 $(x, y, z)$ に対して，$x + 2y + 3z$ の最大値，最小値を求めよ．

［**4**］ $\mathbb{E}^3$ において，原点 O から平面 $ax + by + cz + d = 0$ への距離を求めよ．

［**5**］ 直交行列 $P$ を求めて，次の行列を直交対角化せよ．

$$\begin{pmatrix} 2 & \sqrt{2} & 0 \\ \sqrt{2} & 2 & \sqrt{2} \\ 0 & \sqrt{2} & 2 \end{pmatrix}$$

**コラム：座標**

平面の円や直線など，小学校，中学校，高等学校で学んだ幾何学は，ギリシャ時代にユークリッド (Euclid) がまとめた幾何学で，「ユークリッド幾何学」とよばれています．これに対して，デカルト (Descartes, René., 1596–1650) は，座標を導入し図形を数量と結びつけ，代数的解析的に研究する方法を考え出しました．現在，このような取り扱い方をする幾何学は「解析幾何学」とよばれています．微分積分法を用いる解析幾何学の発展により，複雑な図形を調べることができたり，曲面上の幾何学の研究が可能になりました．

## 5.3　基底と座標

この節では，座標の導入の方法を明確にし，正規直交座標のつくり方を学ぶ．

2 次元数ベクトル空間 $\mathbb{R}^2$ は，平面の座標としてしばしば使われる．場合によっては，図 5.2 の右図のように，斜交する座標軸を用いることもある．その際に，平面上の点と座標とを対応させる規則が重要である．**基底**の考えを使ってこの規則を明確にする．

図 5.2

平面に座標を導入する方法を復習して，座標についての考えを深めよう．次の例のなかの最初の座標は，正規直交座標になっていない．

○例 **5.6.** 方程式 $x+y+z=0$ の解の集合を $V$ とする．すなわち，

$$V=\left\{\boldsymbol{x}=\begin{pmatrix}x\\y\\z\end{pmatrix}\middle|\ x+y+z=0\right\}$$

とする．$V$ は，原点をとおりベクトル $\begin{pmatrix}1\\1\\1\end{pmatrix}$ と直交する平面である．このとき，$V$ の点 $\boldsymbol{x}$ は，実数 $s,t$ を用いて，

$$\boldsymbol{x}=\begin{pmatrix}x\\y\\z\end{pmatrix}=s\begin{pmatrix}1\\-1\\0\end{pmatrix}+t\begin{pmatrix}1\\0\\-1\end{pmatrix}$$

と表すことができる．したがって，この $\boldsymbol{x}$ に対して，$\begin{pmatrix}s\\t\end{pmatrix}\in\mathbb{R}^2$ を対応させる

と，平面 $V$ に座標が導入できる．$\begin{pmatrix}1\\0\end{pmatrix}$, $\begin{pmatrix}0\\1\end{pmatrix}$ と表される $V$ 上の点は，それぞれ空間 $\mathbb{R}^3$ の点 $\begin{pmatrix}1\\-1\\0\end{pmatrix}$, $\begin{pmatrix}1\\0\\-1\end{pmatrix}$ であるから $s$ 軸と $t$ 軸は直交していない．

ところが，$V$ の点 $\boldsymbol{x}$ を，2 次元数ベクトル $\begin{pmatrix}u\\v\end{pmatrix} \in \mathbb{R}^2$ を用いて，

$$\boldsymbol{x} = \begin{pmatrix}x\\y\\z\end{pmatrix} = u\begin{pmatrix}\frac{1}{\sqrt{2}}\\-\frac{1}{\sqrt{2}}\\0\end{pmatrix} + v\begin{pmatrix}\frac{1}{\sqrt{6}}\\\frac{1}{\sqrt{6}}\\-\frac{2}{\sqrt{6}}\end{pmatrix}$$

と表すことにする．この対応で導入される座標は正規直交座標である．

ここで，$\begin{pmatrix}s\\t\end{pmatrix} \in \mathbb{R}^2$ と $\begin{pmatrix}u\\v\end{pmatrix} \in \mathbb{R}^2$ が $V$ 上の同じ点を表すとすると，

$$s\begin{pmatrix}1\\-1\\0\end{pmatrix} + t\begin{pmatrix}1\\0\\-1\end{pmatrix} = u\begin{pmatrix}\frac{1}{\sqrt{2}}\\-\frac{1}{\sqrt{2}}\\0\end{pmatrix} + v\begin{pmatrix}\frac{1}{\sqrt{6}}\\\frac{1}{\sqrt{6}}\\-\frac{2}{\sqrt{6}}\end{pmatrix}$$

なる関係がある．$s, t$ を $u, v$ を使って表すと，

$$\begin{pmatrix}s\\t\end{pmatrix} = \begin{pmatrix}\frac{1}{\sqrt{2}} & -\frac{1}{\sqrt{6}}\\0 & \frac{2}{\sqrt{6}}\end{pmatrix}\begin{pmatrix}u\\v\end{pmatrix}$$

が成り立つ．これが $st$ 座標と $uv$ 座標の変換の式である．たとえば，$uv$ 座標で $\begin{pmatrix}1\\0\end{pmatrix}$, $\begin{pmatrix}0\\1\end{pmatrix}$ で表される点は，$st$ 座標ではそれぞれ $\begin{pmatrix}\frac{1}{\sqrt{2}}\\0\end{pmatrix}$, $\begin{pmatrix}-\frac{1}{\sqrt{6}}\\\frac{2}{\sqrt{6}}\end{pmatrix}$ であることがわかる．　□

**◆演習 5.12.** 平面上に △ABC がある．A を原点とし，直線 AB を $x$ 軸，直線 AC を $y$ 軸，点 B を $(1, 0)$，点 C を $(0, 1)$ とする座標を導入する．また，線分 AB, AC をとなり合う 2 辺とする平行四辺形の残りの頂点を D とする．このとき，次の問いに答えよ．

(1) D の座標を求めよ．　　(2) 対角線の交点の座標を求めよ．

**◆演習 5.13.** $A$ を $m \times n$ 行列とし，連立 1 次方程式 $A\boldsymbol{x} = \boldsymbol{0}$ の解の全体を $W$ とする．このとき，$\mathrm{rank}(A) = k$ ならば，$W$ は $(n-k)$ 次元数ベクトル空間によって座標づけられることを示せ．

この例から，座標を導入するために基底のアイデアが生まれる．

**基底，座標**

$n$ 次元数ベクトル空間 $\mathbb{R}^n$ の $n$ 個のベクトル $\boldsymbol{v}_1, \boldsymbol{v}_2, \cdots, \boldsymbol{v}_n$ が次の性質をみたすとき，$\mathbb{R}^n$ の**基底** (basis) という．

「すべてのベクトル $\boldsymbol{a} \in \mathbb{R}^n$ を

$$\boldsymbol{a} = b_1\boldsymbol{v}_1 + b_2\boldsymbol{v}_2 + \cdots + b_n\boldsymbol{v}_n \qquad (b_1, b_2, \cdots, b_n \text{ は実数})$$

と**一意的**に表すことができる．」

この $n$ 個の数の組 $\begin{pmatrix} b_1 \\ \vdots \\ b_n \end{pmatrix}$ を，基底 $\boldsymbol{v}_1, \boldsymbol{v}_2, \cdots, \boldsymbol{v}_n$ に関する $\boldsymbol{a}$ の**座標** (coordinate) という．

上の定義中での "一意的" の意味を説明する．$\boldsymbol{a} \in \mathbb{R}^n$ が，

$$b_1\boldsymbol{v}_1 + b_2\boldsymbol{v}_2 + \cdots + b_n\boldsymbol{v}_n = c_1\boldsymbol{v}_1 + c_2\boldsymbol{v}_2 + \cdots + c_n\boldsymbol{v}_n$$
$$(b_1, b_2, \cdots, b_n \text{ と } c_1, c_2, \cdots, c_n \text{ は実数})$$

のように (見かけ上) 2 通りに表せたとすると，実は

$$b_1 = c_1, \quad b_2 = c_2, \ \cdots, \ b_n = c_n$$

が成立しているときに**一意的に表せる**という．

いままで $n$ 次元数ベクトル $\boldsymbol{x} = \begin{pmatrix} x_1 \\ \vdots \\ x_n \end{pmatrix} \in \mathbb{R}^n$ と書いてきたのは，基底

$$\boldsymbol{e}_1 = \begin{pmatrix} 1 \\ 0 \\ \vdots \\ 0 \end{pmatrix}, \ \boldsymbol{e}_2 = \begin{pmatrix} 0 \\ 1 \\ \vdots \\ 0 \end{pmatrix}, \ \cdots, \ \boldsymbol{e}_n = \begin{pmatrix} 0 \\ 0 \\ \vdots \\ 1 \end{pmatrix}$$

に関する座標表記である．基底 $\boldsymbol{e}_1, \boldsymbol{e}_2, \cdots, \boldsymbol{e}_n$ を $\mathbb{R}^n$ の**標準基底**とよんだ．例 5.6 でみたように，同じベクトルでも基底の選び方で座標 (数の組) は変わるので，どんな基底に関する座標表記であるかを考慮にいれておかなければならない．

$\boldsymbol{a} = \begin{pmatrix} a_1 \\ \vdots \\ a_n \end{pmatrix}$, $\boldsymbol{b} = \begin{pmatrix} b_1 \\ \vdots \\ b_n \end{pmatrix}$, $\boldsymbol{v}_i = \begin{pmatrix} v_{1i} \\ \vdots \\ v_{ni} \end{pmatrix}$ $(i = 1, 2, \cdots, n)$ とすると，基底の定義の式は，

$$\begin{pmatrix} a_1 \\ \vdots \\ a_n \end{pmatrix} = b_1 \begin{pmatrix} v_{11} \\ \vdots \\ v_{n1} \end{pmatrix} + b_2 \begin{pmatrix} v_{12} \\ \vdots \\ v_{n2} \end{pmatrix} + \cdots + b_n \begin{pmatrix} v_{1n} \\ \vdots \\ v_{nn} \end{pmatrix}$$
$$= \begin{pmatrix} v_{11} & v_{12} & \cdots & v_{1n} \\ \vdots & \vdots & & \vdots \\ v_{n1} & v_{n2} & \cdots & v_{nn} \end{pmatrix} \begin{pmatrix} b_1 \\ \vdots \\ b_n \end{pmatrix}$$

となるので，基底となるための条件は，「どのような $\begin{pmatrix} a_1 \\ \vdots \\ a_n \end{pmatrix} \in \mathbb{R}^n$ に対しても，連立 1 次方程式

$$\begin{pmatrix} v_{11} & v_{12} & \cdots & v_{1n} \\ \vdots & \vdots & & \vdots \\ v_{n1} & v_{n2} & \cdots & v_{nn} \end{pmatrix} \begin{pmatrix} x_1 \\ \vdots \\ x_n \end{pmatrix} = \begin{pmatrix} a_1 \\ \vdots \\ a_n \end{pmatrix}$$

がただ一つの解 $\boldsymbol{x} = \boldsymbol{b}$ をもつことである」となる．

**定理 5.8**

$n$ 次元数ベクトル空間のベクトルの標準基底に関する座標を $\boldsymbol{x}$，基底 $\boldsymbol{v}_1, \boldsymbol{v}_2, \cdots, \boldsymbol{v}_n$ に関する座標を $\boldsymbol{x}'$ とする．$P$ を $\boldsymbol{v}_1, \boldsymbol{v}_2, \cdots, \boldsymbol{v}_n$ の標準基底に関する座標を列ベクトルとして左から順に並べた $n$ 次正則行列とすると，$\boldsymbol{x} = P\boldsymbol{x}'$ が成り立つ．

**◆演習 5.14.** $\boldsymbol{v}_1 = \begin{pmatrix} 1 \\ 0 \end{pmatrix}$, $\boldsymbol{v}_2 = \begin{pmatrix} 1 \\ 1 \end{pmatrix}$ とする．このとき，

$$\begin{pmatrix} x \\ y \end{pmatrix} = x_1 \begin{pmatrix} 1 \\ 0 \end{pmatrix} + x_2 \begin{pmatrix} 1 \\ 1 \end{pmatrix} \qquad (x_1, x_2 \in \mathbb{R})$$

と一意的に表されるので，$\boldsymbol{v}_1$, $\boldsymbol{v}_2$ は $\mathbb{R}^2$ の基底である．$x_1, x_2$ を求めよ．

次の定理は，$n$ 個の数ベクトルが基底となるかどうかの判定法を与える．

**定理 5.9**

$n$ 次正方行列 $P$ が正則であるための必要十分条件は，$P$ の列ベクトルの全体が $\mathbb{R}^n$ の基底であることである．

○例 **5.7.** 3次元数ベクトル $\boldsymbol{v}_1 = \begin{pmatrix} 1 \\ 1 \\ 0 \end{pmatrix}$, $\boldsymbol{v}_2 = \begin{pmatrix} 1 \\ 0 \\ 1 \end{pmatrix}$, $\boldsymbol{v}_3 = \begin{pmatrix} 0 \\ 1 \\ 1 \end{pmatrix}$ に対して，それらを列ベクトルとする行列 $P = \begin{pmatrix} 1 & 1 & 0 \\ 1 & 0 & 1 \\ 0 & 1 & 1 \end{pmatrix}$ は正則なので，$\boldsymbol{v}_1, \boldsymbol{v}_2, \boldsymbol{v}_3$ は $\mathbb{R}^3$ の基底である． □

○例 **5.8.** $\boldsymbol{v}_1, \boldsymbol{v}_2, \cdots, \boldsymbol{v}_n \in \mathbb{E}^n$ は，大きさが1で，互いに直交しているとする．$A = \begin{pmatrix} \boldsymbol{v}_1 & \boldsymbol{v}_2 & \cdots & \boldsymbol{v}_n \end{pmatrix}$ とする．このとき，$A^{\mathrm{T}}A = E$ なので，$A$ は直交行列であり，$\boldsymbol{v}_1, \boldsymbol{v}_2, \cdots, \boldsymbol{v}_n$ は，$\mathbb{E}^n$ の基底でもある．実際，$\boldsymbol{x} \in \mathbb{E}^n$ を

$$\boldsymbol{x} = \langle \boldsymbol{x}, \boldsymbol{v}_1 \rangle \boldsymbol{v}_1 + \langle \boldsymbol{x}, \boldsymbol{v}_2 \rangle \boldsymbol{v}_2 + \cdots + \langle \boldsymbol{x}, \boldsymbol{v}_n \rangle \boldsymbol{v}_n$$

と一意的に表せる． □

**正規直交基底**

大きさが1で，互いに直交しているベクトルから構成されている基底を**正規直交基底** (orthonormal basis) という．

◆**演習 5.15.** $\boldsymbol{v}_1 = \begin{pmatrix} \frac{1}{\sqrt{2}} \\ \frac{1}{\sqrt{2}} \end{pmatrix}$, $\boldsymbol{v}_2 = \begin{pmatrix} -\frac{1}{\sqrt{2}} \\ \frac{1}{\sqrt{2}} \end{pmatrix}$ は，$\mathbb{E}^2$ の正規直交基底であることを証明せよ．

◆**演習 5.16.** $n$ 次元数ベクトル $\boldsymbol{v}_1, \boldsymbol{v}_2, \cdots, \boldsymbol{v}_n$ を列ベクトルとする行列を $A = \begin{pmatrix} \boldsymbol{v}_1 & \boldsymbol{v}_2 & \cdots & \boldsymbol{v}_n \end{pmatrix}$ とする．$A$ が直交行列であることは，$\boldsymbol{v}_1, \boldsymbol{v}_2, \cdots, \boldsymbol{v}_n$ が $\mathbb{E}^n$ の正規直交基底であるための必要十分条件であることを示せ．

◆**演習 5.17.** $A, B$ を直交行列とする．そのとき，$AB$ も直交行列であることを証明せよ．

$n$ 個のベクトル $\boldsymbol{v}_1, \boldsymbol{v}_2, \cdots, \boldsymbol{v}_n \in \mathbb{E}^n$ を正規直交基底とする．どのような $\boldsymbol{x} \in \mathbb{E}^n$ も

$$\boldsymbol{x} = \langle \boldsymbol{x}, \boldsymbol{v}_1 \rangle \boldsymbol{v}_1 + \langle \boldsymbol{x}, \boldsymbol{v}_2 \rangle \boldsymbol{v}_2 + \cdots + \langle \boldsymbol{x}, \boldsymbol{v}_n \rangle \boldsymbol{v}_n$$

と一意的に表せるので，この $\boldsymbol{x}$ に対して座標 $\begin{pmatrix} \langle \boldsymbol{x}, \boldsymbol{v}_1 \rangle \\ \langle \boldsymbol{x}, \boldsymbol{v}_2 \rangle \\ \vdots \\ \langle \boldsymbol{x}, \boldsymbol{v}_n \rangle \end{pmatrix}$ を導入すると，この座標は正規直交座標である．この座標の原点は O で，座標軸はそれぞれ $\boldsymbol{v}_1, \boldsymbol{v}_2, \cdots, \boldsymbol{v}_n$ を含んでいる．

◆**演習 5.18.** 上で導入した座標は正規直交座標であることを証明せよ．また，ベクトル $\boldsymbol{v}_1, \boldsymbol{v}_2, \cdots, \boldsymbol{v}_n \in \mathbb{E}^n$ の座標を求めよ．

**キケン！**

座標は基底の選び方による．異なる基底を選ぶと，同じ点であっても異なる座標になる．また逆に，同じ座標をもっても異なる点を表すことになる．どのような基底と座標を使っているか常にはっきりとさせておこう．

1 変数関数の概念を一般化して，多変数関数や多変数ベクトル値関数を考えることができる．$n$ 次元数ベクトル空間 $\mathbb{R}^n$ から $m$ 次元数ベクトル空間 $\mathbb{R}^m$ への写像 $\boldsymbol{y} = \boldsymbol{f}(\boldsymbol{x})$ は，座標を用いて，

$$\begin{pmatrix} y_1 \\ \vdots \\ y_m \end{pmatrix} = \begin{pmatrix} f_1(x_1, \cdots, x_n) \\ \vdots \\ f_m(x_1, \cdots, x_n) \end{pmatrix}$$

と表せる．すなわち，$n$ 個の変数 $x_1, \cdots, x_n$ の $m$ 個の関数を集めたものになっている．多変数関数については 6.2 節を参照せよ．

**線形写像，線形変換**

各関数 $f_i(x_1, x_2, \cdots, x_n)$ が $x_1, x_2, \cdots, x_n$ の同次 1 次式になっているとき，$\boldsymbol{y} = \boldsymbol{f}(\boldsymbol{x})$ を**線形写像** (linear map) という．$m = n$ のとき，**線形変換** (linear transformation) という．

線形写像 $\boldsymbol{y} = \boldsymbol{f}(\boldsymbol{x})$ は，

$$\begin{cases} y_1 = a_{11}x_1 + a_{12}x_2 + \cdots + a_{1n}x_n \\ \qquad \cdots\cdots \\ y_m = a_{m1}x_1 + a_{m2}x_2 + \cdots + a_{mn}x_n \end{cases}$$

と表せるので，行列の積を用いると，

$$\begin{pmatrix} y_1 \\ \vdots \\ y_m \end{pmatrix} = \begin{pmatrix} a_{11} & a_{12} & \cdots & a_{1n} \\ \vdots & \vdots & & \vdots \\ a_{m1} & a_{m2} & \cdots & a_{mn} \end{pmatrix} \begin{pmatrix} x_1 \\ \vdots \\ x_n \end{pmatrix}$$

となる．これを省略して $\boldsymbol{y} = A\boldsymbol{x}$ と書く．ここで，$A$ は $m \times n$ 行列である．

**定理 5.10**

$\boldsymbol{y} = \boldsymbol{f}(\boldsymbol{x})$ を $\mathbb{R}^n$ から $\mathbb{R}^m$ への線形写像とすると，次の (1), (2) が成立する．

(1) $\boldsymbol{x}, \boldsymbol{y} \in \mathbb{R}^n$ に対して，$\boldsymbol{f}(\boldsymbol{x} + \boldsymbol{y}) = \boldsymbol{f}(\boldsymbol{x}) + \boldsymbol{f}(\boldsymbol{y})$.

(2) $\boldsymbol{x} \in \mathbb{R}^n$ と $c \in \mathbb{R}$ に対して，$\boldsymbol{f}(c\boldsymbol{x}) = c\boldsymbol{f}(\boldsymbol{x})$.

逆に (1), (2) をみたす $\mathbb{R}^n$ から $\mathbb{R}^m$ への写像 $\boldsymbol{y} = \boldsymbol{f}(\boldsymbol{x})$ は線形写像である．

○**例 5.9.** 与えられたベクトル $\boldsymbol{p}_1, \boldsymbol{p}_2, \cdots, \boldsymbol{p}_k \in \mathbb{R}^n$ $(k \leqq n)$ を与えられたベクトル $\boldsymbol{q}_1, \boldsymbol{q}_2, \cdots, \boldsymbol{q}_k \in \mathbb{R}^m$ に写す線形写像の求め方を考えてみよう．

求めたい線形写像を $\boldsymbol{y} = A\boldsymbol{x}$ ($A$ は $m \times n$ 行列) とする．条件から

$$A\boldsymbol{p}_1 = \boldsymbol{q}_1, \quad A\boldsymbol{p}_2 = \boldsymbol{q}_2, \quad \cdots, \quad A\boldsymbol{p}_k = \boldsymbol{q}_k$$

をみたす $m \times n$ 行列 $A$ を求めればよい．まとめて行列で表現すると，

$$A(\boldsymbol{p}_1\ \boldsymbol{p}_2\ \cdots\ \boldsymbol{p}_k) = (\boldsymbol{q}_1\ \boldsymbol{q}_2\ \cdots\ \boldsymbol{q}_k)$$

になる．両辺の転置行列をとって，

$$(\boldsymbol{p}_1\ \boldsymbol{p}_2\ \cdots\ \boldsymbol{p}_k)^{\mathrm{T}} A^{\mathrm{T}} = (\boldsymbol{q}_1\ \boldsymbol{q}_2\ \cdots\ \boldsymbol{q}_k)^{\mathrm{T}}.$$

したがって，係数行列を $(\boldsymbol{p}_1\ \boldsymbol{p}_2\ \cdots\ \boldsymbol{p}_k)^{\mathrm{T}}$ とし，$n \times m$ 行列 $X$ を未知の行列とする方程式

$$(\boldsymbol{p}_1\ \boldsymbol{p}_2\ \cdots\ \boldsymbol{p}_k)^{\mathrm{T}} X = (\boldsymbol{q}_1\ \boldsymbol{q}_2\ \cdots\ \boldsymbol{q}_k)^{\mathrm{T}}$$

の解 $B$ を求め，$A = B^{\mathrm{T}}$ とすればよい．すなわち，まず，$P = (\boldsymbol{p}_1\ \boldsymbol{p}_2\ \cdots\ \boldsymbol{p}_k)^{\mathrm{T}}$，$Q = (\boldsymbol{q}_1\ \boldsymbol{q}_2\ \cdots\ \boldsymbol{q}_k)^{\mathrm{T}}$，$Q$ の第 $j$ 列のベクトルを $\boldsymbol{r}_j$ とする．そのとき，$P$ は $k \times n$ 行列，$Q$ は $k \times m$ 行列，

$$PX = Q = (\boldsymbol{r}_1\ \boldsymbol{r}_2\ \cdots\ \boldsymbol{r}_m)$$

なので，$n$ 個の未知数 $x_1, x_2, \cdots, x_n$ に関する $k$ 個の方程式からなる $m$ 個の連立 1 次方程式 $P\boldsymbol{x} = \boldsymbol{r}_j\ \ (j = 1, 2, \cdots, m)$ が得られる．それぞれ解いて，それらの解を列ベクトルとする行列を $B$ とする．

特に，行列 $(\boldsymbol{p}_1\ \boldsymbol{p}_2\ \cdots\ \boldsymbol{p}_n)$ が単位行列となるときは，$A = (\boldsymbol{q}_1\ \boldsymbol{q}_2\ \cdots\ \boldsymbol{q}_n)$ である． □

◆**演習 5.19.** $\boldsymbol{p}_1 = \begin{pmatrix} 1 \\ 1 \\ 0 \end{pmatrix}$，$\boldsymbol{p}_2 = \begin{pmatrix} 0 \\ 1 \\ 1 \end{pmatrix}$ を，$\boldsymbol{q}_1 = \begin{pmatrix} 1 \\ 1 \end{pmatrix}$，$\boldsymbol{q}_2 = \begin{pmatrix} 1 \\ 2 \end{pmatrix}$ に写す $\mathbb{R}^3$ から $\mathbb{R}^2$ への線形写像を求めよ．

**キケン！**

座標変換 $\boldsymbol{x} = P\boldsymbol{X}$ と線形変換 $\boldsymbol{y} = A\boldsymbol{x}$ は，同じ形の式であるが意味がまったく異なるので注意しよう．座標変換は座標の選び方を変更することであり，図形はそのままである．それに対して，線形変換は空間の点を移動させるので，図形が変化する．

次に，座標のとり方による線形写像の式の違いをみてみよう．

○例 **5.10.** 直線 $y = \frac{3}{4}x$ に関する対称移動 $\boldsymbol{f}$ を求めてみよう．ここでは，対称移動 $\boldsymbol{f}$ を簡単に表記できるうまい座標を導入して考える．まず，直線 $y = \frac{3}{4}x$ を $X$ 軸，この直線と原点で直交する直線 $y = -\frac{4}{3}x$ を $Y$ 軸とし，$XY$ 座標では $\begin{pmatrix} 1 \\ 0 \end{pmatrix}$, $\begin{pmatrix} 0 \\ 1 \end{pmatrix}$ である点を，$xy$ 座標でそれぞれ $\begin{pmatrix} 4 \\ 3 \end{pmatrix}$, $\begin{pmatrix} -3 \\ 4 \end{pmatrix}$ であるようにする．そのとき，座標変換の式は，

$$\begin{pmatrix} x \\ y \end{pmatrix} = \begin{pmatrix} 4 & -3 \\ 3 & 4 \end{pmatrix} \begin{pmatrix} X \\ Y \end{pmatrix}$$

である．$XY$ 座標を用いて $\boldsymbol{f}$ を表すと，明らかに，

$$\boldsymbol{f}\left(\begin{pmatrix} X \\ Y \end{pmatrix}\right) = \begin{pmatrix} X \\ -Y \end{pmatrix} = \begin{pmatrix} 1 & 0 \\ 0 & -1 \end{pmatrix} \begin{pmatrix} X \\ Y \end{pmatrix}$$

である．この式の左辺は，$XY$ 座標で，$\begin{pmatrix} X \\ Y \end{pmatrix}$ なる座標をもつ点が $\boldsymbol{f}$ によって移動した先の点の $XY$ 座標を表すために使われた記号である．使っている座標に注意して，$xy$ 座標で書き直すと，

$$\begin{aligned} \boldsymbol{f}\left(\begin{pmatrix} x \\ y \end{pmatrix}\right) &= \begin{pmatrix} 4 & -3 \\ 3 & 4 \end{pmatrix} \begin{pmatrix} 1 & 0 \\ 0 & -1 \end{pmatrix} \begin{pmatrix} 4 & -3 \\ 3 & 4 \end{pmatrix}^{-1} \begin{pmatrix} x \\ y \end{pmatrix} \\ &= \frac{1}{25} \begin{pmatrix} 7x + 24y \\ 24x - 7y \end{pmatrix} \end{aligned}$$

となる．ここでも，左辺は $xy$ 座標で，$\begin{pmatrix} x \\ y \end{pmatrix}$ なる座標をもつ点が $\boldsymbol{f}$ によって移動した先の点の $xy$ 座標を表している．□

この例からわかるように，線形変換を表す式の複雑さは座標の選び方に依存する．$n$ 次元数ベクトル空間 $\mathbb{R}^n$ の線形変換が与えられたとき，座標を取り替えて，その線形変換を簡単な行列で表したほうがその線形変換の性質がよくわ

かる．可能ならば，対角成分以外は 0 である行列で表される座標をみつけたい．5.1 節，5.2 節で議論したように，線形変換は固有ベクトルを利用した座標を用いて表現するほうが簡潔な式になる．

対角化の必要となる例は，第 6 章にいくつか与えられている．

## 5.3 節の問題

[**1**] $n$ 個のベクトル $\boldsymbol{v}_1, \boldsymbol{v}_2, \cdots, \boldsymbol{v}_n$ を $\mathbb{R}^n$ の基底とする．

$$x_1\boldsymbol{v}_1 + x_2\boldsymbol{v}_2 + \cdots + x_n\boldsymbol{v}_n = \boldsymbol{0}$$

をみたすのは，$x_1 = 0,\ x_2 = 0,\ \cdots,\ x_n = 0$ に限ることを説明せよ．

[**2**] $\mathbb{E}^3$ の基底 $\begin{pmatrix} 1 \\ 1 \\ 0 \end{pmatrix}, \begin{pmatrix} 0 \\ 1 \\ 1 \end{pmatrix}, \begin{pmatrix} 1 \\ 0 \\ 1 \end{pmatrix}$ から，グラム・シュミットの正規直交化法を用いて，$\mathbb{E}^3$ の正規直交基底をつくれ．

[**3**] 方程式 $x + y + z = 0$ の解の集合を $V$ とする．$V$ に正規直交座標を導入する方法を説明せよ．

[**4**] 線形変換

$$\begin{pmatrix} y_1 \\ y_2 \\ y_3 \end{pmatrix} = \begin{pmatrix} -2 & 1 & 1 \\ 1 & -2 & 1 \\ 1 & 1 & -2 \end{pmatrix} \begin{pmatrix} x_1 \\ x_2 \\ x_3 \end{pmatrix}$$

が対角行列で表現される座標のとり方を説明せよ．

## 5.4 定理 5.2 と 5.3 の証明

**定理 5.2 の証明：** 仮定から，各 $i=1,2,\cdots,k$ に対して，同次連立 1 次方程式 $(A-\alpha_i E)\boldsymbol{x}=\boldsymbol{0}$ は，$n_i$ 個のベクトルからなる基本解 $\boldsymbol{p}^i{}_1,\cdots,\boldsymbol{p}^i{}_{n_i}$ をもつ．そのとき，

$$P=\left(\boldsymbol{p}^1{}_1\ \cdots\ \boldsymbol{p}^1{}_{n_1}\ \boldsymbol{p}^2{}_1\ \cdots\cdots\ \boldsymbol{p}^k{}_{n_k}\right)$$

とすると，$\boldsymbol{p}^i{}_1,\cdots,\boldsymbol{p}^i{}_{n_i}$ は $A$ の固有値 $\alpha_i$ に対する固有ベクトルであるから，

$$\begin{aligned}AP&=\left(\alpha_1\boldsymbol{p}^1{}_1\ \cdots\ \alpha_1\boldsymbol{p}^1{}_{n_1}\ \alpha_2\boldsymbol{p}^2{}_1\ \cdots\cdots\ \alpha_k\boldsymbol{p}^k{}_{n_k}\right)\\&=\left(\boldsymbol{p}^1{}_1\ \cdots\ \boldsymbol{p}^1{}_{n_1}\ \boldsymbol{p}^2{}_1\ \cdots\cdots\ \boldsymbol{p}^k{}_{n_k}\right)\begin{pmatrix}\alpha_1 & & \text{\huge 0}\\ & \ddots & \\ \text{\huge 0} & & \alpha_k\end{pmatrix}\end{aligned}$$

が成り立つ．$P$ が正則であることを示そう．0 が $A$ の固有値であれば，添数を変更して，$\alpha_1=0$ としても一般性を失わない．$n\times(n_1+\cdots+n_i)$ 行列 $P_i$ を

$$P_i=\left(\boldsymbol{p}^1{}_1\ \cdots\ \boldsymbol{p}^1{}_{n_1}\ \boldsymbol{p}^2{}_1\ \cdots\cdots\ \boldsymbol{p}^i{}_{n_i}\right)\quad(i=1,2,\cdots,k)$$

で定める．そのとき，$P_k=P$ であり，また，$P_k$ が正則であるための必要十分条件は，同次連立 1 次方程式 $P_k\boldsymbol{x}=\boldsymbol{0}$ が $\boldsymbol{0}$ 以外の解をもたないことであった．そこで $(n_1+\cdots+n_i)$ 変数の同次連立 1 次方程式 $P_i\boldsymbol{x}=\boldsymbol{0}$ が自明な解しかもたないことを数学的帰納法で証明する．$i=1$ のとき，$P_1\boldsymbol{x}=\boldsymbol{0}$ の基本解の構成法から $\boldsymbol{0}$ 以外の解をもたない．$i=j-1$ に対して，$P_{j-1}\boldsymbol{x}=\boldsymbol{0}$ は自明な解しかもたないと仮定する．$P_j\boldsymbol{x}=\boldsymbol{0}$ の 1 つの解を $\boldsymbol{q}$ する．$P_j\boldsymbol{q}=\boldsymbol{0}$ の両辺に左から $A$ をかけて，

$$\begin{aligned}AP_j\boldsymbol{q}&=\left(\alpha_1\boldsymbol{p}^1{}_1\ \cdots\ \alpha_1\boldsymbol{p}^1{}_{n_1}\ \alpha_2\boldsymbol{p}^2{}_1\ \cdots\cdots\ \alpha_j\boldsymbol{p}^j{}_{n_j}\right)\boldsymbol{q}\\&=\left(\boldsymbol{p}^1{}_1\ \cdots\ \boldsymbol{p}^1{}_{n_1}\ \boldsymbol{p}^2{}_1\ \cdots\cdots\ \boldsymbol{p}^j{}_{n_j}\right)\begin{pmatrix}\alpha_1 q^1{}_1\\ \vdots\\ \alpha_1 q^1{}_{n_1}\\ \alpha_2 q^2{}_1\\ \vdots\\ \alpha_j q^j{}_{n_j}\end{pmatrix}=\boldsymbol{0}\end{aligned}$$

したがって，

$$(\alpha_j P_j - AP_j)\,\boldsymbol{q} = \begin{pmatrix}\boldsymbol{p}^1{}_1 & \cdots & \boldsymbol{p}^1{}_{n_1} & \boldsymbol{p}^2{}_1 & \cdots\cdots & \boldsymbol{p}^j{}_{n_j}\end{pmatrix} \begin{pmatrix} (\alpha_j - \alpha_1)q^1{}_1 \\ \vdots \\ (\alpha_j - \alpha_1)q^1{}_{n_1} \\ (\alpha_j - \alpha_2)q^2{}_1 \\ \vdots \\ 0 \end{pmatrix} = \boldsymbol{0}$$

である．これから，

$$P_{j-1} \begin{pmatrix} (\alpha_j - \alpha_1)q^1{}_1 \\ \vdots \\ (\alpha_j - \alpha_1)q^1{}_{n_1} \\ (\alpha_j - \alpha_2)q^2{}_1 \\ \vdots \\ (\alpha_j - \alpha_{j-1})q^{j-1}{}_{n_{j-1}} \end{pmatrix} = \boldsymbol{0}$$

を得る．数学的帰納法の仮定と $\alpha_j \neq \alpha_i$ $(i = 1, 2, \cdots, j-1)$ より，$q^i{}_h = 0$ $(i = 1, 2, \cdots, j-1;\ h = 1, 2, \cdots, n_i)$ である．再び，これらを $P_j \boldsymbol{q} = \boldsymbol{0}$ に代入すると，後半の $n_j$ 個の積和に関して，

$$\begin{pmatrix}\boldsymbol{p}^j{}_1 & \cdots & \boldsymbol{p}^j{}_{n_j}\end{pmatrix} \begin{pmatrix} q^j{}_1 \\ \vdots \\ q^j{}_{n_j} \end{pmatrix} = \boldsymbol{0}$$

を得る．$\boldsymbol{p}^j{}_1, \cdots, \boldsymbol{p}^j{}_{n_j}$ は，同次連立 1 次方程式 $(A - \alpha_j E)\boldsymbol{x} = \boldsymbol{0}$ の一組の基本解なので自明な解しかもたない．すなわち，$q^j{}_1 = \cdots = q^j{}_{n_j} = 0$ である．以上より，$\boldsymbol{q} = \boldsymbol{0}$ が証明された．特に，$i = k$ のとして，$P_k$ は正則である．　□

**定理 5.3 の証明：** 対称行列の性質を調べながら，直交対角化が可能であることを証明していこう．

**定理 5.11**

$A$ を $n$ 次対称行列とする．そのとき，$\boldsymbol{x}, \boldsymbol{y} \in \mathbb{E}^n$ に対して，

$$\langle A\boldsymbol{x}, \boldsymbol{y} \rangle = \langle \boldsymbol{x}, A\boldsymbol{y} \rangle$$

が成り立つ．

証明． $\langle A\boldsymbol{x}, \boldsymbol{y} \rangle = (A\boldsymbol{x})^{\mathrm{T}}\boldsymbol{y} = \boldsymbol{x}^{\mathrm{T}}A^{\mathrm{T}}\boldsymbol{y} = \boldsymbol{x}^{\mathrm{T}}A\boldsymbol{y} = \langle \boldsymbol{x}, A\boldsymbol{y} \rangle$ □

$n$ 次正方行列 $A$ の固有方程式 $f_A(t) = 0$ は，実係数の $n$ 次方程式である．「代数学の基本定理」から複素数の範囲で重複を許して $n$ 個の解をもつ．

**定理 5.12**

対称行列 $A$ の固有方程式の解は，すべて実数である．

証明． $\alpha$ を $A$ の固有方程式の解とする．この $\alpha$ が実数であることを示したい．$|\alpha E - A| = 0$ であるから，連立 1 次方程式 $A\boldsymbol{x} = \alpha\boldsymbol{x}$ は，(複素数の範囲で) $\mathbf{0}$ 以外の解 $\boldsymbol{s}$ をもつ．そのとき，共役複素数を成分とするベクトルを両辺でつくると，$A$ の成分はすべて実数なので，$A\bar{\boldsymbol{s}} = \bar{\alpha}\bar{\boldsymbol{s}}$ が成り立つ．よって，

$$\begin{aligned}\alpha\boldsymbol{s}^{\mathrm{T}}\,\bar{\boldsymbol{s}} &= (\alpha\boldsymbol{s})^{\mathrm{T}}\,\bar{\boldsymbol{s}} = (A\boldsymbol{s})^{\mathrm{T}}\,\bar{\boldsymbol{s}} \\ &= \boldsymbol{s}^{\mathrm{T}}A^{\mathrm{T}}\,\bar{\boldsymbol{s}} = \boldsymbol{s}^{\mathrm{T}}(A\bar{\boldsymbol{s}}) = \boldsymbol{s}^{\mathrm{T}}(\bar{\alpha}\bar{\boldsymbol{s}}) = \bar{\alpha}\boldsymbol{s}^{\mathrm{T}}\,\bar{\boldsymbol{s}}\end{aligned}$$

である．$\boldsymbol{s}^{\mathrm{T}} = (s_1, \cdots, s_n)$ とすると，$\boldsymbol{s}^{\mathrm{T}}\,\bar{\boldsymbol{s}} = s_1\overline{s_1} + \cdots + s_n\overline{s_n}$ となる．ここで，$\boldsymbol{s}$ は $A$ の固有ベクトルなので，$\boldsymbol{s} \neq \mathbf{0}$ より，$\boldsymbol{s}^{\mathrm{T}}\,\bar{\boldsymbol{s}} \neq 0$ であるので，$\alpha = \bar{\alpha}$ が成り立つ．したがって，$\alpha$ は実数である． □

対称行列 $A$ の固有値が実数なので，それに対応する固有ベクトルも実数を成分とするベクトルである．

**定理 5.13**

対称行列 $A$ の固有値 $\alpha$ に対する1つの固有ベクトルを $\boldsymbol{a}$ とし，$\boldsymbol{a}$ の直交補空間を $\boldsymbol{a}^\perp$ とする．すなわち，$\boldsymbol{a}^\perp = \{\boldsymbol{y} \,|\, \langle \boldsymbol{a}, \boldsymbol{y} \rangle = 0\}$．そのとき，$\boldsymbol{y} \in \boldsymbol{a}^\perp$ ならば，$A\boldsymbol{y} \in \boldsymbol{a}^\perp$ である．

**証明**．$\boldsymbol{y} \in \boldsymbol{a}^\perp$ に対して，

$$\langle \boldsymbol{a}, A\boldsymbol{y} \rangle = \langle A\boldsymbol{a}, \boldsymbol{y} \rangle = \alpha \langle \boldsymbol{a}, \boldsymbol{y} \rangle = 0$$

が成り立つので，$A\boldsymbol{y} \in \boldsymbol{a}^\perp$ である．□

次の定理は，直交対角化のための直交行列をみつけるために使われる．

**定理 5.14**

$\boldsymbol{a}_1, \boldsymbol{a}_2, \cdots, \boldsymbol{a}_k$ を $\mathbb{E}^n$ のベクトルで，互いに直交し，大きさ1であるとする．すなわち，クロネッカーのデルタを用いて，$\langle \boldsymbol{a}_i, \boldsymbol{a}_j \rangle = \delta_{ij}$ $(i, j = 1, 2, \cdots, k)$ である．そのとき，$(n-k)$ 個のベクトル $\boldsymbol{a}_{k+1}, \cdots, \boldsymbol{a}_n$ をつけ加えて，$\mathbb{E}^n$ の正規直交基底 $\boldsymbol{a}_1, \boldsymbol{a}_2, \cdots, \boldsymbol{a}_k, \boldsymbol{a}_{k+1}, \cdots, \boldsymbol{a}_n$ をつくることができる．

**証明**．$A_k = \begin{pmatrix} {\boldsymbol{a}_1}^{\mathrm{T}} \\ \vdots \\ {\boldsymbol{a}_k}^{\mathrm{T}} \end{pmatrix}$ とする．連立1次方程式 $A\boldsymbol{x} = \boldsymbol{0}$ を考える．式の個数よりも未知数の個数のほうが多いので，$\boldsymbol{0}$ 以外の解 $\boldsymbol{a}'_{k+1}$ が存在する (証明を考えよ)．$\boldsymbol{a}_{k+1} = \dfrac{\boldsymbol{a}'_{k+1}}{\|\boldsymbol{a}'_{k+1}\|}$ とすると，$\boldsymbol{a}_1, \boldsymbol{a}_2, \cdots, \boldsymbol{a}_k, \boldsymbol{a}_{k+1}$ に対して，$\langle \boldsymbol{a}_i, \boldsymbol{a}_j \rangle = \delta_{ij}$ $(i, j = 1, 2, \cdots, k+1)$ が成り立つ．正規直交基底が得られるまで同様の操作を繰り返せばよい．□

直交対角化の定理の証明にもどる．対称行列の次数 $n$ に関する数学的帰納法で証明する．$n = 1$ のとき，すでに対角行列なので，証明すべきことは何もない．$(n-1)$ 次の対称行列は直交対角化が可能であると仮定する．$A$ を $n$ 次の対称行列とする．定理 5.12 より $A$ は固有値をもつので，その1個を $\alpha_1$ とす

る．$\alpha_1$ に対応する大きさ 1 の 1 個の固有ベクトルを $\boldsymbol{a}_1$ とする．定理 5.14 より，$\boldsymbol{a}_1$ を含む $\mathbb{E}^n$ の正規直交基底 $\boldsymbol{a}_1, \cdots, \boldsymbol{a}_n$ を構成する．$P' = \begin{pmatrix}\boldsymbol{a}_1 & \cdots & \boldsymbol{a}_n\end{pmatrix}$ とし，$\boldsymbol{b}_2 = A\boldsymbol{a}_2, \cdots, \boldsymbol{b}_n = A\boldsymbol{a}_n$ とおくと，例 5.8 より，$P'$ は直交行列で，

$$AP' = A\begin{pmatrix}\boldsymbol{a}_1 & \cdots & \boldsymbol{a}_n\end{pmatrix} = \begin{pmatrix}\alpha_1\boldsymbol{a}_1 & \boldsymbol{b}_2 & \cdots & \boldsymbol{b}_n\end{pmatrix}$$

が成り立つ．ここで，定理 5.13 より，$\boldsymbol{b}_2, \cdots, \boldsymbol{b}_n$ は，${\boldsymbol{a}_1}^{\perp}$ に属するベクトルである．実際，例 5.8 より，

$$\boldsymbol{b}_i = \langle A\boldsymbol{a}_i, \boldsymbol{a}_2\rangle\boldsymbol{a}_2 + \langle A\boldsymbol{a}_i, \boldsymbol{a}_3\rangle\boldsymbol{a}_3 + \cdots + \langle A\boldsymbol{a}_i, \boldsymbol{a}_n\rangle\boldsymbol{a}_n \quad (i = 2, \cdots, n)$$

である．

したがって，

$$\begin{aligned} AP' &= \begin{pmatrix}\boldsymbol{a}_1 & \cdots & \boldsymbol{a}_n\end{pmatrix}\begin{pmatrix}\alpha_1 & 0 & \cdots & 0 \\ 0 & & & \\ \vdots & & A' & \\ 0 & & & \end{pmatrix} \\ &= P'\begin{pmatrix}\alpha_1 & 0 & \cdots & 0 \\ 0 & & & \\ \vdots & & A' & \\ 0 & & & \end{pmatrix} \end{aligned}$$

である．ここで，

$$A' = \begin{pmatrix}\langle A\boldsymbol{a}_2, \boldsymbol{a}_2\rangle & \langle A\boldsymbol{a}_3, \boldsymbol{a}_2\rangle & \cdots & \langle A\boldsymbol{a}_n, \boldsymbol{a}_2\rangle \\ \langle A\boldsymbol{a}_2, \boldsymbol{a}_3\rangle & \langle A\boldsymbol{a}_3, \boldsymbol{a}_3\rangle & \cdots & \langle A\boldsymbol{a}_n, \boldsymbol{a}_3\rangle \\ \vdots & \vdots & \ddots & \vdots \\ \langle A\boldsymbol{a}_2, \boldsymbol{a}_n\rangle & \langle A\boldsymbol{a}_3, \boldsymbol{a}_n\rangle & \cdots & \langle A\boldsymbol{a}_n, \boldsymbol{a}_n\rangle \end{pmatrix}$$

は，$(n-1) \times (n-1)$ 行列である．${P'}^{\mathrm{T}} = {P'}^{-1}$ に注意して，${P'}^{\mathrm{T}}$ を両辺に左からかけると，

$${P'}^{\mathrm{T}}AP' = \begin{pmatrix}\alpha_1 & 0 & \cdots & 0 \\ 0 & & & \\ \vdots & & A' & \\ 0 & & & \end{pmatrix}$$

である．

$A'$ が対称行列であることを証明しよう．$A$ が対称行列だから，

$$\begin{aligned}\begin{pmatrix}\alpha_1 & 0 & \cdots & 0\\ 0 & & & \\ \vdots & & {A'}^{\mathrm{T}} & \\ 0 & & & \end{pmatrix} &= \begin{pmatrix}\alpha_1 & 0 & \cdots & 0\\ 0 & & & \\ \vdots & & A' & \\ 0 & & & \end{pmatrix}^{\mathrm{T}}\\ &= \left({P'}^{\mathrm{T}}AP'\right)^{\mathrm{T}} = {P'}^{\mathrm{T}}A^{\mathrm{T}}P' = {P'}^{\mathrm{T}}AP'\\ &= \begin{pmatrix}\alpha_1 & 0 & \cdots & 0\\ 0 & & & \\ \vdots & & A' & \\ 0 & & & \end{pmatrix}\end{aligned}$$

が成り立つ．よって，${A'}^{\mathrm{T}} = A'$ なので，$A'$ が対称行列であることが示せた．数学的帰納法の仮定から，${P''}^{\mathrm{T}}A'P''$ が対角行列になる $(n-1)$ 次直交行列 $P''$ が存在する．すなわち，

$${P''}^{\mathrm{T}}A'P'' = \begin{pmatrix}\alpha_2 & \cdots & 0\\ \vdots & \ddots & \vdots\\ 0 & \cdots & \alpha_n\end{pmatrix}$$

とできる．そこで，$P = P'\begin{pmatrix}1 & 0 & \cdots & 0\\ 0 & & & \\ \vdots & & P'' & \\ 0 & & & \end{pmatrix}$ とすると，$P$ は，$n$ 次の直交行列で (証明を考えよ)，

$$\begin{aligned}P^{\mathrm{T}}AP &= \begin{pmatrix}1 & 0 & \cdots & 0\\ 0 & & & \\ \vdots & & P'' & \\ 0 & & & \end{pmatrix}^{\mathrm{T}}{P'}^{\mathrm{T}}AP'\begin{pmatrix}1 & 0 & \cdots & 0\\ 0 & & & \\ \vdots & & P'' & \\ 0 & & & \end{pmatrix}\\ &= \begin{pmatrix}1 & 0 & \cdots & 0\\ 0 & & & \\ \vdots & & {P''}^{\mathrm{T}} & \\ 0 & & & \end{pmatrix}\begin{pmatrix}\alpha_1 & 0 & \cdots & 0\\ 0 & & & \\ \vdots & & A' & \\ 0 & & & \end{pmatrix}\begin{pmatrix}1 & 0 & \cdots & 0\\ 0 & & & \\ \vdots & & P'' & \\ 0 & & & \end{pmatrix}\end{aligned}$$

$$
= \begin{pmatrix} \alpha_1 & 0 & \cdots & 0 \\ 0 & & & \\ \vdots & & P''^{\mathrm{T}} A' P'' & \\ 0 & & & \end{pmatrix}
$$

$$
= \begin{pmatrix} \alpha_1 & 0 & \cdots & 0 \\ 0 & \alpha_2 & \cdots & 0 \\ \vdots & \vdots & \ddots & \vdots \\ 0 & 0 & \cdots & \alpha_n \end{pmatrix}
$$

が成り立つ．これで，対称行列の直交対角化が可能であることが証明できた．

# 章 末 問 題

[**1**] $t$ に関する 3 次以下の多項式の全体 $V$ に，次のような 2 通りの方法で座標を導入する．

(i) 多項式 $x_1 + x_2 t + x_3 t^2 + x_4 t^3$ に $(x_1, x_2, x_3, x_4)^{\mathrm{T}}$ を対応させる．これを $\boldsymbol{x}$ 座標とする．

(ii) 多項式 $y_1 + y_2(t-1) + y_3(t-1)^2 + y_4(t-1)^3$ に $(y_1, y_2, y_3, y_4)^{\mathrm{T}}$ を対応させる．これを $\boldsymbol{y}$ 座標とする．

このとき，$\boldsymbol{x}$ 座標と $\boldsymbol{y}$ 座標の変換の式を $\boldsymbol{x} = P\boldsymbol{y}$ とするとき，正則行列 $P$ を求めよ．これを利用して，$2 - 3(t-1) + 4(t-1)^2 - (t-1)^3$ を (i) のような形式の多項式で表せ．

[**2**] 連立方程式の解の集合

$$W = \left\{ (x_1, x_2, x_3, x_4, x_5)^{\mathrm{T}} \;\middle|\; \begin{array}{l} x_1 + x_2 + 4x_3 - x_4 + x_5 = 0, \\ x_1 + x_2 + 5x_3 + x_4 + 4x_5 = 0 \end{array} \right\}$$

について，次の問いに答えよ．

(1) $\boldsymbol{a}_1 = (-1, 1, 0, 0, 0)^{\mathrm{T}}$，$\boldsymbol{a}_2 = (9, 0, -2, 1, 0)^{\mathrm{T}}$，$\boldsymbol{a}_3 = (11, 0, -3, 0, 1)^{\mathrm{T}}$ を用いて，$W$ に座標を導入する方法を説明せよ．

(2) (1) のベクトルから，$W$ の正規直交基底と正規直交座標をつくれ．

[**3**] $A$ を正則な $n$ 次正方行列とする．$A$ からグラム・シュミットの正規直交化法によってつくられる直交行列を $P$ とする．また，$A = PQ$ をみたす行列を $Q$ とする．次の問いに答えよ．

(1) $Q$ は上三角行列であることを証明せよ．ここで，$i > j$ に対して，$(i, j)$ 成分が 0 である行列を**上三角行列**という．

(2) 直交行列 $P'$ と対角成分がすべて正である上三角行列 $Q'$ が $A = P'Q'$ をみたすならば，$P = P'$, $Q = Q'$ であることを証明せよ．

(3) $|A| = \pm |Q|$ が成り立つことを証明せよ．

(4) $n = 2, 3$ のとき，$Q$ の対角成分の図形的な意味を説明し，$|Q|$ および $|A|$ が何であるか答えよ．

# 第 6 章　行列の応用

第 2 章の終わりで学んだように，行列を利用した思わぬ応用がさまざまな科学計算に現れる．たとえば，高等学校の数学で学習した，初項 1，公比 2 の等比数列 $a_n$ の一般項は，その漸化式

$$a_1 = 1, \quad a_{n+1} = 2a_n \quad (n = 1, 2, \cdots)$$

から

$$a_n = 2^{n-1}$$

と求めることができるが，次のような漸化式で定義された数列の一般項はどのようにして求めればよいだろうか．

$$a_1 = 1, \quad a_2 = 2, \quad a_{n+2} = a_{n+1} + a_n \quad (n = 1, 2, \cdots)$$

この数列は，$\{1, 2, 3, 5, 8, 13, 21, \cdots\}$ というように第 3 項以降が直前の 2 つの項の和で表され，**フィボナッチ数列** (Fibonacci sequence) として有名である．このような数列の漸化式を (定数係数線形) **差分方程式**ともいい，微分方程式などをコンピュータで近似計算するときに利用される．実は，最初の等比数列の場合は，

$$\begin{aligned}
\begin{pmatrix} a_n \\ a_{n+1} \end{pmatrix} &= \begin{pmatrix} 0 & 1 \\ 0 & 2 \end{pmatrix} \begin{pmatrix} a_{n-1} \\ a_n \end{pmatrix} \\
&= \begin{pmatrix} 0 & 1 \\ 0 & 2 \end{pmatrix}^2 \begin{pmatrix} a_{n-2} \\ a_{n-1} \end{pmatrix} \\
&= \cdots \\
&= \begin{pmatrix} 0 & 1 \\ 0 & 2 \end{pmatrix}^{n-1} \begin{pmatrix} a_1 \\ a_2 \end{pmatrix},
\end{aligned}$$

フィボナッチ数列の場合も

$$\begin{aligned}\begin{pmatrix} a_n \\ a_{n+1} \end{pmatrix} &= \begin{pmatrix} 0 & 1 \\ 1 & 1 \end{pmatrix}\begin{pmatrix} a_{n-1} \\ a_n \end{pmatrix} \\ &= \begin{pmatrix} 0 & 1 \\ 1 & 1 \end{pmatrix}^2 \begin{pmatrix} a_{n-2} \\ a_{n-1} \end{pmatrix} \\ &= \cdots \\ &= \begin{pmatrix} 0 & 1 \\ 1 & 1 \end{pmatrix}^{n-1} \begin{pmatrix} a_1 \\ a_2 \end{pmatrix}\end{aligned}$$

のように考えれば，行列のベキ乗を計算することで求められるのである．

また，$3x^2-2xy+3y^2$ のような $x$ と $y$ に関する 2 次式は，対称行列を使って，

$$3x^2-2xy+3y^2 = \begin{pmatrix} x & y \end{pmatrix}\begin{pmatrix} 3 & -1 \\ -1 & 3 \end{pmatrix}\begin{pmatrix} x \\ y \end{pmatrix}$$

のように表すことができ，これを **2 次形式**という．100 ページの定理 5.3 から，対称行列が直交行列によって対角化可能であるので，適当な変数変換 (主軸変換) により，先の 2 次式は $2v^2+4w^2$ のように書き換えることができ，その形状がわかりやすくなる．

一方，2 回連続的偏微分可能な 2 変数関数 $f(x,y)$ を $(x,y)=(a,b)$ でテーラー展開すると，

$$\begin{pmatrix} f_{xx}(a,b) & f_{xy}(a,b) \\ f_{yx}(a,b) & f_{yy}(a,b) \end{pmatrix}$$

という行列が現れ，この行列の性質により，関数 $f(x,y)$ の極値の判定ができる．

この章では，行列の対角化を利用した累乗計算とその応用，特に数列の漸化式や連立微分方程式への応用，および 2 次形式の主軸変換と多変数関数の極値問題について学ぶ．

## 6.1 行列のベキの計算と応用

この節では，対角化できる場合に行列の累乗計算を簡約化する方法とその応用を学ぶ．まず，第 2 章で説明した行列の $k$ 乗の定義を思い出そう．

**行列のベキ乗 (再掲)**

$A$ を正方行列とする．$k$ を正整数とするとき，$A$ を $k$ 回かけたものを $A$ の $k$ **乗**といって，$A^k$ と表す．すなわち，

$$A^2 = AA, \quad A^3 = AAA, \quad \cdots, \quad A^k = \overbrace{A \ \cdots \ A}^{k\text{ 個}}$$

である．$k = 0, 1$ の場合は，それぞれ，$A^0 = E$ (単位行列)，$A^1 = A$ と定義する．$A$ の $k$ 乗を**ベキ乗** (matrix power) または**累乗**ともいう．

$n$ 次の正方行列 $A$ が正則行列 $P$ によって

$$P^{-1}AP = \begin{pmatrix} \lambda_1 & & \text{\Large 0} \\ & \ddots & \\ \text{\Large 0} & & \lambda_n \end{pmatrix}$$

と対角化されたとしよう．右辺の対角行列を $\Lambda$ で表すと，$A = P\Lambda P^{-1}$ となるので，

$$\begin{aligned} A^k &= \left(P\Lambda P^{-1}\right)^k \\ &= \overbrace{\left(P\Lambda P^{-1}\right)\cdots\left(P\Lambda P^{-1}\right)}^{k\text{ 個}} \\ &= P\Lambda \underbrace{P^{-1}P}_{E} \Lambda \underbrace{P^{-1}P}_{E} \Lambda \cdots\cdots \Lambda \underbrace{P^{-1}P}_{E} \Lambda \underbrace{P^{-1}P}_{E} \Lambda P^{-1} \\ &= P\Lambda^k P^{-1} \end{aligned}$$

となり，結局，

$$A^k = P \begin{pmatrix} \lambda_1^k & & \text{\Large 0} \\ & \ddots & \\ \text{\Large 0} & & \lambda_n^k \end{pmatrix} P^{-1}$$

となる．これを利用して，対角化できる行列のベキ乗が効率よく計算できる．

○例 **6.1.** 44 ページの例 2.24 でベキ乗を計算した行列をもう一度取り上げてみよう．行列

$$A = \begin{pmatrix} 1 & 2 \\ -1 & 4 \end{pmatrix}$$

に対して，その固有方程式は

$$f_A(t) = |tE - A| = (t-2)(t-3) = 0$$

であるから，$A$ の固有値は 2 と 3 である．また，それぞれの固有ベクトルとして，

$$\begin{pmatrix} 2 \\ 1 \end{pmatrix}, \quad \begin{pmatrix} 1 \\ 1 \end{pmatrix}$$

を選んで，

$$P = \begin{pmatrix} 2 & 1 \\ 1 & 1 \end{pmatrix}$$

とすると，$P$ は正則行列となり，この $P$ によって行列 $A$ は次のように対角化できる．

$$P^{-1}AP = \begin{pmatrix} 2 & 0 \\ 0 & 3 \end{pmatrix}$$

したがって，

$$\begin{aligned} A^k &= P \begin{pmatrix} 2 & 0 \\ 0 & 3 \end{pmatrix}^k P^{-1} \\ &= P \begin{pmatrix} 2^k & 0 \\ 0 & 3^k \end{pmatrix} P^{-1} \\ &= \begin{pmatrix} 2 & 1 \\ 1 & 1 \end{pmatrix} \begin{pmatrix} 2^k & 0 \\ 0 & 3^k \end{pmatrix} \begin{pmatrix} 1 & -1 \\ -1 & 2 \end{pmatrix} \\ &= \begin{pmatrix} 2^{k+1} - 3^k & -2^{k+1} + 2 \cdot 3^k \\ 2^k - 3^k & -2^k + 2 \cdot 3^k \end{pmatrix} \end{aligned}$$

となる．$k = 10$ のとき，$A^{10} = \begin{pmatrix} -57001 & 116050 \\ -58025 & 117074 \end{pmatrix}$ となり，例 2.24 の結果と一致する． □

◆**演習 6.1.** $A = \begin{pmatrix} 2 & 1 \\ 4 & -1 \end{pmatrix}$ とするとき，$A^k$ を上記の方法で求め，2.3 節の問題 [2] の $A^{10}$ の値を求めよ．

**キケン！**

100 ページの定理 5.3 から，対称行列は直交対角化が可能である．しかも，直交行列 $P$ を選ぶことで，その逆行列 $P^{-1}$ がその転置行列 $P^{\mathrm{T}}$ に等しくなることから計算を簡略化できる．しかし，例 6.1 の行列 $A$ は対称行列でないので，直交行列では対角化できない．実際には，2 次の行列なので，異なる固有値 2 と 3 が計算できた時点でそれぞれから 1 つずつ固有ベクトルを選ぶことで，2 次の正則行列 $P$ が構成できて，行列 $A$ が対角化される．この場合には，行列 $P$ の逆行列 $P^{-1}$ を 66 ページの定理 3.2 や 86 ページの定理 4.10 などの方法で求めなければならない．例 6.1 の $P^{-1}$ を実際に求めて確認しよう．

○**例 6.2.** 行列の対角化を利用して，次の連立漸化式で定義される数列の第 $n$ 項と第 10 項を求めてみよう．

$$\begin{cases} x_n = \quad x_{n-1} + 2y_{n-1} \\ y_n = -x_{n-1} + 4y_{n-1} \end{cases}, \qquad \begin{cases} x_1 = 1 \\ y_1 = \frac{1}{2} \end{cases}$$

行列 $A = \begin{pmatrix} 1 & 2 \\ -1 & 4 \end{pmatrix}$ を用いて漸化式を表すと，

$$\begin{aligned} \begin{pmatrix} x_n \\ y_n \end{pmatrix} &= \begin{pmatrix} 1 & 2 \\ -1 & 4 \end{pmatrix} \begin{pmatrix} x_{n-1} \\ y_{n-1} \end{pmatrix} \\ &= A \begin{pmatrix} x_{n-1} \\ y_{n-1} \end{pmatrix} = A^2 \begin{pmatrix} x_{n-2} \\ y_{n-2} \end{pmatrix} \\ &= \cdots = A^{n-1} \begin{pmatrix} x_1 \\ y_1 \end{pmatrix} \end{aligned}$$

となるので，例 6.1 のベキ乗の計算から，$A^{n-1}$ と $x_1 = 1$，$y_1 = \frac{1}{2}$ を代入して，

$$\begin{cases} x_n = 2^n - 2^{n-1} = 2^{n-1} \\ y_n = 2^{n-1} - 2^{n-2} = 2^{n-2} \end{cases}, \qquad \begin{cases} x_{10} = 512 \\ y_{10} = 256 \end{cases}$$

が得られる． □

◆**演習 6.2.** 次の連立漸化式で定義される数列の一般項 $x_n$ と $y_n$ を求めよ．

$$\begin{cases} x_n = 6x_{n-1} - 2y_{n-1} \\ y_n = 6x_{n-1} - \ \ y_{n-1} \end{cases}, \qquad \begin{cases} x_1 = \frac{1}{3} \\ y_1 = 1 \end{cases}$$

○**例 6.3.** 行列の対角化を利用して，次の連立微分方程式の一般解を求めてみよう．

$$\begin{cases} y_1' = \ \ y_1 + 2y_2 \\ y_2' = -y_1 + 4y_2 \end{cases}$$

行列 $A = \begin{pmatrix} 1 & 2 \\ -1 & 4 \end{pmatrix}$ とベクトル $\boldsymbol{v} = \begin{pmatrix} y_1 \\ y_2 \end{pmatrix} = \begin{pmatrix} y_1(t) \\ y_2(t) \end{pmatrix}$ を用いて上の微分方程式を表すと，

$$\begin{pmatrix} \dfrac{dy_1(t)}{dt} \\ \dfrac{dy_2(t)}{dt} \end{pmatrix} = \begin{pmatrix} 1 & 2 \\ -1 & 4 \end{pmatrix} \begin{pmatrix} y_1(t) \\ y_2(t) \end{pmatrix}, \quad \text{すなわち} \quad \boldsymbol{v}' = A\boldsymbol{v}$$

となる．このような微分方程式を**線形微分方程式**という．この行列 $A$ は，例 6.1 で計算したように，正則行列 $P = \begin{pmatrix} 2 & 1 \\ 1 & 1 \end{pmatrix}$ によって $P^{-1}AP = \begin{pmatrix} 2 & 0 \\ 0 & 3 \end{pmatrix}$ と対角化できる．よって，変数変換

$$\boldsymbol{v} = P\boldsymbol{z}, \quad \text{ただし} \quad \boldsymbol{z} = \begin{pmatrix} z_1 \\ z_2 \end{pmatrix}$$

を利用して

$$P\boldsymbol{z}' = \boldsymbol{v}' = A\boldsymbol{v} = A(P\boldsymbol{z})$$

となる．結局，$\boldsymbol{z}' = (P^{-1}AP)\boldsymbol{z}$ となり，

$$\begin{pmatrix} z_1' \\ z_2' \end{pmatrix} = \begin{pmatrix} 2 & 0 \\ 0 & 3 \end{pmatrix} \begin{pmatrix} z_1 \\ z_2 \end{pmatrix},$$

つまり，次の 2 つの微分方程式

$$\begin{cases} z_1' = 2z_1, \\ z_2' = \ 3z_2 \end{cases}$$

をそれぞれ解けばよいことになる (付録 A.3 を参照のこと).

ここで,

$$z_1(t) = C_1e^{2t},\ z_2(t) = C_2e^{3t} \qquad (\text{ただし，} C_1,\ C_2 \text{ は任意の定数})$$

なので，$\boldsymbol{v} = P\boldsymbol{z}$ を計算して,

$$\begin{cases} y_1(t) = 2C_1e^{2t} + C_2e^{3t}, \\ y_2(t) = \ \ C_1e^{2t} + \ C_2e^{3t} \end{cases}$$

が得られる. □

◆**演習 6.3.** 次の連立微分方程式の一般解を求めよ.

$$\begin{cases} y_1' = 3y_1 - y_2, \\ y_2' = 2y_1 \end{cases}$$

## 6.1 節の問題

[**1**] 次の連立漸化式で定義される数列の一般項 $x_n, y_n, z_n$ を求めよ.

$$\begin{cases} x_n = 2x_{n-1} + \ y_{n-1} + \ z_{n-1} \\ y_n = \ x_{n-1} + 2y_{n-1} + \ z_{n-1} \\ z_n = \ x_{n-1} + \ y_{n-1} + 2z_{n-1} \end{cases}, \qquad \begin{cases} x_1 = 1 \\ y_1 = 0 \\ z_1 = 2 \end{cases}$$

[**2**] 次の連立微分方程式の一般解を求めよ.

$$\begin{cases} y_1' = \ y_1 + 2y_2 \\ y_2' = 4y_1 + 3y_2 \end{cases}$$

## 6.2　多変数関数と2次形式

この節では，2次形式の主軸変換を学ぶ．最初に関数について復習しよう．

一辺の長さが $x$ である正方形の面積を $y$ とすると，

$$y = x^2$$

という関係式が成立する．このように，2つの変数 $x$ と $y$ があって，$x$ の値を定めると，それに対応して $y$ の値がただ一つ定まるとき，$y$ は $x$ の**関数** (function) であるといい，$y = f(x)$ で表す．中学校や高等学校では，これらの簡単な例として，次のような1次関数や2次関数を学習している．

$$f(x) = ax + b, \qquad g(x) = ax^2 + bx + c$$

次に，正方形を長方形の場合にして考えてみる．各辺の長さが $x$ と $y$ である長方形の面積を $z$ とすると，

$$z = xy$$

という関係式が成り立ち，$z$ は $x$ と $y$ の関数であることがわかる．このような関数を**2変数関数**といい，一般に $z = f(x, y)$ と表す．同様にして，$z$ が $x_1, x_2, \cdots, x_n$ の関数になっているとき**多変数関数**といい，$z = f(x_1, x_2, \cdots, x_n)$ と表す．たとえば，2変数関数としての1次関数や2次関数は，

$$f(x, y) = ax + by + c, \qquad g(x, y) = px^2 + 2qxy + ry^2 + ax + by + c$$

のようなものになる．

**コラム：関数**

同じ $x$ の値に対して，$y$ の値が気まぐれに変わってしまう場合や，2つ以上の値が対応する場合などは通常は関数とはいいません．もちろん，複数の値をベクトルや集合と考えて，ベクトル値関数や集合値関数という場合もありますが，本書では取り扱いません．また，$y = f(x)$ という式表現は，英語での表現「$y$ is a function of $x$.」において，**function** の頭文字 $f$ を記号にしたもので，英語の文章のままの記号表現になっています．なお，複数の関数について説明するときには，$f(x)$, $g(x)$, $h(x)$, $\cdots$ や，$f_1(x)$, $f_2(x)$, $\cdots$, $f_n(x)$ などの記号表現を使用します．

内積と行列を使うと，上記の 1 次関数や 2 次関数は次のように表せる．

$$f(x,y) = \left\langle \begin{pmatrix} a \\ b \end{pmatrix}, \begin{pmatrix} x \\ y \end{pmatrix} \right\rangle + c,$$

$$g(x,y) = \begin{pmatrix} x & y \end{pmatrix} \begin{pmatrix} p & q \\ q & r \end{pmatrix} \begin{pmatrix} x \\ y \end{pmatrix} + \left\langle \begin{pmatrix} a \\ b \end{pmatrix}, \begin{pmatrix} x \\ y \end{pmatrix} \right\rangle + c$$

さらに，$\boldsymbol{b} = \begin{pmatrix} a \\ b \end{pmatrix}$，$\boldsymbol{x} = \begin{pmatrix} x \\ y \end{pmatrix}$，$A = \begin{pmatrix} p & q \\ q & r \end{pmatrix}$ というように，ベクトルと行列の記号を使って，次のように表すこともできる．

$$f(x,y) = \langle \boldsymbol{b}, \boldsymbol{x} \rangle + c = \boldsymbol{b}^{\mathrm{T}} \boldsymbol{x} + c,$$

$$g(x,y) = \boldsymbol{x}^{\mathrm{T}} A \boldsymbol{x} + \boldsymbol{b}^{\mathrm{T}} \boldsymbol{x} + c.$$

**2 次形式と 1 次形式**

対称行列 $A$ で表された $\boldsymbol{x} = \begin{pmatrix} x \\ y \end{pmatrix}$ に関する 2 次式

$$\underbrace{\boldsymbol{x}^{\mathrm{T}} A \boldsymbol{x}}_{\textbf{2 次形式}} + \underbrace{\boldsymbol{b}^{\mathrm{T}} \boldsymbol{x}}_{\textbf{1 次形式}} + \underbrace{c}_{\textbf{定数項}}$$

において，2 次の項 $\boldsymbol{x}^{\mathrm{T}} A \boldsymbol{x}$ を ($x$ と $y$ に関する) **2 次形式** (quadratic form) といい，1 次の項 $\boldsymbol{b}^{\mathrm{T}} \boldsymbol{x}$ を **1 次形式** (linear form) という．

ここで，$n$ 変数の場合も同じように表すことができ，そのときの行列がつねに対称行列であることに注意しよう．なお，$3x^2 - 2xy + 3y^2$ のような展開された式も 2 次形式という．

○例 **6.4.** 関数 $z = xy$ は，上記の 2 次関数 $g(x,y) = \boldsymbol{x}^{\mathrm{T}} A \boldsymbol{x} + \boldsymbol{b}^{\mathrm{T}} \boldsymbol{x} + c$ において $q$ 以外の係数がすべて 0 の場合で，次の 2 次形式で表される．

$$z = \begin{pmatrix} x & y \end{pmatrix} \begin{pmatrix} 0 & \frac{1}{2} \\ \frac{1}{2} & 0 \end{pmatrix} \begin{pmatrix} x \\ y \end{pmatrix}$$

また，関数

$$z = 3x_1^2 + 3x_2^2 + 3x_3^2 + 2x_1x_2 + 2x_1x_3 + 2x_2x_3$$

は，$(x_1, x_2, x_3)^{\mathrm{T}}$ に関する次の 2 次形式となる．

$$z = \begin{pmatrix} x_1 & x_2 & x_3 \end{pmatrix} \begin{pmatrix} 3 & 1 & 1 \\ 1 & 3 & 1 \\ 1 & 1 & 3 \end{pmatrix} \begin{pmatrix} x_1 \\ x_2 \\ x_3 \end{pmatrix}$$

□

◆**演習 6.4.** 次の 2 次形式を対称行列を用いて表せ．

(1)　$5x^2 - 6xy + 5y^2$

(2)　$2x_1^2 + 2x_2^2 + 2x_3^2 - 2x_1x_2 - 2x_1x_3 - 2x_2x_3$

○**例 6.5.** 例 6.4 の関数 $z = xy$ は，

$$z = \frac{1}{2}\begin{pmatrix} x & y \end{pmatrix} \begin{pmatrix} 0 & 1 \\ 1 & 0 \end{pmatrix} \begin{pmatrix} x \\ y \end{pmatrix}$$

とも書ける．100 ページの定理 5.3 から，対称行列 $A = \begin{pmatrix} 0 & 1 \\ 1 & 0 \end{pmatrix}$ は直交対角化が可能である．そこで，固有値と固有ベクトルを求めてみよう．固有方程式は

$$f_A(t) = |tE - A| = (t-1)(t+1) = 0$$

であるから，$A$ の固有値は 1 と $-1$ である．また，それぞれの固有ベクトルを 1 つずつ選んで，

$$P = \begin{pmatrix} \frac{1}{\sqrt{2}} & \frac{1}{\sqrt{2}} \\ \frac{1}{\sqrt{2}} & -\frac{1}{\sqrt{2}} \end{pmatrix}$$

とすると，$P$ は直交行列となり，この $P$ によって行列 $A$ は次のように対角化できる．

$$P^{-1}AP = \begin{pmatrix} 1 & 0 \\ 0 & -1 \end{pmatrix}$$

したがって，変数変換

$$\begin{pmatrix} x \\ y \end{pmatrix} = P \begin{pmatrix} v \\ w \end{pmatrix}$$

を行えば，$\begin{pmatrix} x & y \end{pmatrix} = \begin{pmatrix} v & w \end{pmatrix} P^{-1}$ となるので，

$$\begin{aligned} \frac{1}{2}\begin{pmatrix} x & y \end{pmatrix}\begin{pmatrix} 0 & 1 \\ 1 & 0 \end{pmatrix}\begin{pmatrix} x \\ y \end{pmatrix} &= \frac{1}{2}\begin{pmatrix} v & w \end{pmatrix}\begin{pmatrix} 1 & 0 \\ 0 & -1 \end{pmatrix}\begin{pmatrix} v \\ w \end{pmatrix} \\ &= \frac{1}{2}v^2 - \frac{1}{2}w^2 \end{aligned}$$

となり，関数 $z = xy$ は，座標軸を取り替えて，$z = \dfrac{1}{2}v^2 - \dfrac{1}{2}w^2$ の形に表せる．□

**定理 6.1 (2 次形式の標準形)**

$\boldsymbol{x} = (x_1, x_2, \cdots, x_n)^{\mathrm{T}}$ とし，$A$ を $n$ 次の対称行列とするとき，2 次形式 $\boldsymbol{x}^{\mathrm{T}} A \boldsymbol{x}$ は，適当な直交行列 $P$ による変数変換

$$\boldsymbol{x} = P\boldsymbol{y}, \qquad \boldsymbol{y} = (y_1, y_2, \cdots, y_n)^{\mathrm{T}}$$

によって，次の 2 次形式

$$\lambda_1 y_1^2 + \lambda_2 y_2^2 + \cdots + \lambda_n y_n^2$$

で表せる．これを **2 次形式の標準形** (canonical quadratic form) という．ここで，$\lambda_1, \lambda_2, \cdots, \lambda_n$ は行列 $A$ の固有値である．上の変数変換を**主軸変換**ともいう．

○**例 6.6.** 例 6.4 で考えた 2 次形式 $3x_1^2 + 3x_2^2 + 3x_3^2 + 2x_1x_2 + 2x_1x_3 + 2x_2x_3$ は，107 ページの例 5.5 で行った対角化により，直交行列

$$P = \begin{pmatrix} \frac{1}{\sqrt{3}} & \frac{1}{\sqrt{2}} & \frac{1}{\sqrt{6}} \\ \frac{1}{\sqrt{3}} & -\frac{1}{\sqrt{2}} & \frac{1}{\sqrt{6}} \\ \frac{1}{\sqrt{3}} & 0 & -\frac{2}{\sqrt{6}} \end{pmatrix}$$

によって標準形

$$5y_1^2 + 2y_2^2 + 2y_3^2$$

に変換される．□

◆**演習 6.5.** 次の2次形式を適当な直交行列により標準形にせよ．

(1)　$5x^2 - 6xy + 5y^2$

(2)　$2x_1^2 + 2x_2^2 + 2x_3^2 - 2x_1x_2 - 2x_1x_3 - 2x_2x_3$

**2次形式の符号**

$\boldsymbol{x} = (x_1, x_2, \cdots, x_n)^{\mathrm{T}}$ とするとき，2次形式 $\boldsymbol{x}^{\mathrm{T}} A \boldsymbol{x}$ または行列 $A$ は，零ベクトルでないすべての $\boldsymbol{x}$ に対して，

(1) $\boldsymbol{x}^{\mathrm{T}} A \boldsymbol{x} > 0$ のとき，**正値** (positive definite),

(2) $\boldsymbol{x}^{\mathrm{T}} A \boldsymbol{x} < 0$ のとき，**負値** (negative definite),

(3) $\boldsymbol{x}^{\mathrm{T}} A \boldsymbol{x} \geqq 0$ のとき，**半正値** (positive semidefinite),

(4) $\boldsymbol{x}^{\mathrm{T}} A \boldsymbol{x} \leqq 0$ のとき，**半負値** (negative semidefinite)

であるという．

もちろん，正値ならば半正値でもあるし，負値ならば半負値でもある．

○**例 6.7.** 2次形式 $x^2 + y^2$ は標準形であり，零ベクトルでないすべての $\boldsymbol{x} = (x, y)^{\mathrm{T}}$ に対して，つねに $x^2 + y^2 > 0$ となるので正値である．一方，例 6.5 でみたように，2次形式 $xy$ は，$\frac{1}{2}v^2 - \frac{1}{2}w^2$ の標準形に変形すると，$v$ と $w$ の値によって符号が変わるので，(半正値でも半負値でもないし，) 正値でも負値でもない． □

標準形への変換では，$xy$ 平面の座標軸を取り替えて考えているだけなので，もとの関数のグラフは変わっていない．したがって，2次形式の符号は関数の値が正か負かをみていることになり，主軸変換を行ってもその符号は変わらない．また，2次形式の標準形 $\lambda_1 y_1^2 + \lambda_2 y_2^2 + \cdots + \lambda_n y_n^2$ から，次のことが容易にわかる．

**定理 6.2 (固有値による判定条件)**

2 次形式 $\boldsymbol{x}^{\mathrm{T}} A \boldsymbol{x}$ の符号について次が成立する．

(1) 正値であるための必要十分条件は，$A$ の固有値がすべて正となることである．

(2) 負値であるための必要十分条件は，$A$ の固有値がすべて負となることである．

(3) 半正値であるための必要十分条件は，$A$ の固有値がすべて非負となることである．

(4) 半負値であるための必要十分条件は，$A$ の固有値がすべて非正となることである．

○例 **6.8.** 例 6.7 でみたように，2 次形式

$$x^2 + y^2 = \begin{pmatrix} x & y \end{pmatrix} \begin{pmatrix} 1 & 0 \\ 0 & 1 \end{pmatrix} \begin{pmatrix} x \\ y \end{pmatrix}$$

は正値であったが，行列 $\begin{pmatrix} 1 & 0 \\ 0 & 1 \end{pmatrix}$ の固有値は 1 のみであり，定理 6.2 (1) からも正値であることがわかる．同様に，2 次形式

$$xy = \frac{1}{2} \begin{pmatrix} x & y \end{pmatrix} \begin{pmatrix} 0 & 1 \\ 1 & 0 \end{pmatrix} \begin{pmatrix} x \\ y \end{pmatrix}$$

について，行列 $\begin{pmatrix} 0 & 1 \\ 1 & 0 \end{pmatrix}$ の固有値は，例 6.5 で求めたように 1 と $-1$ なので，定理 6.2 から正値，負値，半正値，半負値のいずれでもないことがわかる．　□

2 次形式の符号を固有値で判定するには，固有値を計算して求める必要がある．符号を判定するだけなら，次のような簡便な判定法も知られている．

**定理 6.3 (主対角小行列式による判定条件)**

$n$ 次の対称行列 $A = \left(a_{ij}\right)$ に対して，その**主対角小行列**

$$A_k := \begin{pmatrix} a_{11} & \cdots & a_{1k} \\ \vdots & \ddots & \vdots \\ a_{k1} & \cdots & a_{kk} \end{pmatrix} \qquad (k = 1, 2, \cdots, n)$$

を考える．このとき，2 次形式 $\boldsymbol{x}^{\mathrm{T}} A \boldsymbol{x}$ の符号について次が成立する．

(1) 正値であるための必要十分条件は，すべての $k$ で $|A_k| > 0$.

(2) 負値であるための必要十分条件は，すべての $k$ で $(-1)^k |A_k| > 0$.

(3) 半正値であるための必要条件は，すべての $k$ で $|A_k| \geqq 0$.

(4) 半負値であるための必要条件は，すべての $k$ で $(-1)^k |A_k| \geqq 0$.

○**例 6.9.** 行列 $A = \begin{pmatrix} a & c \\ c & b \end{pmatrix}$ の符号について次が成立する．

(1) $A$ が正値であるための必要十分条件は，$a > 0$ かつ $ab - c^2 > 0$ である．

(2) $A$ が負値であるための必要十分条件は，$a < 0$ かつ $ab - c^2 > 0$ である．

(3) $A$ が半正値であるための必要条件は，$a \geqq 0$ かつ $ab - c^2 \geqq 0$ である．

(4) $A$ が半負値であるための必要条件は，$a \leqq 0$ かつ $ab - c^2 \geqq 0$ である．

□

**キケン！**

2 次形式の符号の定義から，行列 $A$ が正値ならば $-A$ は負値になる．同様に，行列 $A$ が半正値ならば $-A$ は半負値になる．このように，実際には正値と半正値に関する結果だけを理解するだけで，負値と半負値の場合は自動的に導き出すことができる．ただし，例 6.9 で考察したように，2 次の対称行列の行列式は，正値，負値のいずれの場合も正になっている．「負値だから $ab - c^2 < 0$」のような暗記は禁物である．

○例 **6.10.** 定理 6.3 の結果を利用して，例 6.6 で考えた 2 次形式の符号を判定してみよう．行列

$$A = \begin{pmatrix} 3 & 1 & 1 \\ 1 & 3 & 1 \\ 1 & 1 & 3 \end{pmatrix}$$

の 3 つの主対角小行列式は，

$$|A_1| = |3| = 3, \qquad |A_2| = \begin{vmatrix} 3 & 1 \\ 1 & 3 \end{vmatrix} = 8, \qquad |A_3| = \begin{vmatrix} 3 & 1 & 1 \\ 1 & 3 & 1 \\ 1 & 1 & 3 \end{vmatrix} = 20$$

とすべて正となるので，$A$ は正値である．□

◆演習 **6.6.** 次の 2 次形式の符号を調べよ．

(1)　$5x^2 - 6xy + 5y^2$

(2)　$2x_1^2 + 2x_2^2 + 2x_3^2 - 2x_1x_2 - 2x_1x_3 - 2x_2x_3$

## 6.2 節の問題

[**1**]　2 次形式 $x^2 + 4xy + y^2$ を適当な直交行列により標準形に変形し，その符号を調べよ．

[**2**]　次の 2 次形式が正値となるように定数 $k$ の値の範囲を定めよ．

$$2x_1^2 + 2x_2^2 + 2x_3^2 + 2k(x_1x_2 - x_1x_3)$$

**コラム：1 次形式と線形写像**

多変数関数の 1 次形式は，第 5 章で学習した線形写像の特別な場合です．1 次形式を $\langle \boldsymbol{b}, \boldsymbol{x} \rangle$ と表すと，ベクトル $\boldsymbol{b}$ と $\boldsymbol{x}$ の内積を表しているので，ベクトル $\boldsymbol{b}$ を固定すれば，$\boldsymbol{x}$ の同次 1 次式となり，$\boldsymbol{x}$ に関する線形写像となります．逆に，ベクトル $\boldsymbol{x}$ を固定すれば，$\boldsymbol{b}$ に関する線形写像とも考えられます．このような写像を**双線形形式** (bilinear form) といいます．

## 6.3　2 変数関数の極大極小

この節では，2 変数関数の**極値問題** (extremal problem) を学ぶ．2 回連続的偏微分可能な 2 変数関数 $f(x,y)$ を点 $(x,y)=(a,b)$ でテーラー展開すると，

$$f(x,y)=f(a,b)+\left\langle \begin{pmatrix} f_x(a,b) \\ f_y(a,b) \end{pmatrix}, \begin{pmatrix} x-a \\ y-b \end{pmatrix} \right\rangle$$

$$+\frac{1}{2}\begin{pmatrix} x-a & y-b \end{pmatrix}\begin{pmatrix} f_{xx}(a,b) & f_{xy}(a,b) \\ f_{yx}(a,b) & f_{yy}(a,b) \end{pmatrix}\begin{pmatrix} x-a \\ y-b \end{pmatrix}+(\text{剰余項})$$

となり，1 次形式と 2 次形式が現れている．1 次形式は，点 $(x,y,z)=(a,b,f(a,b))$ でもとの関数のグラフと接する接平面と考えられ，2 次形式は，その接平面の変化の状態を表すと考えられる．また，式の右辺で剰余項を無視したものは，$x$ と $y$ に関する 2 変数 2 次関数で，点 $(a,b)$ のまわりでもとの関数を近似していると考えられる．最初に関数のグラフと等高線について復習しよう．

**グラフと等高線**

2 変数関数 $z=f(x,y)$ の**グラフ** (graph) は，関係式 $z=f(x,y)$ をみたす点 $(x,y,z)$ の集まりであり，(通常は，第 5 章で考えた直交座標を使って) 次のような 3 次元ユークリッド空間の部分集合である．

$$\left\{ \begin{pmatrix} x \\ y \\ z \end{pmatrix} \in \mathbb{E}^3 \;\middle|\; z=f(x,y) \right\}$$

また，その**等高線** (contour) とは，それぞれの高さ $c$ に対して関数の値が $c$ となる点 $(x,y)$ の集まりで，次のような 2 次元ユークリッド空間の部分集合である．

$$\left\{ \begin{pmatrix} x \\ y \end{pmatrix} \in \mathbb{E}^2 \;\middle|\; f(x,y)=c \right\}$$

2 変数関数の等高線は，その関数のグラフを真上から見たときに，同じ高さを線で結んだ，地形図の等高線と同じ概念である．また，これは方程式 $f(x,y)=c$ の解集合とも考えられる．

関数を表現するときに，$f(x,y)$ の式表現がもっとも便利であるが，その性質を考えるときには，関数のグラフとその等高線が理解の手助けとなる．1 変数関数のグラフは容易に描ける場合が多いが，2 変数関数の場合はそうでもない．しかし，最近は数式処理ソフトウェア† のおかげで身近になってきた．グラフにより，地形図の等高線と同じように盆地や丘が容易に観察できるようになる．

**2 変数関数の極小と極大**

2 変数関数 $f(x,y)$ が点 $(a,b)$ の近くのすべての点 $(x,y)$ に対して，

(1) $f(x,y) \geqq f(a,b)$ をみたす (盆地になっている) とき，関数 $f(x,y)$ は点 $(a,b)$ で**極小値** (local minimum) をとる，または**極小になる** (minimal) という．

(2) $f(x,y) \leqq f(a,b)$ をみたす (丘になっている) とき，関数 $f(x,y)$ は点 $(a,b)$ で**極大値** (local maximum) をとる，または**極大になる** (maximal) という．

極小値と極大値を総称して**極値** (extremum, local optimum) という．また，極値をとるときの点 $(a,b)$ を**局所的最適解** (local optimal solution) という．

**2 変数関数の最小と最大**

2 変数関数 $f(x,y)$ が，点 $(a,b)$ の近くだけでなく，すべての点 $(x,y)$ で

(1) $f(x,y) \geqq f(a,b)$ をみたすとき，関数 $f(x,y)$ は点 $(a,b)$ で**最小値** (global minimum) をとる，または**最小になる** (minimum) といい，

(2) $f(x,y) \leqq f(a,b)$ をみたすとき，関数 $f(x,y)$ は点 $(a,b)$ で**最大値** (global maximum) をとる，または**最大になる** (maximum) という．

最小値と最大値を総称して**最適値** (optimal value, global optimum) という．また，最適値をとるときの点 $(a,b)$ を**大域的最適解** (global optimal solution) という．

† 本書の 2 変数関数のグラフとグラフィックスは，数式処理ソフトウェア Maple® による．

○例 **6.11.** $-3 \leqq x \leqq 3$, $-3 \leqq y \leqq 3$ における 2 変数関数

$$z = xy, \qquad z = x^2 + y^2, \qquad z = x + y$$

のグラフと等高線は図 6.1 のようになる．$z = xy$ のグラフは，峠のような形で，等高線は分数関数の双曲線をいくつか描いたものになっている．$z = x^2 + y^2$ のグラフは，つぼのような形で，等高線は同心円が描かれている．$z = x + y$ のグラフは，傾斜が一定の平面となり，等高線は等間隔の直線群となる．関数 $z = x^2 + y^2$ は正値 2 次形式であるので，原点で極小値かつ最小値をとっていることがわかる．このように，極小値をとるときは，関数のグラフが盆地の地形をしていて，逆に，極大値をとるときは，丘の地形をしていることがわかる．したがって，関数 $z = xy$ のような峠の部分では，盆地でも丘でもないので極値をとらない．また，関数 $z = x + y$ は，境界がないと無限に大きくも小さくもなることがわかる．なお，一般には極値であっても最適値であるとは限らない．　□

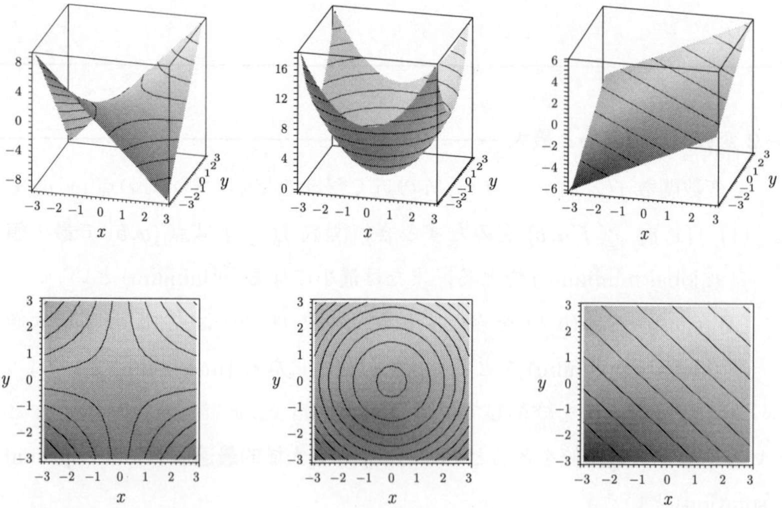


図 6.1　左より関数 $z = xy$, $z = x^2 + y^2$, $z = x + y$ のグラフと等高線

◆**演習 6.7.** $-3 \leqq x \leqq 3$, $-3 \leqq y \leqq 3$ の範囲で描かれた図 6.2 の 2 変数関数のグラフと等高線は，それぞれ $z = \sqrt{x^2+y^2}$, $z = |x|+|y|$, $z = x^2+4y^2$ のいずれのものか考察してみよ．また，それぞれどんな特徴があるか．

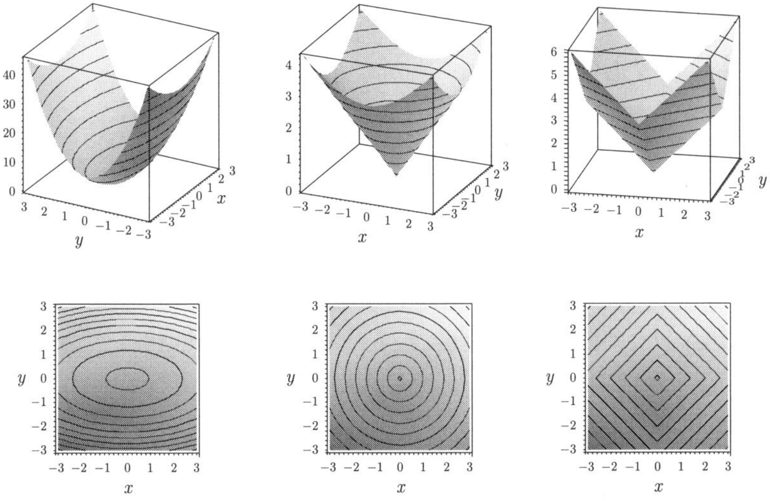


図 6.2　演習 6.7 のグラフと等高線

例 6.11 で取り上げた 3 つの関数は，それぞれ

$$z = \begin{pmatrix} x & y \end{pmatrix}\begin{pmatrix} 0 & \frac{1}{2} \\ \frac{1}{2} & 0 \end{pmatrix}\begin{pmatrix} x \\ y \end{pmatrix},$$

$$z = \begin{pmatrix} x & y \end{pmatrix}\begin{pmatrix} 1 & 0 \\ 0 & 1 \end{pmatrix}\begin{pmatrix} x \\ y \end{pmatrix},$$

$$z = \left\langle \begin{pmatrix} 1 \\ 1 \end{pmatrix}, \begin{pmatrix} x \\ y \end{pmatrix} \right\rangle$$

とも表せるので，6.2 節で学んだ 2 次形式と 1 次形式の関数であることがわかる．2 次形式の関数は，その行列の性質によって，いろいろな形のグラフになるが，1 次形式の関数

$$z = \left\langle \begin{pmatrix} a \\ b \end{pmatrix}, \begin{pmatrix} x \\ y \end{pmatrix} \right\rangle, \quad \text{つまり} \quad z = ax + by$$

のグラフは，必ず (原点をとおる) 平面になることがわかる．また，関数

$$z = f(a,b) + \left\langle \begin{pmatrix} f_x(a,b) \\ f_y(a,b) \end{pmatrix}, \begin{pmatrix} x-a \\ y-b \end{pmatrix} \right\rangle$$

のグラフは，関数

$$z = \left\langle \begin{pmatrix} f_x(a,b) \\ f_y(a,b) \end{pmatrix}, \begin{pmatrix} x \\ y \end{pmatrix} \right\rangle, \quad \text{つまり} \quad z = f_x(a,b)x + f_y(a,b)y$$

のグラフを，$(x,y,z) = (a,b,f(a,b))$ をとおるように平行移動したものになっている．よって，2 変数関数 $f(x,y)$ の点 $(a,b)$ でのテーラー展開における 1 次形式は，点 $(x,y,z) = (a,b,f(a,b))$ でもとの関数のグラフと接する接平面を表し，ベクトル $(f_x(a,b), f_y(a,b))^{\mathrm{T}}$ はその傾きを表すと考えられ，その 2 次形式はその接平面の変化の状態を表していると考えるのが自然である．

**勾配ベクトル**

連続的偏微分可能な 2 変数関数 $f(x,y)$ に対して，$f$ の偏微分係数を要素とする 2 次元ベクトルを点 $(a,b)$ における関数 $f$ の**勾配ベクトル** (gradient vector) といい，

$$\nabla f(a,b) = \begin{pmatrix} f_x(a,b) \\ f_y(a,b) \end{pmatrix}$$

と表す．(記号 $\nabla$ はナブラと読む．)

○例 **6.12.** 2 変数関数 $f(x,y) = x^2 + y^2$ の点 $(1,1)$ と $(-1,1)$ における勾配ベクトルを求めると，

$$\nabla f(1,1) = \begin{pmatrix} 2 \\ 2 \end{pmatrix}, \quad \nabla f(-1,1) = \begin{pmatrix} -2 \\ 2 \end{pmatrix}$$

となり，それぞれを図 6.1 の等高線の図中において，点 $(1,1)$ と $(-1,1)$ を始点にして有向線分で描き込むと，それぞれ等高線の接線とその始点で直交していることがわかる．これは，勾配ベクトルが指す方向と，その点で関数がもっとも大きく増加する方向が一致していることを意味している．　□

◆**演習 6.8.** 2 変数関数 $f(x,y)=xy$ の点 $(1,1)$ と $(-1,1)$ における勾配ベクトルを求め，例 6.12 と同じように，図 6.1 の等高線の図中に描き込んで関数の増減と比較せよ．

ヘッセ行列

2 回連続的偏微分可能な 2 変数関数 $f(x,y)$ に対して，$\nabla f(x,y)$ をもう一回 $x$ と $y$ で偏微分したもの，つまり $f$ の 2 次偏微分係数を要素とする次のような 2 次の対称行列を，点 $(a,b)$ における関数 $f$ の**ヘッセ行列** (Hessian matrix) といい，

$$\nabla^2 f(a,b)=\begin{pmatrix} f_{xx}(a,b) & f_{xy}(a,b) \\ f_{yx}(a,b) & f_{yy}(a,b) \end{pmatrix}$$

と表す．

○**例 6.13.** 2 変数関数 $f(x,y)=x^3-3xy+y^3$ の勾配ベクトルとヘッセ行列は，

$$\nabla f(x,y)=\begin{pmatrix} 3x^2-3y \\ -3x+3y^2 \end{pmatrix},$$

$$\nabla^2 f(x,y)=\begin{pmatrix} 6x & -3 \\ -3 & 6y \end{pmatrix}$$

となる．□

◆**演習 6.9.** 次の 2 変数関数の勾配ベクトルとヘッセ行列を求めよ．

(1)　$f(x,y)=5x^2-6xy+5y^2$

(2)　$g(x,y)=5x^2-6xy+5y^2-10x+6y$

関数の局所的最適解では，盆地や丘のようなグラフの形をしていることから，その点での接平面

$$z=f(a,b)+\left\langle \begin{pmatrix} f_x(a,b) \\ f_y(a,b) \end{pmatrix}, \begin{pmatrix} x-a \\ y-b \end{pmatrix} \right\rangle$$

が平らになっていると考えられる．

**定理 6.4 (最適性の 1 次の必要条件)**

2 変数関数 $f(x,y)$ は，点 $(a,b)$ の近くで連続的偏微分可能とする．$f$ が点 $(a,b)$ で極値をとるならば，その点における $f$ の勾配ベクトルは零ベクトルとなる．

$$\nabla f(a,b) = \mathbf{0}, \text{ つまり，} \quad f_x(a,b) = 0 \text{ かつ } f_y(a,b) = 0.$$

これを**最適性の 1 次の必要条件** (first order necessary condition) という．

○例 **6.14.** 例 6.11 で考察したように，関数 $f(x,y) = x^2 + y^2$ は，原点で極小値をとる．そこで，原点での勾配ベクトルを計算してみると，

$$\nabla f(x,y) = \begin{pmatrix} 2x \\ 2y \end{pmatrix}, \qquad \nabla f(0,0) = \begin{pmatrix} 0 \\ 0 \end{pmatrix}$$

となり，最適性の 1 次の必要条件に合致する．しかし，関数 $g(x,y) = xy$ が極値をとらないにもかかわらず

$$\nabla g(x,y) = \begin{pmatrix} y \\ x \end{pmatrix}, \qquad \nabla g(0,0) = \begin{pmatrix} 0 \\ 0 \end{pmatrix}$$

となることから，勾配ベクトルが零ベクトルとなるだけでは極値をとるとは限らないことがわかる．□

点 $(a,b)$ が関数 $f(x,y)$ の局所的最適解とすると，勾配ベクトル $\nabla f(a,b)$ が零ベクトルとなるので，その点でのテーラー展開における 1 次形式の項が消えてなくなり，次のように 2 次形式の項とそれよりも微小な剰余項が残る．

$$f(x,y) - f(a,b) = \frac{1}{2}\begin{pmatrix} x-a & y-b \end{pmatrix} \nabla^2 f(a,b) \begin{pmatrix} x-a \\ y-b \end{pmatrix} + (\text{剰余項})$$

したがって，$f(a,b)$ が極小値ならば，点 $(a,b)$ の近くの点 $(x,y)$ に対して，左辺はつねに非負なので，ヘッセ行列 $\nabla^2 f(a,b)$ が半正値となり，$f(a,b)$ が極大値ならば，ヘッセ行列 $\nabla^2 f(a,b)$ が半負値となることが示せる．よって，例 6.9 により次の定理が成立する．

**定理 6.5 (最適性の 2 次の必要条件)**

2 変数関数 $f(x,y)$ は，点 $(a,b)$ の近くで 2 回連続的偏微分可能とする．

(1) $f$ が点 $(a,b)$ で極小値をとるならば，その点における $f$ の勾配ベクトルは零ベクトルとなり，ヘッセ行列は半正値となる．すなわち，

$$f_x(a,b)=0,\quad f_y(a,b)=0,\quad f_{xx}(a,b)\geqq 0,$$

$$f_{xx}(a,b)f_{yy}(a,b)-f_{xy}(a,b)f_{yx}(a,b)\geqq 0$$

が同時に成立する．これらを**最適性の 2 次の必要条件** (second order necessary condition) という．

(2) $f$ が点 $(a,b)$ で極大値をとるならば，その点における $f$ の勾配ベクトルは零ベクトルとなり，ヘッセ行列は半負値となる．すなわち，

$$f_x(a,b)=0,\quad f_y(a,b)=0,\quad f_{xx}(a,b)\leqq 0,$$

$$f_{xx}(a,b)f_{yy}(a,b)-f_{xy}(a,b)f_{yx}(a,b)\geqq 0$$

が同時に成立する．

関数 $f$ が極大値をとる場合の必要条件は，$f$ が極小値をとる場合のそれぞれの条件について，$f$ の代わりに $-f$ を代入すると得られることもわかる．

○例 **6.15.** 例 6.14 の関数 $f(x,y)=x^2+y^2$ と $g(x,y)=xy$ について，原点でのヘッセ行列の値を計算して，最適性の 2 次の必要条件を確かめてみよう．

$$\nabla^2 f(0,0)=\begin{pmatrix}2 & 0\\ 0 & 2\end{pmatrix},\qquad \nabla^2 g(0,0)=\begin{pmatrix}0 & 1\\ 1 & 0\end{pmatrix}$$

となり，$\nabla^2 f(0,0)$ は正値で半正値とも考えられ，最適性の 2 次の必要条件に合致する．一方，$\nabla^2 g(0,0)$ は半正値でも半負値でもないので，最適性の 2 次の必要条件の対偶から関数 $g(x,y)$ は原点で極値をとらない．　□

このように，最適性の必要条件は極値の候補を絞り込むための重要な判定基準になりうる．では，最終的に極値の断定をするためにはどうしたらよいのだろうか．

**定理 6.6 (最適性の 2 次の十分条件)**

2 変数関数 $f(x,y)$ は，点 $(a,b)$ の近くで 2 回連続的偏微分可能とする．

(1) 点 $(a,b)$ において $f$ の勾配ベクトルが零ベクトルとなり，ヘッセ行列が正値となるならば，すなわち，

$$f_x(a,b)=0, \quad f_y(a,b)=0, \quad f_{xx}(a,b)>0,$$

$$f_{xx}(a,b)f_{yy}(a,b)-f_{xy}(a,b)f_{yx}(a,b)>0$$

が同時に成立するならば，点 $(a,b)$ において関数 $f$ は極小値をとる．これらを**最適性の 2 次の十分条件** (second order sufficient condition) という．

(2) 点 $(a,b)$ において $f$ の勾配ベクトルが零ベクトルとなり，ヘッセ行列が負値となるならば，すなわち，

$$f_x(a,b)=0, \quad f_y(a,b)=0, \quad f_{xx}(a,b)<0,$$

$$f_{xx}(a,b)f_{yy}(a,b)-f_{xy}(a,b)f_{yx}(a,b)>0$$

が同時に成立するならば，点 $(a,b)$ において関数 $f$ は極大値をとる．

**2 変数関数の極値判定の仕方**

**手順 1.** 最適性の 1 次の必要条件により極値の候補を探す．すなわち，勾配ベクトル $\nabla f(a,b)$ が零ベクトルとなる点 $(a,b)$ を求める．

**手順 2.** 最適性の 2 次の必要条件と 2 次の十分条件により極値の候補を絞り込む．すなわち，ヘッセ行列 $\nabla^2 f(a,b)$ の符号を調べ，半正値でも半負値でもなければ候補からはずし，正値もしくは負値ならば，それぞれ，極小値，極大値と判定する．

**手順 3.** それでも判定できない場合は他の方法を考える．

○例 **6.16.** 2 変数関数 $f(x,y)=x^3-3xy+y^3$ の極値を判定してみよう．例 6.13 から，手順 1 に従って，連立方程式

$$\begin{cases} 3a^2-3b=0 \\ -3a+3b^2=0 \end{cases}$$

を解いて，$(a,b)=(0,0)$ と $(a,b)=(1,1)$ が候補としてみつかる．そこで，それぞれのヘッセ行列を計算すると，

$$\nabla^2 f(0,0)=\begin{pmatrix} 0 & -3 \\ -3 & 0 \end{pmatrix}, \qquad \nabla^2 f(1,1)=\begin{pmatrix} 6 & -3 \\ -3 & 6 \end{pmatrix}$$

となる．ここで，行列 $\nabla^2 f(0,0)$ は

$$|\nabla^2 f(0,0)|=-9$$

なので，定理 6.5 から半正値でも半負値でもないことがわかり，最適性の 2 次の必要条件から点 $(0,0)$ で極値をとらないことがわかる．一方，行列 $\nabla^2 f(1,1)$ については，

$$f_{xx}(1,1)>0 \quad \text{かつ} \quad |\nabla^2 f(1,1)|=27>0$$

なので，定理 6.6 から正値であることがわかる．

したがって，最適性の 2 次の十分条件により，関数 $f(x,y)=x^3-3xy+y^3$ は，点 $(1,1)$ で極小値 $f(1,1)=-1$ をとることがわかった．□

◆**演習 6.10.** 2 変数関数

$$f(x,y)=5x^2-6xy+5y^2-10x+6y$$

の極値を判定せよ．

## 6.3 節の問題

[**1**]　2 変数関数 $f(x,y)=x^2-y^2$ の極値を判定せよ．

[**2**]　2 変数関数 $f(x,y)=x^3-2xy+y^2$ の極値を判定せよ．

# 章末問題

[**1**]　次の漸化式で定義される数列の一般項を $a_1$, $a_2$ によって表せ.

$$a_{n+2} - 6a_{n+1} + 8a_n = 0$$

[**2**]　3 つの空港が航空路でそれぞれ結ばれている．空港 $i$ から空港 $j$ への航空路があるときに，行列の $(i, j)$ 成分を 1 とし，そうでないときは 0 とする．このとき，すべての空港間に発着便がある場合には次の行列 $A$ で表すことができる．

$$A = \begin{pmatrix} 0 & 1 & 1 \\ 1 & 0 & 1 \\ 1 & 1 & 0 \end{pmatrix}$$

そこで，空港 2 から空港 3 へ 9 つの空港を経由して合計 10 回の航空路を使った路線は何通りあるか求めよ．また，同じように合計 10 回の航空路を使って，空港 1 から出発して空港 1 へ戻る路線は何通りあるか求めよ．

[**3**]　次の連立微分方程式の一般解を求めよ．

$$\begin{cases} y_1' = \phantom{-2}y_1 + \phantom{2}y_2 + y_3, \\ y_2' = \phantom{-}2y_1 + \phantom{2}y_2 - y_3, \\ y_3' = -2y_1 - 2y_2 \end{cases}$$

[**4**]　2 次形式

$$x_1^2 - 2x_1x_2 + 2x_2^2 - 2x_2x_3 + x_3^2$$

を適当な直交行列により標準形に変形し，その符号を調べよ．

[**5**]　$k$ を 0 でない定数とするとき，2 変数関数

$$f(x, y) = x^3 - 3kxy + y^3$$

の極値を求めよ．

# 総合問題

[**1**] $A = \begin{pmatrix} 1 & 0 & 0 & 0 \\ 0 & 1 & 0 & 0 \\ 0 & 0 & 1 & 0 \\ a_1 & a_2 & a_3 & 1 \end{pmatrix}$, $B = \begin{pmatrix} 1 & 0 & 0 & 0 \\ 0 & 1 & 0 & 0 \\ 0 & 0 & 1 & 0 \\ b_1 & b_2 & b_3 & 1 \end{pmatrix}$ とする．このとき，次の行列を求めよ．

(1) $AB$

(2) $A^{-1}$

(3) $(A+B)^5$

[**2**] $I = \begin{pmatrix} 0 & -1 \\ 1 & 0 \end{pmatrix}$ とおく．

(1) $I^2 = -E_2$ が成立することを示せ．

(2) $a \neq 0$ または $b \neq 0$ に対して $Z(a,b) = \begin{pmatrix} a & -b \\ b & a \end{pmatrix}$ とおくと，$Z(a,b)$ は正則行列となることを示せ．

(3) $Z(a,b)^{-1} = \dfrac{1}{a^2+b^2}\begin{pmatrix} a & b \\ -b & a \end{pmatrix}$ を示せ．

(4) $Z(a,b) = aE_2 + bI$ と表されることを示せ．

[**3**] $A$, $B$, $C$ を $n$ $(\geqq 2)$ 次正方行列とするとき，次の主張が正しければ証明し，誤っていればそのような例をあげよ．

(1) $AB = AC$ かつ $A \neq \boldsymbol{O}$ ならば $B = C$ である．

(2) $A^m = E$ となる自然数 $m$ があれば，$A$ は正則行列である．

(3) $AB$ が正則行列ならば $A$ も $B$ も正則行列である．

(4) $A^2 = A$ かつ $A \neq \boldsymbol{O}$ であれば，$A$ は正則行列である．

(5) $A^3 = \boldsymbol{O}$ ならば $A^2 = \boldsymbol{O}$ である．

(6) $A^m = \boldsymbol{O}$ となる自然数 $m$ があれば，$A$ は正則行列でない．

(7) $A \neq \boldsymbol{O}$ ならば $AB$ と $B$ の階数は等しい．

(8) $A$ のある 2 つの行が一致していれば正則行列でない．

(9) $A$ の成分が実数のとき，$A^{\mathrm{T}}A = \boldsymbol{O}$ ならば $A = \boldsymbol{O}$ である．

[**4**] $A=\begin{pmatrix} a & b \\ ka & kb \end{pmatrix}$, $ab \neq 0$ のとき，2 次の正方行列 $X$, $Y$ で $AX=\boldsymbol{O}$, $YA=\boldsymbol{O}$ となるものをすべて求めよ．

[**5**] $n$ 次の正方行列 $X$ がある自然数 $m$ に対して $X^m=\boldsymbol{O}$ をみたすとき，

$$\exp(X)=E_n+\frac{1}{1!}X+\frac{1}{2!}X^2+\frac{1}{3!}X^3+\cdots+\frac{1}{(m-1)!}X^{m-1}$$

とおく．

$$A=\begin{pmatrix} 0 & a & b \\ 0 & 0 & c \\ 0 & 0 & 0 \end{pmatrix}$$

のとき，以下の問いに答えよ．

(1) $A^m=\boldsymbol{O}$ となる最小の $m$ を求めよ．

(2) $\exp(A)$ を求めよ．

(3) $\exp(A)$ は正則行列で $\big(\exp(A)\big)^{-1}=\exp(-A)$ が成立することを証明せよ．

[**6**] $n$ 次正方行列 $A=\big(a_{ij}\big)$ の対角成分の和，つまり，$a_{11}+a_{22}+\cdots+a_{nn}$ を $A$ の**トレース** (trace) といい，$\mathrm{Tr}(A)$ で表す．

(1) $A$, $B$ を $n$ 次正方行列としたとき，

$$\mathrm{Tr}(A+B)=\mathrm{Tr}(A)+\mathrm{Tr}(B),$$
$$\mathrm{Tr}(A-B)=\mathrm{Tr}(A)-\mathrm{Tr}(B),$$
$$\mathrm{Tr}(AB)=\mathrm{Tr}(BA)$$

となることを示せ．

(2) $E$ を $n$ 次単位行列としたとき，$AB-BA=E$ となる $n$ 次正方行列 $A$, $B$ は存在しないことを示せ．

[**7**] 次の連立 1 次方程式を基本変形を用いて解け．

$$\begin{cases} 2x_1 \phantom{{}+3x_2} + 2x_3 + 3x_4 = 0 \\ \phantom{2x_1+{}} 3x_2 + 5x_3 + 2x_4 = 1 \\ 2x_1 + 3x_2 + 7x_3 + 5x_4 = 1 \\ 4x_1 + 3x_2 + 9x_3 + 8x_4 = 1 \end{cases}$$

[**8**] 次の行列の逆行列を基本変形を用いて求めよ．

$$A=\begin{pmatrix} 1 & 2 & 1 & 1 \\ 2 & -1 & 1 & -1 \\ 2 & 3 & 2 & 1 \\ 3 & 5 & 4 & 2 \end{pmatrix}$$

[**9**] $a$ を実数とするとき，次の行列 $A$ の階数を求めよ ($a$ の値により場合を分ける).

$$A = \begin{pmatrix} a & 1 & 1 & 1 \\ 1 & a & 1 & 1 \\ 1 & 1 & a & 1 \\ 1 & 1 & 1 & a \end{pmatrix}$$

[**10**] $a$ を実数として，行列

$$A = \begin{pmatrix} 1 & -1 & 2 \\ -1 & 2 & 3 \\ 1 & 1 & 12 \end{pmatrix}, \qquad B = \begin{pmatrix} 1 & -1 & a \\ -1 & 2 & 3 \\ 1 & 1 & 12 \end{pmatrix}$$

とおくとき，以下の問いに答えよ.

(1) $B$ の階数を求めよ.

(2) $AB$ と $BA$ を求めよ.

(3) $AB$ と $BA$ の階数を求めよ.

[**11**] 行列 $\begin{pmatrix} 1 & 3 \\ a & 2 \end{pmatrix}$ で表される点の移動で，点 P は点 Q に，点 Q は点 R に移されるとする．このとき，任意の点 P に対して 3 点 P, Q, R はつねに 1 直線上にあるとき，$a$ の値を求めよ.

[**12**] 実数 $a$ に対して，3 次正方行列 $A$ を次のように定める.

$$A = \begin{pmatrix} a & 1 & 1 \\ 1 & a & 1 \\ 1 & 1 & a \end{pmatrix}$$

このとき，次の問いに答えよ.

(1) $A$ の固有値と固有ベクトルを求めよ.

(2) $A$ が対角化可能であるかどうかを判定し，対角化可能ならば，$A$ を対角化せよ.

[**13**] 次の行列 $A$ が対角化可能であるための条件を求めよ.

$$A = \begin{pmatrix} 1 & a & b \\ 0 & 2 & c \\ 0 & 0 & 2 \end{pmatrix}$$

[**14**] $a_1 = 1,\ a_2 = 2,\ a_{n+2} = a_{n+1} + a_n$ で定義されるフィボナッチ数列の一般項を求めよ.

**[15]** 行列の対角化を利用して，次の連立漸化式で定義される数列の第 $n$ 項 $x_n, y_n, z_n$ を $n$ を用いて表せ．

$$\begin{cases} x_n = 3x_{n-1} + 2y_{n-1} + 4z_{n-1} \\ y_n = 2x_{n-1} \qquad\qquad\quad + 2z_{n-1} \\ z_n = 4x_{n-1} + 2y_{n-1} + 3z_{n-1} \end{cases}, \qquad \begin{cases} x_1 = 1 \\ y_1 = 0 \\ z_1 = 1 \end{cases}$$

**[16]** 条件 $\boldsymbol{x}^{\mathrm{T}}\boldsymbol{x} = 1$ のもとで 2 次形式 $\boldsymbol{x}^{\mathrm{T}}A\boldsymbol{x}$ の最大値および最小値は，それぞれ行列 $A$ の最大固有値および最小固有値で与えられることを証明せよ．

**[17]** 条件 $x^2 + y^2 = 1$ のもとで 2 変数関数 $g(x, y) = 2x^2 + 4xy + 5y^2$ の最大値および最小値を求めよ．また，そのときの解 $(x, y)$ も求めよ．

**[18]** $n$ 次元数ベクトル空間 $\mathbb{R}^n$ の線形変換 $\boldsymbol{f}(\boldsymbol{x}) = A\boldsymbol{x}$, $\boldsymbol{g}(\boldsymbol{x}) = B\boldsymbol{x}$ $(\boldsymbol{x} \in \mathbb{R}^n)$ について，次の問いに答えよ．

(1) $\boldsymbol{F}(\boldsymbol{x}) = \boldsymbol{f}(\boldsymbol{g}(\boldsymbol{x}))$ $(\boldsymbol{x} \in \mathbb{R}^n)$ とするとき，$\boldsymbol{F}(\boldsymbol{x})$ は線形変換で，$\boldsymbol{F}(\boldsymbol{x}) = (AB)\boldsymbol{x}$ であることを示せ．

(2) $\boldsymbol{G}(\boldsymbol{x}) = \boldsymbol{f}(\boldsymbol{x}) + \boldsymbol{g}(\boldsymbol{x})$ $(\boldsymbol{x} \in \mathbb{R}^n)$ とするとき，$\boldsymbol{G}(\boldsymbol{x})$ は線形変換で，$\boldsymbol{G}(\boldsymbol{x}) = (A+B)\boldsymbol{x}$ であることを示せ．

(3) 実数 $c$ に対して，$\boldsymbol{H}(\boldsymbol{x}) = c\boldsymbol{f}(\boldsymbol{x})$ $(\boldsymbol{x} \in \mathbb{R}^n)$ とするとき，$\boldsymbol{H}(\boldsymbol{x})$ は線形変換で，$\boldsymbol{H}(\boldsymbol{x}) = (cA)\boldsymbol{x}$ であることを示せ．

(4) $\boldsymbol{f}(\boldsymbol{x})$ が逆写像 $\boldsymbol{f}^{-1}(\boldsymbol{x})$ $(\boldsymbol{x} \in \mathbb{R}^n)$ をもつとき，$\boldsymbol{f}^{-1}(\boldsymbol{x})$ は線形変換で，$\boldsymbol{f}^{-1}(\boldsymbol{x}) = A^{-1}\boldsymbol{x}$ であることを示せ．

**[19]** $xy$ 平面上の点 $\boldsymbol{x}$ を原点 O のまわりに角度 $\theta$ だけ回転し，続けて直線 $y = x$ に関する対称移動をする変換 $\boldsymbol{f}(\boldsymbol{x})$ を求めよ．

# 付　録

## A.1　数学で用いる論理

この節では，数学で議論をするときの形式のうえでの基礎を簡単にまとめておく．従前の数学 A の “命題と論理” の節に対応する内容である (平成 24 年度からは数学 I で学習している)．また，本書中では用いられていないが，講義中では説明を簡単にするため用いられることの多い記号 (“$\Longrightarrow$” など) や，しばしば用いられる基本的な言葉なども説明する．

数学で行われる議論および結果は，あらゆる学問のうちでももっとも正確であるといわれている．では正確とはどういうことなのであろうか．またどのようにして正確な議論を展開できるのであろうか．われわれが議論をするとき，何らかの基礎となる事実をもとに，言葉を用いて筋道をたてて相手に伝える．これを正確にしようとすると，基礎となる事実は真実で共通の理解のもとになければならないし，用いる言葉もその意味するところが明確に全員に了解されていなければならない．さらに推論をするとき正しい論理に従わなければならない．

2 点があるとき，そこをとおる直線があるというように，もはや他の事実からは証明できないような，もっとも基礎的で議論の出発点となる事柄は数学では**公理**といわれる．用いられる言葉には一定の意味が与えられている．また，正しい推論の形式も用意されている．公理から推論により得られる主張が**定理**である．本書では公理は明示はしていない．ここではこれ以上の深入りしないで，しばしば使われる推論の形式についての説明をしよう．

数学では簡潔に表現するためによく記号を用いる． 2 つの事柄 $p$, $q$ に対して，「$p$ ならば $q$」であることを，「$p \Longrightarrow q$ 」と表す．また，「$p \Longrightarrow q$ 」かつ「$q \Longrightarrow p$ 」であるとき，「$p \Longleftrightarrow q$ 」と表す．このとき $p$ と $q$ は**同値** (equivalence)

であるという．たとえば「$x>1 \Longrightarrow x>0$」において $p$ の部分は「$x>1$」であり，$q$ の部分は「$x>0$」である．

2 つの事柄 $p$, $q$ に関して，$p \Longrightarrow q$ が成立するとき，

「$q$ は $p$ であるための**必要条件**である」

といい，

「$p$ は $q$ であるための**十分条件**である」

という．その意味は，$p$ という条件が成り立てば『必ず』$q$ という条件が成り立つし，$q$ という条件が成り立つためには $p$ という条件が成り立てば『十分』である，というように読み変えればわかりやすい．たとえば，$p$ を「A 君は 20 歳以上である」，$q$ を「A 君は選挙権をもつ」とする．「A 君が 20 歳以上ならば，A 君は選挙権をもつ」は正しい．そこで A 君が 20 歳以上であることは，A 君が選挙権をもつための十分条件である，というように考えればよい．もちろん，現在の日本の選挙制度では，選挙権をもつことは，20 歳以上であるための十分条件ではない．

また，$p \Longleftrightarrow q$ が成立するとき，「$p$ は $q$ であるための**必要十分条件**である」という．

式や文章で表された事柄で，正しいか正しくないか明確に定まるものを**命題** (proposition) という．たとえば，「太郎君は身長が高い」という主張は明確でないから命題ではない．命題が正しいときは，その命題は**真** (true) であるといい，誤っているときは**偽** (false) であるという．「$x>1 \Longrightarrow x>0$」は真である命題である．条件 $p$ に対して，条件「$p$ でない」を**否定**といい，$\bar{p}$ と表す．

$p \Longrightarrow q$ の形の命題において，$p$ をこの命題の**仮定**といい，$q$ を**結論**という．

命題 $p \Longrightarrow q$ に対して，

[1] $q \Longrightarrow p$ を**逆**，

[2] $\bar{q} \Longrightarrow \bar{p}$ を**対偶**，

[3] $\bar{p} \Longrightarrow \bar{q}$ を**裏**

という．たとえば，「命題 $x>1 \Longrightarrow x>0$」 の逆，対偶，裏はそれぞれ

[1] $x>0 \Longrightarrow x>1$,

[2] $x \leqq 0 \Longrightarrow x \leqq 1$,

[3] $x \leqq 1 \Longrightarrow x \leqq 0$

である．この例でもわかるように，真である命題の逆は必ずしも真であると限らない．しかし，対偶については次のことがいえる．条件 $p$ をみたす集合を $P$，条件 $q$ をみたす集合を $Q$ とする．$p \Longrightarrow q$ は $p$ をみたせば必ず $q$ をみたすということであるから，$p \Longrightarrow q$ が真であれば $P \subseteq Q$ である．したがって，(全体集合は明確に定まっているから) この補集合 $\overline{P}$, $\overline{Q}$ を考えると $\overline{Q} \subseteq \overline{P}$ が成立している．このことは $\bar{q} \Longrightarrow \bar{p}$ も真であることを意味している．すなわち，次のことがわかる．

(1) 真である命題の対偶は真であり，偽である命題の対偶は偽である．

(2) 命題 $p \Longrightarrow q$ が真であることを証明するのに，その対偶 $\bar{q} \Longrightarrow \bar{p}$ を証明してもよい．

この方法はよく用いられる (**対偶法**という)．また，証明すべき事柄の結論を否定して矛盾を導いて，その事柄が成立することを証明するという方法もある．これを**背理法**という．次にその使い方の例をあげる．

**例 A.1**　整数 $n$ に対して，$n^2$ が偶数ならば $n$ も偶数であることを証明せよ．

**証明．** 対偶：$n$ が奇数ならば $n^2$ も奇数である，を証明する．$n = 2k + 1$ とおけるから

$$n^2 = (2k+1)^2 = 2(2k^2 + 2k) + 1$$

である．よって $n^2$ は奇数である．□

**例 A.2**　$\sqrt{2}$ は無理数であることを証明せよ．

**証明．** (背理法を使う)　仮に $\sqrt{2}$ は無理数でないとすると，$\sqrt{2}$ は有理数であるから，2 つの整数 $m\ (\neq 0)$ と $n$ を用いて既約分数 $\dfrac{n}{m}$ の形に表せる．$\sqrt{2} = \dfrac{n}{m}$ の両辺を平方して，分母を払うと $2m^2 = n^2$ を得る．これより $n^2$ は偶数である．すると例 A.1 から，$n$ も偶数である，したがって $n = 2k$ とおける．このとき $2m^2 = (2k)^2 = 4k^2$ であるから，$m^2 = 2k^2$ が成立する．ふたたび例 A.1 からこんどは $m$ が偶数であることがわかる．これは $\dfrac{n}{m}$ が既約分数であることに矛盾する．したがって，$\sqrt{2}$ は有理数ではない，つまり無理数である．□

## A.2 基本解系

3.3 節の連立 1 次方程式

$$(1)\quad \begin{cases} a_{11}x_1 + a_{12}x_2 + \cdots + a_{1n}x_n = b_1 \\ a_{21}x_1 + a_{22}x_2 + \cdots + a_{2n}x_n = b_2 \\ \qquad\cdots\cdots \\ a_{m1}x_1 + a_{m2}x_2 + \cdots + a_{mn}x_n = b_m \end{cases}$$

において,

$$b_1 = b_2 = \cdots = b_m = 0$$

とした連立 1 次方程式

$$(1^*)\quad \begin{cases} a_{11}x_1^* + a_{12}x_2^* + \cdots + a_{1n}x_n^* = 0 \\ a_{21}x_1^* + a_{22}x_2^* + \cdots + a_{2n}x_n^* = 0 \\ \qquad\cdots\cdots \\ a_{m1}x_1^* + a_{m2}x_2^* + \cdots + a_{mn}x_n^* = 0 \end{cases}$$

を考える. このように, 各右辺の定数が 0 の連立 1 次方程式を**同次連立 1 次方程式**という.

方程式 (1) は 3.3 節で考察したように, 基本変形と未知数の置き換え

$$(\spadesuit)\quad \begin{cases} x_{n_1} \to y_1, \quad x_{n_2} \to y_2, \quad \cdots, \quad x_{n_r} \to y_r, \\ \text{これ以外の } x_j\ (j \neq n_1, n_2, \cdots, n_r) \text{ は } x_1 \text{ から } x_n \text{ までを順に,} \\ \quad \text{それぞれ } y_{r+1}, y_{r+2}, \cdots, y_n \text{ とする.} \end{cases}$$

によって,

$$(2)\quad \begin{cases} y_1 \qquad\qquad + b_{1\,r+1}y_{r+1} + \cdots + b_{1n}y_n = d_1 \\ \quad y_2 \qquad\quad + b_{2\,r+1}y_{r+1} + \cdots + b_{2n}y_n = d_2 \\ \qquad \ddots \qquad\qquad \cdots\cdots \qquad\qquad \vdots \\ \qquad\quad y_r + b_{r\,r+1}y_{r+1} + \cdots + b_{rn}y_n = d_r \\ \qquad\qquad\qquad\qquad\qquad\qquad 0 = d_{r+1} \\ \qquad\qquad\qquad\qquad\qquad\qquad \vdots \\ \qquad\qquad\qquad\qquad\qquad\qquad 0 = d_m \end{cases}$$

という形に変形された. このとき同次連立 1 次方程式 $(1^*)$ は, 解をもつときは

$$d_{r+1} = \cdots = d_m = 0$$

であり，基本変形の性質から

$$
(2^*)\quad \begin{cases} y_1^* \qquad\qquad + b_{1\,r+1}y_{r+1}^* + \cdots + b_{1n}y_n^* = 0 \\ \quad y_2^* \qquad\quad + b_{2\,r+1}y_{r+1}^* + \cdots + b_{2n}y_n^* = 0 \\ \qquad \ddots \qquad\qquad\qquad \cdots\cdots \qquad\qquad \vdots \\ \qquad\qquad y_r^* + b_{r\,r+1}y_{r+1}^* + \cdots + b_{rn}y_n^* = 0 \end{cases}
$$

という形になる．したがって，方程式 $(2^*)$ の解 $\{y_1^*, y_2^*, \cdots, y_n^*\}$ は 3.3 節の方程式 (3) の解で

$$
d_1 = d_2 = \cdots = d_r = 0
$$

とおいたものである．つまり，$t_{r+1}, t_{r+2}, \cdots, t_n$ を任意定数として

$$
\begin{pmatrix} y_1^* \\ y_2^* \\ \vdots \\ y_r^* \\ y_{r+1}^* \\ y_{r+2}^* \\ y_{r+3}^* \\ \vdots \\ y_n^* \end{pmatrix} = \begin{pmatrix} -b_{1\,r+1} \\ -b_{2\,r+1} \\ \vdots \\ -b_{r\,r+1} \\ 1 \\ 0 \\ 0 \\ \vdots \\ 0 \end{pmatrix} t_{r+1} + \begin{pmatrix} -b_{1\,r+2} \\ -b_{2\,r+2} \\ \vdots \\ -b_{r\,r+2} \\ 0 \\ 1 \\ 0 \\ \vdots \\ 0 \end{pmatrix} t_{r+2} + \cdots + \begin{pmatrix} -b_{1n} \\ -b_{2n} \\ \vdots \\ -b_{rn} \\ 0 \\ 0 \\ 0 \\ \vdots \\ 1 \end{pmatrix} t_n
$$

と表せる．

　このように方程式 $(2^*)$ の任意の解は $(n-r)$ 個のベクトル

$$
\begin{pmatrix} -b_{1\,r+1} \\ -b_{2\,r+1} \\ \vdots \\ -b_{r\,r+1} \\ 1 \\ 0 \\ 0 \\ \vdots \\ 0 \end{pmatrix}, \quad \begin{pmatrix} -b_{1\,r+2} \\ -b_{2\,r+2} \\ \vdots \\ -b_{r\,r+2} \\ 0 \\ 1 \\ 0 \\ \vdots \\ 0 \end{pmatrix}, \quad \cdots, \quad \begin{pmatrix} -b_{1n} \\ -b_{2n} \\ \vdots \\ -b_{rn} \\ 0 \\ 0 \\ 0 \\ \vdots \\ 1 \end{pmatrix}
$$

のそれぞれを実数倍したものの和として一意的に表すことができる．これら一組のベクトルを，方程式 (2*) の**基本解** (fundamental solutions) という．未知数を変換 (♠) によりもとにもどせば，方程式 (1*) の解を与えていることに注意しよう．また，

$$\begin{pmatrix} y_1 \\ y_2 \\ \vdots \\ y_r \\ y_{r+1} \\ y_{r+2} \\ \vdots \\ y_n \end{pmatrix} = \begin{pmatrix} d_1 \\ d_2 \\ \vdots \\ d_r \\ 0 \\ 0 \\ \vdots \\ 0 \end{pmatrix}$$

は方程式 (2) の一つの解である．これを**特殊解** (particular solution) という．さらに，方程式 (2) のすべての解は

$$\begin{pmatrix} y_1 \\ y_2 \\ \vdots \\ y_r \\ y_{r+1} \\ y_{r+2} \\ y_{r+3} \\ \vdots \\ y_n \end{pmatrix} = \begin{pmatrix} d_1 \\ d_2 \\ \vdots \\ d_r \\ 0 \\ 0 \\ 0 \\ \vdots \\ 0 \end{pmatrix} + \begin{pmatrix} -b_{1\,r+1} \\ -b_{2\,r+1} \\ \vdots \\ -b_{r\,r+1} \\ 1 \\ 0 \\ 0 \\ \vdots \\ 0 \end{pmatrix} t_{r+1} + \begin{pmatrix} -b_{1\,r+2} \\ -b_{2\,r+2} \\ \vdots \\ -b_{r\,r+2} \\ 0 \\ 1 \\ 0 \\ \vdots \\ 0 \end{pmatrix} t_{r+2} + \cdots + \begin{pmatrix} -b_{1n} \\ -b_{2n} \\ \vdots \\ -b_{rn} \\ 0 \\ 0 \\ 0 \\ \vdots \\ 1 \end{pmatrix} t_n$$

と表せることがわかる．ここで変換 (♠) で未知数をもとにもどせば，方程式 (1) のすべての解が求まる．なお，このことは第 3 章の章末問題 [4] でも取り上げられているので参照のこと．

**例 A.3** 3.3 節の例 3.4 で取り上げた次の連立 1 次方程式に関して，上記の考察を具体的に調べてみる．

$$\begin{cases} x + y + 2z = 9 \\ 2x - y + \ \ z = 0 \\ 3x + \quad + 3z = 9 \end{cases}$$

を解いて

$$\begin{cases} x \quad + z = 3 \\ \quad y + z = 6 \end{cases}$$

より，$t$ を任意の数として，解

$$x = 3 - t, \quad y = 6 - t, \quad z = t$$

を得る．したがって，

$$\begin{pmatrix} x \\ y \\ z \end{pmatrix} = \begin{pmatrix} 3 \\ 6 \\ 0 \end{pmatrix} + \begin{pmatrix} -1 \\ -1 \\ 1 \end{pmatrix} t$$

であり，同次方程式の基本解は $\begin{pmatrix} -1 \\ -1 \\ 1 \end{pmatrix}$ であり，もとの方程式の特殊解は $\begin{pmatrix} 3 \\ 6 \\ 0 \end{pmatrix}$ である． □

**キケン！**

一般に解の表し方は任意定数 $t$ はいろいろとりうるので，一通りではない．上記の例において，

$$\begin{pmatrix} x \\ y \\ z \end{pmatrix} = \begin{pmatrix} 2 \\ 5 \\ 1 \end{pmatrix} + \begin{pmatrix} 2 \\ 2 \\ -2 \end{pmatrix} t$$

のように見かけ上まったく異なる形にも表せることに気をつけよう．要するに解の集合が一致すればよいので，任意定数が入る場合にはたくさんの表し方があることに注目しよう．

## A.3 微分方程式 $z' = \alpha z$

未知の関数 $z(t)$ とその導関数 $z'(t)$ を含む形の方程式を**微分方程式** (differential equation) という．その式をみたす関数を求めることを微分方程式を**解く**といい，その関数をその微分方程式の**解**という．例 6.3 で取り上げたような，微分方程式

$$z'(t) = \alpha z(t) \qquad \cdots ①$$

(通常，$z' = \alpha z$ と表して変数 $t$ は省略する) の解は，次で示すように，

$$z(t) = Ce^{\alpha t} \quad (\text{ただし } C \text{ は積分定数}) \quad \cdots ②$$

の形となる．また，初期条件

$$z(t_0) = z_0 \qquad \cdots ③$$

を与えると，積分定数 $C$ の値が決まり，解は次のようになる．

$$z(t) = z_0 e^{\alpha(t-t_0)} \qquad \cdots ④$$

**手順 1. 解となる関数を一つみつける．** ① より $z'(t) - \alpha z(t) = 0$ となるので，両辺に $e^{-\alpha t}$ をかけると，

$$e^{-\alpha t}z'(t) - \alpha e^{-\alpha t}z(t) = 0,$$

すなわち，$(e^{-\alpha t}z(t))' = 0$ となり，

$$e^{-\alpha t}z(t) = C \qquad (\text{ただし } C \text{ は積分定数})$$

が得られる．したがって，② の形の解が求まる．

**手順 2. 解となっているか，その十分性を確かめる．** ② の形の解 $z(t) = Ce^{\alpha t}$ を $t$ について微分すると，

$$z'(t) = \alpha Ce^{\alpha t} = \alpha z(t)$$

となるから，$z(t)$ は ① の一つの解である．

**手順 3. 初期条件をみたすものを計算する．** 初期条件 ③ により，② の関数に $t = t_0$ を代入すると，

$$C = z_0 e^{-\alpha t_0}$$

となり，② へ代入して ④ が得られる．

**手順 4. 他に解はないかどうか確かめる．** 初期条件 ③ をみたす ① の任意の解を $y(t)$ とする．すなわち，

$$y'(t) = \alpha y(t),$$

かつ

$$y(t_0) = z_0$$

とする．$y(t)e^{-\alpha t}$ を $t$ について微分すると，

$$\begin{aligned}\left(y(t)e^{-\alpha t}\right)' &= y'(t)e^{-\alpha t} - \alpha y(t)e^{-\alpha t}\\ &= \left(y'(t) - \alpha y(t)\right)e^{-\alpha t}\\ &= 0\end{aligned}$$

となるので，すべての $t$ に対して，

$$y(t)e^{-\alpha t} = A \qquad (\text{ただし } A \text{ は積分定数})$$

となる．ここで，$t = t_0$ を代入して $A = z_0 e^{-\alpha t_0}$ となって，

$$y(t) = z_0 e^{\alpha(t-t_0)} = z(t)$$

が示され，初期条件 ③ をみたす ① のすべての解は，④ で表されることがわかった．

# 参 考 文 献


[1] 蓮井　敏，*Handbook* **線形代数学**，共立出版，1987.

多くの例が盛り込まれると同時に和・英両方の索引があり，書名のとおり事典代わりに利用できる．

[2] 畑村洋太郎，**直観でわかる数学**，岩波書店，2004.

行列パラパラマンガが初心者にも直観的にわかりやすく，それでいて本質をついた説明が書かれている．

[3] 岩堀長慶，**ベクトル解析**，裳華房，1960.

長い間読まれている本で，ベクトルとテンソルに関する知識を力学を題材に選び解説する．

[4] 木内博文，**線形代数学**，横浜図書，2004.

ていねいな解答の付いた演習問題が豊富で，独学に向いている良書である．

[5] 村上正康・佐藤恒雄・野澤宗平・稲葉尚志，**教養の線形代数 六訂版**，培風館，2016.

基本操作による手法を一貫して用いている線形代数学の標準的な教科書である．

[6] 齋藤正彦，**線型代数入門**，東京大学出版会，1966.

この分野の本の中ではもっとも論理的に整然と書かれており，扱われている内容も多い．

[7] 鈴木秀一，**線形代数の基礎と応用**，培風館，1995.

グラスマン代数による行列式の説明とベクトル解析やフーリエ変換などを盛り込んだ，理工系向けのユニークな教科書である．

[8] 渡部 剛・加賀利広・吉原久夫，**徹底理解 線形代数**，培風館，1997.

高校数学からの接続を意識して基本からていねいに解説され，まちがいやすいところは特に詳しく解説されている．

[9] H. アントン著／山下純一 訳，**アントンのやさしい線型代数**，現代数学社，1979.

基本からわかりやすく書かれていて，たくさんの練習問題もあり数学を専門とする学科でも教科書として利用されている．

[10] 木村達雄・竹内光弘・宮本雅彦・森田 純，**明解線形代数 改訂版**，日本評論社，2015.

[9] と同様，基本からわかりやすく書かれていて，数学を専門とする学科でも教科書として利用されている．

[11] 藤岡 敦，**手を動かしてまなぶ 線形代数**，裳華房，2015.

計算や基本変形のイメージ図が多く載せてあるので，省略された推論の過程も補うことができるようになっている．また，実際に読者が手を動かして学ぶべき箇所が記号で明示されており，演習用の副読本としても最適である．

# 問 題 略 解

## 第 1 章

### 1.1 節の問題

［1］ 平行移動を除いて下図のとおり.

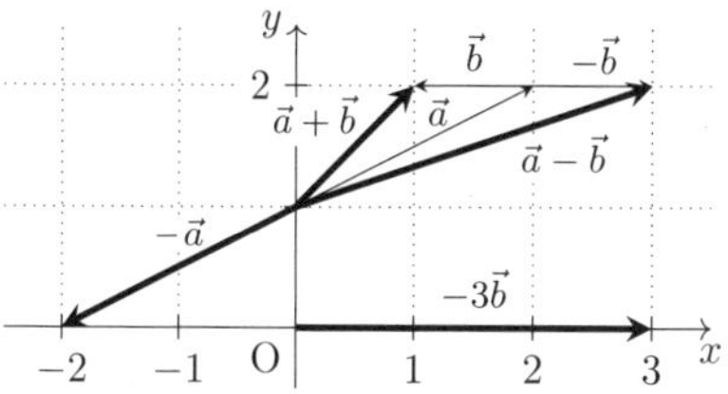


［2］ $\vec{x} = -\dfrac{3}{5}\vec{a} + \dfrac{1}{5}\vec{b}$

### 1.2 節の問題

［1］ $\|\vec{a}\| = \sqrt{5}, \qquad \dfrac{1}{\|\vec{a}\|}\vec{a} = \left(\dfrac{1}{\sqrt{5}}, \dfrac{2}{\sqrt{5}}\right)$

［2］ $\vec{x} = \left(-\dfrac{2}{3}, -\dfrac{11}{6}\right)$

### 1.3 節の問題

［1］ $\dfrac{3}{4}\pi$

［2］ $(10t, -t)$ 　($t$ は 0 以外の任意の実数)

### 1.4 節の問題

［1］ $\|\vec{a}\| = \sqrt{19},\ \ \|\vec{b}\| = \sqrt{5},\ \ \vec{a}\cdot\vec{b} = -3,\ \ \|\vec{a}\times\vec{b}\| = \sqrt{86}$

［2］ $(t, -t, -t)$ 　($t$ は 0 以外の任意の実数)

### 1.5 節の問題

［1］ $x + 2 = y = z - 3$

［2］ $x + y + z = 1$

[**3**] 例えば，$t$ を媒介変数として

$$\begin{cases} x = -2 \\ y = s_1 t \\ z = 3 - s_1 t \end{cases}$$

および

$$\begin{cases} x = -2 + t \\ y = s_2 t \\ z = 3 - (1 + s_2)t. \end{cases}$$

($s_1$ は 0 以外の任意の実数，$s_2$ は任意の実数)

**第 1 章　章末問題**

[**1**] $t = \dfrac{3}{5}$

[**2**] (1) $\vec{a} \cdot \vec{b} = \dfrac{9}{2}$　　(2) $\overrightarrow{\mathrm{MP}} = -\dfrac{1}{2}\vec{a} + \dfrac{2}{3}\vec{b}$

(3) $\overrightarrow{\mathrm{OQ}} = \dfrac{1}{2}(1-t)\vec{a} + \dfrac{2}{3}t\vec{b}$　　(4) $t = \dfrac{3}{13}$

[**3**] $\vec{x} = \left(1, \dfrac{12}{5}, -1\right)$，$\vec{y} = \left(0, \dfrac{2}{5}, -1\right)$

[**4**] 例えば，$\vec{a} = (1, 0, 0)$，$\vec{b} = \vec{c} = (0, 1, 0)$.

[**5**] $4x + y - 6z = 0$

## 第 2 章

### 2.1 節の問題

[**1**] $\begin{pmatrix} 2 & 10 & -2 \\ 4 & 6 & 2 \\ 8 & 12 & -4 \end{pmatrix} - \begin{pmatrix} 3 & -6 & 3 \\ 15 & 9 & 3 \\ -3 & -9 & -15 \end{pmatrix} = \begin{pmatrix} -1 & 16 & -5 \\ -11 & -3 & -1 \\ 11 & 21 & 11 \end{pmatrix}$

[**2**] $X = \begin{pmatrix} 0 & 1 & 2 \\ 1 & 2 & 1 \\ 2 & 1 & 0 \end{pmatrix}$,　$Y = \begin{pmatrix} 2 & 0 & 0 \\ 0 & 4 & 0 \\ 0 & 0 & 2 \end{pmatrix}$

### 2.2 節の問題

[**1**] $A, B, C$ はそれぞれ，$2 \times 3$ 行列，$3 \times 1$ 行列，$3 \times 3$ 行列である.

$A^2$ は $2 \times 3$ 行列と $2 \times 3$ 行列の積であるから，計算できない.

$AB$ は $2 \times 3$ 行列と $3 \times 1$ 行列の積であるから，計算できる．$AB = \begin{pmatrix} 17 \\ -1 \end{pmatrix}$.

$AC$ は $2\times 3$ 行列と $3\times 3$ 行列の積であるから，計算できる．$AC = \begin{pmatrix} 1 & 25 & -1 \\ 0 & 8 & -14 \end{pmatrix}$.

$BA$ は $3\times 1$ 行列と $2\times 3$ 行列の積であるから，計算できない．

$B^2$ は $3\times 1$ 行列と $3\times 1$ 行列の積であるから，計算できない．

$BC$ は $3\times 1$ 行列と $3\times 3$ 行列の積であるから，計算できない．

$CA$ は $3\times 3$ 行列と $2\times 3$ 行列の積であるから，計算できない．

$CB$ は $3\times 3$ 行列と $3\times 1$ 行列の積であるから，計算できる．$CB = \begin{pmatrix} 14 \\ 8 \\ -8 \end{pmatrix}$.

$C^2$ は $3\times 3$ 行列と $3\times 3$ 行列の積であるから，計算できる．$C^2 = \begin{pmatrix} 1 & 20 & 0 \\ -3 & 4 & 12 \\ 15 & -15 & 1 \end{pmatrix}$.

[**2**] $x = 1,\ y = 0$ とおくと，左辺は $\begin{pmatrix} a & b \\ c & d \end{pmatrix}\begin{pmatrix} 1 \\ 0 \end{pmatrix} = \begin{pmatrix} a \\ c \end{pmatrix}$ であり，右辺は $\begin{pmatrix} a' & b' \\ c' & d' \end{pmatrix}\begin{pmatrix} 1 \\ 0 \end{pmatrix} = \begin{pmatrix} a' \\ c' \end{pmatrix}$ となる．これから，$a = a',\ c = c'$ を得る．$x = 0,\ y = 1$ とおくと同様に，$b = b',\ d = d'$ が得られる．

**2.3** 節の問題

[**1**] $(A + E_3)^3 = \begin{pmatrix} 8 & -12 & 0 \\ 0 & 8 & 0 \\ 0 & 0 & 27 \end{pmatrix}$, $\quad (A + B)^2 = \begin{pmatrix} 5 & -3 & 0 \\ -3 & 2 & 0 \\ -3 & 6 & 1 \end{pmatrix}$

$A^2 + 2AB + B^2 = \begin{pmatrix} 6 & -2 & 0 \\ -3 & 1 & 0 \\ -3 & 9 & 1 \end{pmatrix}$, $\quad (A + B^{\mathrm{T}})^3 = \begin{pmatrix} 8 & -14 & -24 \\ 0 & 1 & 9 \\ 0 & 0 & 1 \end{pmatrix}$

[**2**] $A^2 - A - 6E_2 = \boldsymbol{O}$ より，$q(x) = x^2 - x - 6 = (x + 2)(x - 3)$ とおく．$x^{10} = q(x)b(x) + sx + t$ の両辺に $x = -2, 3$ を代入すると，$-2s + t = 1024,\ 3s + t = 59049$ となる．これから，$s = 11605,\ t = 24234$ を得る．したがって

$$A^{10} = 11605A + 24234E_2 = \begin{pmatrix} 47444 & 11605 \\ 46420 & 12629 \end{pmatrix}$$

を得る．

**第 2 章　章末問題**

[**1**] (1) $\begin{pmatrix} -10 & 0 & 0 \\ 37 & -2 & -5 \\ -18 & 5 & 1 \\ 0 & 0 & 10 \end{pmatrix}$ $\qquad$ (2) $(a^2 + c^2)bE_3$

[**2**] $B = \begin{pmatrix} 1 & 0 & -1 \\ 1 & 1 & 0 \\ 0 & 0 & 2 \end{pmatrix}$

[**3**] (1) $A = \begin{pmatrix} 1 & 0 \\ 0 & 1 \end{pmatrix}$, $\quad B = \begin{pmatrix} -1 & 0 \\ 0 & 1 \end{pmatrix}$

(2) $A = \begin{pmatrix} 0 & 1 \\ 0 & 1 \end{pmatrix}$, $\quad B = \begin{pmatrix} 0 & 1 \\ 0 & 0 \end{pmatrix}$

[**4**] (1) $(A + A^{\mathrm{T}})^{\mathrm{T}} = A^{\mathrm{T}} + (A^{\mathrm{T}})^{\mathrm{T}} = A^{\mathrm{T}} + A = A + A^{\mathrm{T}}$ より，$A + A^{\mathrm{T}}$ は対称行列である．

(2) $(A - A^{\mathrm{T}})^{\mathrm{T}} = A^{\mathrm{T}} - (A^{\mathrm{T}})^{\mathrm{T}} = A^{\mathrm{T}} - A = -(A - A^{\mathrm{T}})$ より，$A - A^{\mathrm{T}}$ は交代行列である．

(3) $B = \dfrac{(B + B^{\mathrm{T}})}{2} + \dfrac{(B - B^{\mathrm{T}})}{2}$ で，$\dfrac{(B + B^{\mathrm{T}})}{2}$ は対称行列，$\dfrac{(B - B^{\mathrm{T}})}{2}$ は交代行列である．

(4) $\dfrac{(B + B^{\mathrm{T}})}{2} = \dfrac{1}{2}\begin{pmatrix} 2 & 5 \\ 5 & 8 \end{pmatrix}$，$\dfrac{(B - B^{\mathrm{T}})}{2} = \dfrac{1}{2}\begin{pmatrix} 0 & -1 \\ 1 & 0 \end{pmatrix}$ より，

$B = \begin{pmatrix} 1 & \frac{5}{2} \\ \frac{5}{2} & 4 \end{pmatrix} + \begin{pmatrix} 0 & -\frac{1}{2} \\ \frac{1}{2} & 0 \end{pmatrix}$ を得る．

[**5**] $A$ が正則行列であると仮定する．このとき，逆行列 $A^{-1}$ が存在する．$(A^{-1})^n$ を $A^n = \boldsymbol{O}$ の両辺にかけると，左辺は，

$$A^n (A^{-1})^n = A \cdots A \cdot A^{-1} \cdots A^{-1} = E$$

となる．一方，右辺は，$\boldsymbol{O} \cdot (A^{-1})^n = \boldsymbol{O}$ となる．これは矛盾である．

## 第 3 章

### 3.1 節の問題

[**1**] (a) $x = -11,\ y = -5$ $\qquad$ (b) $\begin{pmatrix} 1 & 0 & -2 \\ 0 & 1 & 3 \end{pmatrix}$

[**2**] (a) $\begin{pmatrix} 1 & 0 & 0 & 1 \\ 0 & 1 & 0 & -1 \\ 0 & 0 & 1 & 2 \end{pmatrix}$ $\qquad$ (b) $\begin{pmatrix} 1 & 0 & -\dfrac{c}{a} \\ 0 & 1 & \dfrac{2c}{b} \end{pmatrix}$

**3.2 節の問題**

[**1**] (a) $\begin{pmatrix} 1 & 0 & \frac{5}{2} & -\frac{3}{2} \\ 0 & 1 & -1 & 3 \\ 0 & 0 & 0 & 0 \end{pmatrix}$　(b) $\begin{pmatrix} 1 & 0 & \frac{1}{3} & -\frac{1}{3} \\ 0 & 1 & -\frac{2}{3} & \frac{11}{3} \\ 0 & 0 & 0 & 0 \\ 0 & 0 & 0 & 0 \end{pmatrix}$

[**2**] $a = 5$

**3.3 節の問題**

[**1**] (a) $x = -2, y = 1, z = 3$　(b) $a = 1, b = 3$

[**2**] $\begin{pmatrix} 1 & 0 & -1 \\ 1 & \frac{1}{2} & \frac{1}{2} \\ -1 & \frac{1}{2} & \frac{3}{2} \end{pmatrix}$

**第 3 章　章末問題**

[**1**] $t$ を任意定数として，$x = -\dfrac{1}{3} + \dfrac{2}{3}t,\ y = -\dfrac{2}{3} - \dfrac{7}{6}t,\ z = \dfrac{8}{3} + \dfrac{7}{6}t,\ w = t.$

[**2**] $a = 0$ のとき解がある．このときの解は，$t$ を任意定数として，$x = 1 - t$, $y = \dfrac{4}{5} - t,\ z = t - \dfrac{8}{5},\ w = t.$

[**3**] (1) (i) $a, b, c$ が互いに相異なるとき，単位行列 $E_3$.

(ii) $a, b, c$ がちょうど 2 つ同じとき，たとえば $a = c \neq b$ のとき，$\begin{pmatrix} 1 & 0 & -ab \\ 0 & 1 & a+b \\ 0 & 0 & 0 \end{pmatrix}$.

(iii) $a, b, c$ が 3 つとも同じとき，$\begin{pmatrix} 1 & a & a^2 \\ 0 & 0 & 0 \\ 0 & 0 & 0 \end{pmatrix}$.

(2) $a = 2,\ b = -3,\ c = 1$

[**4**] (1) 行列の積の性質から $A(\boldsymbol{t} + \boldsymbol{a}) = A\boldsymbol{t} + A\boldsymbol{a} = \boldsymbol{0} + \boldsymbol{b} = \boldsymbol{b}$.

(2) ① の任意の解を $\boldsymbol{y}$ とする．このとき，$A(\boldsymbol{y} - \boldsymbol{a}) = \boldsymbol{0}$ となるので，これは ② の解である，したがってこの解を $\boldsymbol{t}_0$ とおくと，$\boldsymbol{y} - \boldsymbol{a} = \boldsymbol{t}_0$ を得る．これより，$\boldsymbol{y} = \boldsymbol{a} + \boldsymbol{t}_0$ と表されることがわかる．

(3) 前者の方程式の解は $t$ を任意定数として $x = 3t - 3, y = 4t - 4, z = t$ と表せる．また後者の解は $t$ を任意定数として，$x = 3t, y = 4t, z = t$ と表せる．(b) において，たとえば，$\boldsymbol{t}_0 = t\begin{pmatrix} 3 \\ 4 \\ 1 \end{pmatrix}$, $\boldsymbol{a} = \begin{pmatrix} -3 \\ -4 \\ 0 \end{pmatrix}$ である．

## 第 4 章

### 4.1 節の問題

[**1**] (a) 1 (b) 10 (c) 0

[**2**] (a) 0 (b) $-6$

### 4.2 節の問題

[**1**] (a) $与式 \overset{(i)}{=} \begin{vmatrix} 1 & 2 & 1 & 0 \\ 0 & 1 & 3 & 1 \\ 0 & 6 & 3 & 1 \\ 0 & -5 & -3 & -7 \end{vmatrix} \overset{(ii)}{=} 1 \cdot \begin{vmatrix} 1 & 3 & 1 \\ 6 & 3 & 1 \\ -5 & -3 & -7 \end{vmatrix} = 90$

上の (i), (ii) の式変形では次の操作を行っている．(i) (3 行) + (1 行)，(4 行) + (1 行)×($-3$)．(ii) 定理 4.1 を用いて次数を下げる．

(b) $与式 \overset{(i)}{=} -\begin{vmatrix} 1 & -1 & 3 & 1 \\ 1 & 2 & 1 & -3 \\ 0 & 1 & -1 & 2 \\ 2 & -5 & -3 & -4 \end{vmatrix} \overset{(ii)}{=} -\begin{vmatrix} 1 & -1 & 3 & 1 \\ 0 & 3 & -2 & -4 \\ 0 & 1 & -1 & 2 \\ 0 & -3 & -9 & -6 \end{vmatrix}$

$$\overset{(iii)}{=} -\begin{vmatrix} 3 & -2 & -4 \\ 1 & -1 & 2 \\ -3 & -9 & -6 \end{vmatrix} = -120$$

上の (i)〜(iii) の式変形では次の操作を行っている．(i) 1 行と 4 行の入れ替え．(ii) (2 行) + (1 行)×($-1$)，(4 行) + (1 行)×($-2$)．(iii) 定理 4.1 を用いて次数を下げる．

[**2**] (a) $与式 \overset{(i)}{=} \begin{vmatrix} x+2y & x+2y & x+2y \\ y & x & y \\ y & y & x \end{vmatrix} \overset{(ii)}{=} (x+2y) \begin{vmatrix} 1 & 1 & 1 \\ y & x & y \\ y & y & x \end{vmatrix}$

$$\overset{(iii)}{=} (x+2y) \begin{vmatrix} 1 & 1 & 1 \\ 0 & x-y & 0 \\ 0 & 0 & x-y \end{vmatrix} = (x-y)^2(x+2y)$$

上の (i)〜(iv) の式変形では次の操作を行っている．(i) (1 行) + (2 行 + 3 行)．(ii) 1 行から $x+2y$ をくくり出す．(iii) (2 行) + (1 行)×($-y$)，(3 行) + (1 行)×($-y$)．

(b) $与式 \overset{(i)}{=} \begin{vmatrix} a+b+c & a+b+c & a+b+c & a+b+c \\ a & 0 & c & b \\ b & c & 0 & a \\ c & b & a & 0 \end{vmatrix}$

$$\overset{\text{(ii)}}{=} (a+b+c)\begin{vmatrix} 1 & 1 & 1 & 1 \\ a & 0 & c & b \\ b & c & 0 & a \\ c & b & a & 0 \end{vmatrix}$$

$$\overset{\text{(iii)}}{=} (a+b+c)\begin{vmatrix} 1 & 1 & 1 & 1 \\ 0 & -a & c-a & b-a \\ 0 & c-b & -b & a-b \\ 0 & b-c & a-c & -c \end{vmatrix}$$

$$= (a+b+c)\begin{vmatrix} -a & c-a & b-a \\ c-b & -b & a-b \\ b-c & a-c & -c \end{vmatrix}$$

$$\overset{\text{(iv)}}{=} (a+b+c)\begin{vmatrix} c-a-b & c-a-b & 0 \\ c-b & -b & a-b \\ b-c & a-c & -c \end{vmatrix}$$

$$= (a+b+c)(c-a-b)\begin{vmatrix} 1 & 1 & 0 \\ c-b & -b & a-b \\ b-c & a-c & -c \end{vmatrix}$$

$$\overset{\text{(v)}}{=} (a+b+c)(c-a-b)\begin{vmatrix} 1 & 1 & 0 \\ 0 & -c & a-b \\ 0 & a-b & -c \end{vmatrix}$$

$$= (a+b+c)(c-a-b)(c^2-(a-b)^2)$$

$$= (a+b+c)(a-b-c)(b-c-a)(c-a-b)$$

上の (i)〜(v) の式変形では次の操作を行っている．(i) 1 行 + (2 行 + 3 行 + 4 行)．(ii) 1 行から $(a+b+c)$ をくくり出す．(iii) (2 行) + (1 行)×$(-a)$，(3 行) + (1 行)×$(-b)$，(4 行) + (1 行)×$(-c)$．(iv) (1 行) + (2 行)．(v) (2 行) + (1 行)×$(b-c)$，(3 行) + (1 行)×$(c-b)$．

(c) 与式 $\overset{\text{(i)}}{=} \begin{vmatrix} x & y & z & w \\ -y & x & -w & z \\ -x & -y & z & w \\ y & -x & -w & z \end{vmatrix} \overset{\text{(ii)}}{=} \begin{vmatrix} x & y & z & w \\ -y & x & -w & z \\ 0 & 0 & 2z & 2w \\ 0 & 0 & -2w & 2z \end{vmatrix}$

$$\overset{\text{(iii)}}{=} 4\begin{vmatrix} x & y & z & w \\ -y & x & -w & z \\ 0 & 0 & z & w \\ 0 & 0 & -w & z \end{vmatrix} \overset{\text{(iv)}}{=} 4\begin{vmatrix} x & y & 0 & 0 \\ -y & x & 0 & 0 \\ 0 & 0 & z & w \\ 0 & 0 & -w & z \end{vmatrix}$$

$$= 4(x^2+y^2)(z^2+w^2)$$

上の (i)〜(iv) の式変形では次の操作を行っている．(i) 与えられた行列の転置行列をとる．(ii) (3 行) + (1 行)，(4 行) + (2 行)．(iii) 3 行と 4 行から 2 をくくり出す．(iv) (1 行) + (3 行)×(−1)，(2 行) + (4 行)×(−1)．あとは，行列式の定義により計算する．

**4.3 節の問題**

［**1**］ $|A| = -4, \qquad \widetilde{A} = \begin{pmatrix} -2 & 1 & -1 \\ 4 & 2 & 2 \\ 2 & 1 & -1 \end{pmatrix}, \qquad A^{-1} = \dfrac{1}{4}\begin{pmatrix} 2 & -1 & 1 \\ -4 & -2 & -2 \\ -2 & -1 & 1 \end{pmatrix}$

［**2**］ $|B| = 0,\ \widetilde{B} = \begin{pmatrix} -2 & -1 & 1 \\ 4 & 2 & -2 \\ 2 & 1 & -1 \end{pmatrix}$．$|B| = 0$ より，逆行列は存在しない．

**第 4 章　章末問題**

［**1**］

(a) 与式 $\overset{\text{(i)}}{=} -\begin{vmatrix} 2 & 0 & 1 & -3 \\ 3 & -5 & 2 & -10 \\ 0 & 3 & -1 & -4 \\ -3 & 2 & -3 & 2 \end{vmatrix} \overset{\text{(ii)}}{=} -\begin{vmatrix} 2 & 3 & 0 & -3 \\ 0 & -5 & 3 & 2 \\ 1 & 2 & -1 & -3 \\ -3 & -10 & -4 & 2 \end{vmatrix}$

$$\overset{\text{(iii)}}{=} \begin{vmatrix} 1 & 2 & -1 & -3 \\ 0 & -5 & 3 & 2 \\ 2 & 3 & 0 & -3 \\ -3 & -10 & -4 & 2 \end{vmatrix} \overset{\text{(iv)}}{=} \begin{vmatrix} 1 & 2 & -1 & -3 \\ 0 & -5 & 3 & 2 \\ 0 & -1 & 2 & 3 \\ 0 & -4 & -7 & -7 \end{vmatrix}$$

$$= \begin{vmatrix} -5 & 3 & 2 \\ -1 & 2 & 3 \\ -4 & -7 & -7 \end{vmatrix} = -62$$

上の (i)〜(iv) の式変形では次の操作を行っている．(i) 1 行と 2 行の入れ替え．(ii) 与えられた行列の転置行列をとる．(iii) 1 行と 3 行の入れ替え．(iv) (3 行) + (1 行)×(−2)，(4 行) + (1 行)× 3．

(b) 与式 $\overset{\text{(i)}}{=} \begin{vmatrix} 1 & -3 & 3 & -1 & 0 \\ 0 & 8 & -5 & 2 & -1 \\ 0 & -1 & -1 & -2 & 2 \\ 0 & 8 & -1 & 1 & -2 \\ 0 & 5 & -6 & 6 & 1 \end{vmatrix} = \begin{vmatrix} 8 & -5 & 2 & -1 \\ -1 & -1 & -2 & 2 \\ 8 & -1 & 1 & -2 \\ 5 & -6 & 6 & 1 \end{vmatrix}$

$$\overset{\text{(ii)}}{=} -\begin{vmatrix} -1 & -1 & -2 & 2 \\ 8 & -5 & 2 & -1 \\ 8 & -1 & 1 & -2 \\ 5 & -6 & 6 & 1 \end{vmatrix} \overset{\text{(iii)}}{=} \begin{vmatrix} 1 & 1 & 2 & -2 \\ 8 & -5 & 2 & -1 \\ 8 & -1 & 1 & -2 \\ 5 & -6 & 6 & 1 \end{vmatrix}$$

$$\overset{\text{(iv)}}{=}\begin{vmatrix}1 & 1 & 2 & -2\\ 0 & -13 & -14 & 15\\ 0 & -9 & -15 & 14\\ 0 & -11 & -4 & 11\end{vmatrix}=\begin{vmatrix}-13 & -14 & 15\\ -9 & -15 & 14\\ -11 & -4 & 11\end{vmatrix}=252$$

上の (i)〜(iv) の式変形では次の操作を行っている．(i)　(2 行)＋(1 行)×$(-2)$，(4 行)＋(1 行)×$(-1)$，(5 行)＋(1 行)×$(-2)$．(ii)　1 行と 2 行の入れ替え．(iii) (1行)×$(-1)$．(iv) (2行)＋(1行)×$(-8)$，(3行)＋(1行)×$(-8)$，(4行)＋(1行)×$(-5)$．

[**2**]

(a) 与式 $\overset{\text{(i)}}{=} d\begin{vmatrix}a & b & c & d\\ b & b & c & d\\ c & c & c & d\\ 1 & 1 & 1 & 1\end{vmatrix}\overset{\text{(ii)}}{=} d\begin{vmatrix}a-d & b-d & c-d & 0\\ b-d & b-d & c-d & 0\\ c-d & c-d & c-d & 0\\ 1 & 1 & 1 & 1\end{vmatrix}$

$$\overset{\text{(iii)}}{=} d\begin{vmatrix}a-d & b-d & c-d\\ b-d & b-d & c-d\\ c-d & c-d & c-d\end{vmatrix}\overset{\text{(iv)}}{=} d(c-d)\begin{vmatrix}a-d & b-d & c-d\\ b-d & b-d & c-d\\ 1 & 1 & 1\end{vmatrix}$$

$$\overset{\text{(v)}}{=} d(c-d)\begin{vmatrix}a-c & b-c & 0\\ b-c & b-c & 0\\ 1 & 1 & 1\end{vmatrix}\overset{\text{(vi)}}{=} d(c-d)\begin{vmatrix}a-c & b-c\\ b-c & b-c\end{vmatrix}$$

$$= (a-b)(b-c)(c-d)d$$

上の (i)〜(vi) の式変形では次の操作を行っている．(i) 4 行目から $d$ をくくり出す．(ii) (1 行)＋(4 行)×$(-d)$，(2 行)＋(4 行)×$(-d)$，(3 行)＋(4 行)×$(-d)$．(iii) 4 列に関する余因子展開．(iv) 3 行目から $(c-d)$ をくくり出す．(v) (1 行)＋(3 行)×$(d-c)$，(2 行)＋(3 行)×$(d-c)$．(vi) 第 3 列に関する余因子展開．

(b) 与式 $\overset{\text{(i)}}{=}\begin{vmatrix}1 & 1 & 1 & 1\\ 0 & y-x & z-x & w-x\\ 0 & y(y-x) & z(z-x) & w(w-x)\\ 0 & y^2(y-x) & z^2(z-x) & w^2(w-x)\end{vmatrix}$

$$=\begin{vmatrix}y-x & z-x & w-x\\ y(y-x) & z(z-x) & w(w-x)\\ y^2(y-x) & z^2(z-x) & w^2(w-x)\end{vmatrix}$$

$$\overset{\text{(ii)}}{=}\begin{vmatrix}y-x & y(y-x) & y^2(y-x)\\ z-x & z(z-x) & z^2(z-x)\\ w-x & w(w-x) & w^2(w-x)\end{vmatrix}$$

$$\overset{\text{(iii)}}{=} (y-x)(z-x)(w-x)\begin{vmatrix} 1 & y & y^2 \\ 1 & z & z^2 \\ 1 & w & w^2 \end{vmatrix}$$

$$\overset{\text{(iv)}}{=} (y-x)(z-x)(w-x)\begin{vmatrix} 1 & 1 & 1 \\ y & z & w \\ y^2 & z^2 & w^2 \end{vmatrix}$$

$$\overset{\text{(v)}}{=} (y-x)(z-x)(w-x)(z-y)(w-y)(w-z)$$

上の (i)〜(v) の式変形では次の操作を行っている．(i)　(4 行) + (3 行)×$(-x)$，(3 行) + (2 行)×$(-x)$，(2 行) + (1 行)×$(-x)$．(ii) 与えられた行列の転置行列をとる．(iii) 1 行から $(y-x)$，2 行から $(z-x)$，3 行から $(w-x)$ をそれぞれくくり出す．(iv) 与えられた行列の転置行列をとる．(v) 上の (i)〜(iv) と同様の操作を用いて計算できる．(詳しい式変形は省略．)

[**3**] (a) $|A| = a^3 - 3a = 0$ を解いて，$a = 0,\ \pm\sqrt{3}$.

(b) $\widetilde{A} = \begin{pmatrix} -2a & a^2 & -a \\ 2 & -a & a^2-2 \\ a^2-1 & -a & 1 \end{pmatrix}$,

$$A^{-1} = \frac{1}{a^3-3a}\begin{pmatrix} -2a & a^2 & -a \\ 2 & -a & a^2-2 \\ a^2-1 & -a & 1 \end{pmatrix} \quad (a \neq 0, \pm\sqrt{3}).$$

[**4**] (a) $A$ の次数を $2n+1$ とすると，

$$|A| = |A^{\mathrm{T}}| = |-A| = (-1)^{2n+1}|A| = -|A|$$

となる．よって，$2|A| = 0$ より，$|A| = 0$ となる．

(b) $1 = |E| = |AA^{-1}| = |A|\,|A^{-1}| = |A|\,|A^{\mathrm{T}}| = |A|^2$ より，$|A|^2 = 1$. よって，$|A| = \pm 1$ となる．

## 第 5 章

### 5.1 節の問題

[**1**] 与えられた行列を $A$ とする．$A$ の固有多項式は，$f_A(t) = (t-2)(t^2+1)$ なので，$A$ の固有方程式は虚数解をもつ．したがって，$A$ は対角化可能ではない．

[**2**] 1 番目の行列：固有方程式は $f_A(t) = (t-2)^3$ なので，固有値は 2，その固有値に対する固有ベクトルは，$t\begin{pmatrix} 1 \\ 1 \\ 1 \end{pmatrix}$ $(t \neq 0)$ である．

2番目の行列：固有方程式は $f_A(t)=(t-4)^2(t+1)$ なので，固有値は 4 と $-1$ であり，固有値 4 に対する固有ベクトルは，$s\begin{pmatrix}1\\1\\0\end{pmatrix}$ $(s\neq 0)$ と $t\begin{pmatrix}0\\0\\1\end{pmatrix}$ $(t\neq 0)$ である．

また，固有値 $-1$ に対する固有ベクトルは，$t\begin{pmatrix}2\\-3\\0\end{pmatrix}$ $(t\neq 0)$ である．

[**3**] $|A|=0$ は，連立方程式 $A\boldsymbol{x}=\mathbf{0}$ が $\mathbf{0}$ 以外の解をもつことの必要十分条件である．これは，$A$ が固有値 0 をもつことと同値である．

[**4**] $A\begin{pmatrix}1\\1\\0\end{pmatrix}=\begin{pmatrix}1\\1\\0\end{pmatrix}$，$A\begin{pmatrix}1\\0\\1\end{pmatrix}=2\begin{pmatrix}1\\0\\1\end{pmatrix}$，$A\begin{pmatrix}0\\1\\1\end{pmatrix}=3\begin{pmatrix}0\\1\\1\end{pmatrix}$ である．よって，

$$A\left(\begin{pmatrix}1\\1\\0\end{pmatrix}\ \begin{pmatrix}1\\0\\1\end{pmatrix}\ \begin{pmatrix}0\\1\\1\end{pmatrix}\right)=\left(\begin{pmatrix}1\\1\\0\end{pmatrix}\ 2\begin{pmatrix}1\\0\\1\end{pmatrix}\ 3\begin{pmatrix}0\\1\\1\end{pmatrix}\right)$$

となり，整理すると，

$$A\begin{pmatrix}1&1&0\\1&0&1\\0&1&1\end{pmatrix}=\begin{pmatrix}1&2&0\\1&0&3\\0&2&3\end{pmatrix}$$

となる．したがって，

$$A=\begin{pmatrix}1&2&0\\1&0&3\\0&2&3\end{pmatrix}\begin{pmatrix}1&1&0\\1&0&1\\0&1&1\end{pmatrix}^{-1}=\frac{1}{2}\begin{pmatrix}3&-1&1\\-2&4&2\\-1&1&5\end{pmatrix}$$

を得る．

[**5**] (1) $A$ の固有多項式は，$f_A(t)=(t+1)(t-1)(t-2)$.

(2) $A$ の固有値は $-1, 1, 2$ である．

(3) 固有値 $-1, 1, 2$ に対する固有ベクトルは，それぞれ

$$s\begin{pmatrix}2\\2\\-1\end{pmatrix}\ (s\neq 0),\quad t\begin{pmatrix}1\\1\\0\end{pmatrix}\ (t\neq 0),\quad u\begin{pmatrix}3\\4\\1\end{pmatrix}\ (u\neq 0)$$

である．

(4) $P=\begin{pmatrix}2&1&3\\2&1&4\\-1&0&1\end{pmatrix}$　　(5) $P^{-1}AP=\begin{pmatrix}-1&0&0\\0&1&0\\0&0&2\end{pmatrix}$

**5.2 節の問題**

[**1**] 仮定より，$\langle \boldsymbol{w}, \boldsymbol{v}_i \rangle = 0\ (i = 1, 2, \cdots, m)$ である．よって，

$$\begin{aligned}&\langle \boldsymbol{w}, k_1\boldsymbol{v}_1 + k_2\boldsymbol{v}_2 + \cdots + k_m\boldsymbol{v}_m \rangle \\ &\qquad = k_1\langle \boldsymbol{w}, \boldsymbol{v}_1 \rangle + k_2\langle \boldsymbol{w}, \boldsymbol{v}_2 \rangle + \cdots + k_m\langle \boldsymbol{w}, \boldsymbol{v}_m \rangle = 0\end{aligned}$$

を得る．

[**2**] $\boldsymbol{w} = \boldsymbol{v}_2 + \boldsymbol{v}_3 + \cdots + \boldsymbol{v}_m$ とする．前問 [1] から $\boldsymbol{v}_1$ と $\boldsymbol{w}$ は直交する．したがって，

$$\begin{aligned}\|\boldsymbol{v}_1 + \boldsymbol{v}_2 + \cdots + \boldsymbol{v}_m\|^2 &= \|\boldsymbol{v}_1 + \boldsymbol{w}\|^2 \\ &= \|\boldsymbol{v}_1\|^2 + 2\langle \boldsymbol{v}_1, \boldsymbol{w} \rangle + \|\boldsymbol{w}\|^2 = \|\boldsymbol{v}_1\|^2 + \|\boldsymbol{w}\|^2 \\ &= \|\boldsymbol{v}_1\|^2 + \|\boldsymbol{v}_2 + \boldsymbol{v}_3 + \cdots + \boldsymbol{v}_m\|^2\end{aligned}$$

となる．これを繰り返して与式を得る．

[**3**] $\boldsymbol{x} = \begin{pmatrix} x \\ y \\ z \end{pmatrix}$，$\boldsymbol{a} = \begin{pmatrix} 1 \\ 2 \\ 3 \end{pmatrix}$ とする．コーシー・シュワルツの不等式から

$$|x + 2y + 3z| = |\langle \boldsymbol{a}, \boldsymbol{x} \rangle| \leqq \|\boldsymbol{a}\|\,\|\boldsymbol{x}\| = \sqrt{42}$$

が成立し，$\boldsymbol{x} = \pm\sqrt{\dfrac{3}{14}}\begin{pmatrix} 1 \\ 2 \\ 3 \end{pmatrix}$ のときに，等号が成立する．したがって，最大値は $\sqrt{42}$，最小値は $-\sqrt{42}$ である．

[**4**] 原点 O から平面への垂線を OH とし，H の座標を $\boldsymbol{x}_0 = \begin{pmatrix} x_0 \\ y_0 \\ z_0 \end{pmatrix}$ とする．この平面上の点の座標を $\boldsymbol{x} = \begin{pmatrix} x \\ y \\ z \end{pmatrix}$ とすると，

$$a(x - x_0) + b(y - y_0) + c(z - z_0) = 0$$

である．したがって，ベクトル $\boldsymbol{a} = \begin{pmatrix} a \\ b \\ c \end{pmatrix}$ はこの平面と直交する．よって，原点と平面の距離は，

$$\left|\left\langle \boldsymbol{x}, \frac{\boldsymbol{a}}{\|\boldsymbol{a}\|} \right\rangle\right| = \frac{1}{\|\boldsymbol{a}\|}\,|\langle \boldsymbol{x}, \boldsymbol{a} \rangle| = \frac{|d|}{\sqrt{a^2 + b^2 + c^2}}$$

である．

[**5**] 与えられた行列を $A$ とする．$A$ の固有多項式は $f_A(t) = t(t-2)(t-4)$ である．したがって，固有値は 0, 2, 4 である．それぞれの固有値に対応する固有ベクトル

として，

$$\begin{pmatrix} 1 \\ -\sqrt{2} \\ 1 \end{pmatrix}, \quad \begin{pmatrix} 1 \\ 0 \\ -1 \end{pmatrix}, \quad \begin{pmatrix} 1 \\ \sqrt{2} \\ 1 \end{pmatrix}$$

をとる．これらのベクトルは，互いに直交する．それぞれのベクトルの大きさを 1 にすると，

$$\frac{1}{2}\begin{pmatrix} 1 \\ -\sqrt{2} \\ 1 \end{pmatrix}, \quad \frac{1}{\sqrt{2}}\begin{pmatrix} 1 \\ 0 \\ -1 \end{pmatrix}, \quad \frac{1}{2}\begin{pmatrix} 1 \\ \sqrt{2} \\ 1 \end{pmatrix}$$

になる．したがって，$P = \begin{pmatrix} \frac{1}{2} & \frac{1}{\sqrt{2}} & \frac{1}{2} \\ -\frac{\sqrt{2}}{2} & 0 & \frac{\sqrt{2}}{2} \\ \frac{1}{2} & -\frac{1}{\sqrt{2}} & \frac{1}{2} \end{pmatrix}$ とすると，$P$ は直交行列であり，

$P^{\mathrm{T}}AP = \begin{pmatrix} 0 & 0 & 0 \\ 0 & 2 & 0 \\ 0 & 0 & 4 \end{pmatrix}$ を得る．

**5.3 節の問題**

［**1**］ $\boldsymbol{v}_1, \boldsymbol{v}_2, \cdots, \boldsymbol{v}_n$ は $\mathbb{R}^n$ の基底であるから，与式をみたす $x_1, x_2, \cdots, x_n$ は一つしかない．$x_1 = x_2 = \cdots = x_n = 0$ は与式をみたすので，これに限る．

［**2**］

$$\boldsymbol{p}_1 = \frac{\boldsymbol{v}_1}{\|\boldsymbol{v}_1\|} = \frac{1}{\sqrt{2}}\begin{pmatrix} 1 \\ 1 \\ 0 \end{pmatrix},$$

$$\boldsymbol{p}_2 = \frac{\boldsymbol{v}_2 - \langle \boldsymbol{v}_2, \boldsymbol{p}_1 \rangle \boldsymbol{p}_1}{\|\boldsymbol{v}_2 - \langle \boldsymbol{v}_2, \boldsymbol{p}_1 \rangle \boldsymbol{p}_1\|} = \frac{1}{\sqrt{6}}\begin{pmatrix} -1 \\ 1 \\ 2 \end{pmatrix},$$

$$\boldsymbol{p}_3 = \frac{\boldsymbol{v}_3 - \langle \boldsymbol{v}_3, \boldsymbol{p}_1 \rangle \boldsymbol{p}_1 - \langle \boldsymbol{v}_3, \boldsymbol{p}_2 \rangle \boldsymbol{p}_2}{\|\boldsymbol{v}_3 - \langle \boldsymbol{v}_3, \boldsymbol{p}_1 \rangle \boldsymbol{p}_1 - \langle \boldsymbol{v}_3, \boldsymbol{p}_2 \rangle \boldsymbol{p}_2\|} = \frac{1}{\sqrt{3}}\begin{pmatrix} 1 \\ -1 \\ 1 \end{pmatrix}.$$

［**3**］ 方程式の解 $\boldsymbol{x} = \begin{pmatrix} x \\ y \\ z \end{pmatrix}$ は，$s$, $t$ を媒介変数として，

$$\boldsymbol{x} = \begin{pmatrix} x \\ y \\ z \end{pmatrix} = s\begin{pmatrix} 1 \\ -1 \\ 0 \end{pmatrix} + t\begin{pmatrix} 1 \\ 0 \\ -1 \end{pmatrix}$$

と書ける．$\boldsymbol{v}_1 = \begin{pmatrix} 1 \\ -1 \\ 0 \end{pmatrix}$, $\boldsymbol{v}_2 = \begin{pmatrix} 1 \\ 0 \\ -1 \end{pmatrix}$ として正規直交化を行い，$\boldsymbol{p}_1 = \frac{1}{\sqrt{2}}\begin{pmatrix} 1 \\ -1 \\ 0 \end{pmatrix}$,

$\boldsymbol{p}_2 = \dfrac{1}{\sqrt{6}}\begin{pmatrix} 1 \\ 1 \\ -2 \end{pmatrix}$ を得る．そこで，$\boldsymbol{x} = x_1\boldsymbol{p}_1 + x_2\boldsymbol{p}_2$ をみたす $x_1, x_2$ を求めて，$\boldsymbol{x}$ の座標を $\begin{pmatrix} x_1 \\ x_2 \end{pmatrix}$ とすればよい．実際，$x_1 = \langle \boldsymbol{x}, \boldsymbol{p}_1 \rangle, x_2 = \langle \boldsymbol{x}, \boldsymbol{p}_2 \rangle$ である．

[**4**] $A = \begin{pmatrix} -2 & 1 & 1 \\ 1 & -2 & 1 \\ 1 & 1 & -2 \end{pmatrix}$ とする．$A$ の固有多項式は $f_A(t) = t(t+3)^2$ なので，$A$ の固有値は 0 と $-3$ である．それぞれの固有値に対する固有ベクトルとして，$\begin{pmatrix} 1 \\ 1 \\ 1 \end{pmatrix}$ と $\begin{pmatrix} 1 \\ -1 \\ 0 \end{pmatrix}$，$\begin{pmatrix} 1 \\ 0 \\ -1 \end{pmatrix}$ をとる．これから，正規直交化を行い，正規直交基底 $\boldsymbol{p}_1 = \dfrac{1}{\sqrt{3}}\begin{pmatrix} 1 \\ 1 \\ 1 \end{pmatrix}$，$\boldsymbol{p}_2 = \dfrac{1}{\sqrt{2}}\begin{pmatrix} 1 \\ -1 \\ 0 \end{pmatrix}$，$\boldsymbol{p}_3 = \dfrac{1}{\sqrt{6}}\begin{pmatrix} 1 \\ 1 \\ 2 \end{pmatrix}$ を得る．この基底を使って座標を導入する．すなわち，原点で直交する 3 本の直線 $\boldsymbol{y} = t\boldsymbol{p}_1$，$\boldsymbol{y} = t\boldsymbol{p}_2$，$\boldsymbol{y} = t\boldsymbol{p}_3$ ($t$ は媒介変数) をそれぞれ $X_1$ 軸，$X_2$ 軸，$X_3$ 軸とする座標である．この座標に関して，与えられた線形変換は，

$$\begin{pmatrix} Y_1 \\ Y_2 \\ Y_3 \end{pmatrix} = \begin{pmatrix} 0 & 0 & 0 \\ 0 & -3 & 0 \\ 0 & 0 & -3 \end{pmatrix}\begin{pmatrix} X_1 \\ X_2 \\ X_3 \end{pmatrix}$$

と表せる．

### 第 5 章　章末問題

[**1**] 1 は，$\boldsymbol{x}$ 座標では $\begin{pmatrix} 1 \\ 0 \\ 0 \\ 0 \end{pmatrix}$ となり，$\boldsymbol{y}$ 座標では $\begin{pmatrix} 1 \\ 0 \\ 0 \\ 0 \end{pmatrix}$ となる．

$t-1$ は，$\boldsymbol{x}$ 座標では $\begin{pmatrix} -1 \\ 1 \\ 0 \\ 0 \end{pmatrix}$ となり，$\boldsymbol{y}$ 座標では $\begin{pmatrix} 0 \\ 1 \\ 0 \\ 0 \end{pmatrix}$ となる．

$(t-1)^2$ は，$\boldsymbol{x}$ 座標では $\begin{pmatrix} 1 \\ -2 \\ 1 \\ 0 \end{pmatrix}$ となり，$\boldsymbol{y}$ 座標では $\begin{pmatrix} 0 \\ 0 \\ 1 \\ 0 \end{pmatrix}$ となる．

$(t-1)^3$ は，$\boldsymbol{x}$ 座標では $\begin{pmatrix} -1 \\ 3 \\ -3 \\ 1 \end{pmatrix}$ となり，$\boldsymbol{y}$ 座標では $\begin{pmatrix} 0 \\ 0 \\ 0 \\ 1 \end{pmatrix}$ となる．

したがって，$P = \begin{pmatrix} 1 & -1 & 1 & -1 \\ 0 & 1 & -2 & 3 \\ 0 & 0 & 1 & -3 \\ 0 & 0 & 0 & 1 \end{pmatrix}$ である．また，与えられた多項式は，$\boldsymbol{y}$ 座標では $\begin{pmatrix} 2 \\ -3 \\ 4 \\ -1 \end{pmatrix}$ であるから，$\boldsymbol{x}$ 座標で表すと $P\begin{pmatrix} 2 \\ -3 \\ 4 \\ -1 \end{pmatrix} = \begin{pmatrix} 10 \\ -14 \\ 7 \\ -1 \end{pmatrix}$ である．よって，求める式は $10 - 14t + 7t^2 - t^3$ である．

［**2**］ (1) 与えられた方程式のどのような解 $\boldsymbol{x}$ も適当な実数 $x_1, x_2, x_3$ を用いて，$\boldsymbol{x} = x_1\begin{pmatrix} -1 \\ 1 \\ 0 \\ 0 \\ 0 \end{pmatrix} + x_2\begin{pmatrix} 9 \\ 0 \\ -2 \\ 1 \\ 0 \end{pmatrix} + x_3\begin{pmatrix} 11 \\ 0 \\ -3 \\ 0 \\ 1 \end{pmatrix}$ と一意的に表せるので，このように書ける解 $\boldsymbol{x}$ に $\begin{pmatrix} x_1 \\ x_2 \\ x_3 \end{pmatrix}$ を対応させる．

(2) グラム・シュミットの直交化法を用いて，$\boldsymbol{a}_1, \boldsymbol{a}_2, \boldsymbol{a}_3$ を正規直交化すると，$\boldsymbol{p}_1 = \dfrac{1}{\sqrt{2}}\begin{pmatrix} -1 \\ 1 \\ 0 \\ 0 \\ 0 \end{pmatrix}$，$\boldsymbol{p}_2 = \dfrac{1}{\sqrt{182}}\begin{pmatrix} 9 \\ 9 \\ -4 \\ 2 \\ 0 \end{pmatrix}$，$\boldsymbol{p}_3 = \dfrac{1}{\sqrt{23205}}\begin{pmatrix} 1 \\ 1 \\ -51 \\ -111 \\ 91 \end{pmatrix}$ を得る．与えられた方程式の解 $\boldsymbol{x}$ を適当な実数 $X_1, X_2, X_3$ を用いて，$\boldsymbol{x} = X_1\boldsymbol{p}_1 + X_2\boldsymbol{p}_2 + X_3\boldsymbol{p}_3$ と表して，$\boldsymbol{x}$ に $\begin{pmatrix} X_1 \\ X_2 \\ X_3 \end{pmatrix}$ を対応させる．このとき，2 つの解 $\boldsymbol{x} = \begin{pmatrix} X_1 \\ X_2 \\ X_3 \end{pmatrix}$，$\boldsymbol{y} = \begin{pmatrix} Y_1 \\ Y_2 \\ Y_3 \end{pmatrix}$ に対して，$\boldsymbol{p}_1, \boldsymbol{p}_2, \boldsymbol{p}_3$ は大きさが 1 で互いに直交するので，

$$\langle \boldsymbol{x}, \boldsymbol{y} \rangle = \sum_{i,j=1}^{3} X_i Y_j \langle \boldsymbol{p}_i, \boldsymbol{p}_j \rangle = X_1Y_1 + X_2Y_2 + X_3Y_3$$

となる．これは，つくった座標が正規直交座標であることを示している．

［**3**］ (1) $A = (\boldsymbol{v}_1\ \boldsymbol{v}_2\ \cdots\ \boldsymbol{v}_n)$ とすると，$\boldsymbol{v}_1, \boldsymbol{v}_2, \cdots, \boldsymbol{v}_n$ は，$\mathbb{R}^n$ の基底である．そ

のとき，グラム・シュミットの正規直交化法から，

$$\boldsymbol{p}_1 = \frac{\boldsymbol{v}_1}{\|\boldsymbol{v}_1\|},$$

$$\boldsymbol{p}_2 = \frac{\boldsymbol{v}_2 - \langle \boldsymbol{v}_2, \boldsymbol{p}_1 \rangle \boldsymbol{p}_1}{\|\boldsymbol{v}_2 - \langle \boldsymbol{v}_2, \boldsymbol{p}_1 \rangle \boldsymbol{p}_1\|}, \ \cdots,$$

$$\boldsymbol{p}_n = \frac{\boldsymbol{v}_n - \langle \boldsymbol{v}_n, \boldsymbol{p}_1 \rangle \boldsymbol{p}_1 \cdots - \langle \boldsymbol{v}_n, \boldsymbol{p}_{n-1} \rangle \boldsymbol{p}_{n-1}}{\|\boldsymbol{v}_n - \langle \boldsymbol{v}_n, \boldsymbol{p}_1 \rangle \boldsymbol{p}_1 \cdots - \langle \boldsymbol{v}_n, \boldsymbol{p}_{n-1} \rangle \boldsymbol{p}_{n-1}\|}$$

は，正規直交基底である．この式から，$\boldsymbol{v}_1, \boldsymbol{v}_2, \cdots, \boldsymbol{v}_n$ を $\boldsymbol{p}_1, \boldsymbol{p}_2, \cdots, \boldsymbol{p}_n$ で表すと，

$$\begin{aligned} \boldsymbol{v}_j &= q_{1j}\boldsymbol{p}_1 + q_{2j}\boldsymbol{p}_2 + \cdots + q_{jj}\boldsymbol{p}_j \\ &= \begin{pmatrix} \boldsymbol{p}_1 & \boldsymbol{p}_2 & \cdots & \boldsymbol{p}_j & \cdots & \boldsymbol{p}_n \end{pmatrix} \begin{pmatrix} q_{1j} \\ q_{2j} \\ \vdots \\ q_{jj} \\ 0 \\ \vdots \\ 0 \end{pmatrix} \qquad (j = 1, 2, \cdots, n) \end{aligned}$$

となる．特に，$\boldsymbol{v}_j$ は，$\boldsymbol{p}_1, \cdots, \boldsymbol{p}_j$ だけで表される．ここで，

$$q_{jj} = \|\boldsymbol{v}_j - \langle \boldsymbol{v}_j, \boldsymbol{p}_1 \rangle \boldsymbol{p}_1 - \cdots - \langle \boldsymbol{v}_j, \boldsymbol{p}_{j-1} \rangle \boldsymbol{p}_{j-1}\|$$

である．行列を使ってこれらの式を表すのに，$P = \begin{pmatrix} \boldsymbol{p}_1 \, \boldsymbol{p}_2 \cdots \boldsymbol{p}_n \end{pmatrix}$，$Q = \begin{pmatrix} q_{ij} \end{pmatrix}$ とすれば，$P$ は直交行列で，$Q$ は対角成分がすべて正である上三角行列であり，$A = PQ$ が成り立つ．

(2) $A = PQ = P'Q'$ より，$P'^{-1}P = Q'Q =: X$ である．直交行列どうしの積は直交行列であり，上三角行列どうしの積は上三角行列である．また，対角成分がすべて正であることに注意すると，$X = E$ である．よって，$P = P'$ かつ $Q = Q'$ である．

(3) $P$ は直交行列なので，$|P| = \pm 1$ であり，$|A| = |PQ| = |P||Q|$ なので，$|A| = \pm|Q|$ である．

(4) 一般に，$|Q| = q_{11}q_{22} \cdots q_{nn}$ である．

$n = 2$ の場合：　$\boldsymbol{v}_1$, $\boldsymbol{v}_2$ で定まる平行四辺形 $X$ の 1 辺の長さが $q_{11} = |\boldsymbol{v}_1|$ で，その辺を底辺とするときの $X$ の高さが $q_{22} = \|\boldsymbol{v}_2 - \langle \boldsymbol{v}_2, \boldsymbol{p}_1 \rangle \boldsymbol{p}_1\|$ である．したがって，$|Q|$, $|A|$ の絶対値は，$X$ の面積を表す．

$n = 3$ の場合：　$\boldsymbol{v}_1$, $\boldsymbol{v}_2$, $\boldsymbol{v}_3$ で定まる平行六面体 $V$ で，$\boldsymbol{v}_1$, $\boldsymbol{v}_2$ で定まる平行四辺形 $Y$ を底面とする．$q_{11}$, $q_{22}$ は，$Y$ の底辺と高さを表す．さらに，$q_{33} = \|\boldsymbol{v}_3 - \langle \boldsymbol{v}_3, \boldsymbol{p}_1 \rangle \boldsymbol{p}_1 - \langle \boldsymbol{v}_3, \boldsymbol{p}_2 \rangle \boldsymbol{p}_2\|$ は，$Y$ を底面としたときの $V$ の高さである．したがって，$|Q|$, $|A|$ の絶対値は，$V$ の体積を表す．

## 第 6 章

### 6.1 節の問題

**[1]** $A = \begin{pmatrix} 2 & 1 & 1 \\ 1 & 2 & 1 \\ 1 & 1 & 2 \end{pmatrix}$ とすると，行列 $A$ は対称行列なので，直交対角化可能である．$A$ の固有値は 1 と 4 である．それぞれの固有値に対する固有ベクトルとして，$\begin{pmatrix} 1 \\ 1 \\ 1 \end{pmatrix}$ と $\begin{pmatrix} 1 \\ -1 \\ 0 \end{pmatrix}$, $\begin{pmatrix} 1 \\ 0 \\ -1 \end{pmatrix}$ をとる．これから，正規直交化を行い，直交行列

$$P = \begin{pmatrix} \frac{1}{\sqrt{3}} & \frac{1}{\sqrt{2}} & \frac{1}{\sqrt{6}} \\ \frac{1}{\sqrt{3}} & -\frac{1}{\sqrt{2}} & \frac{1}{\sqrt{6}} \\ \frac{1}{\sqrt{3}} & 0 & -\frac{2}{\sqrt{6}} \end{pmatrix}$$

によって

$$P^{-1}AP = \begin{pmatrix} 4 & 0 & 0 \\ 0 & 1 & 0 \\ 0 & 0 & 1 \end{pmatrix}$$

と対角化される．したがって，

$$\begin{aligned} A^n &= \begin{pmatrix} \frac{1}{\sqrt{3}} & \frac{1}{\sqrt{2}} & \frac{1}{\sqrt{6}} \\ \frac{1}{\sqrt{3}} & -\frac{1}{\sqrt{2}} & \frac{1}{\sqrt{6}} \\ \frac{1}{\sqrt{3}} & 0 & -\frac{2}{\sqrt{6}} \end{pmatrix} \begin{pmatrix} 4^n & 0 & 0 \\ 0 & 1^1 & 0 \\ 0 & 0 & 1^1 \end{pmatrix} \begin{pmatrix} \frac{1}{\sqrt{3}} & \frac{1}{\sqrt{3}} & \frac{1}{\sqrt{3}} \\ \frac{1}{\sqrt{2}} & -\frac{1}{\sqrt{2}} & 0 \\ \frac{1}{\sqrt{6}} & \frac{1}{\sqrt{6}} & -\frac{2}{\sqrt{6}} \end{pmatrix} \\ &= \frac{1}{3} \begin{pmatrix} 4^n + 2 & 4^n - 1 & 4^n - 1 \\ 4^n - 1 & 4^n + 2 & 4^n - 1 \\ 4^n - 1 & 4^n - 1 & 4^n + 2 \end{pmatrix} \end{aligned}$$

となるので，

$$\begin{aligned} \begin{pmatrix} x_n \\ y_n \\ z_n \end{pmatrix} &= A^{n-1} \begin{pmatrix} x_1 \\ y_1 \\ z_1 \end{pmatrix} \\ &= \frac{1}{3} \begin{pmatrix} 4^{n-1} + 2 & 4^{n-1} - 1 & 4^{n-1} - 1 \\ 4^{n-1} - 1 & 4^{n-1} + 2 & 4^{n-1} - 1 \\ 4^{n-1} - 1 & 4^{n-1} - 1 & 4^{n-1} + 2 \end{pmatrix} \begin{pmatrix} 1 \\ 0 \\ 2 \end{pmatrix} \\ &= \begin{pmatrix} 4^{n-1} \\ 4^{n-1} - 1 \\ 4^{n-1} + 1 \end{pmatrix}. \end{aligned}$$

なお，しっかりと $P$ と $P^{-1}$ を求めて計算するならば，必ずしも直交行列まで求めなくてもよい．むしろ，平方根がでてこなくて計算しやすい場合がある．自分にとってどちらが簡単か比較してみるのもよい．

［**2**］ 行列 $A=\begin{pmatrix}1 & 2\\ 4 & 3\end{pmatrix}$ とベクトル $\boldsymbol{v}=\begin{pmatrix}y_1\\ y_2\end{pmatrix}=\begin{pmatrix}y_1(t)\\ y_2(t)\end{pmatrix}$ を用いて与えられた微分方程式を表すと，$\boldsymbol{v}'=A\boldsymbol{v}$ となる．$A$ の固有値は $-1$ と $5$ である．それぞれの固有ベクトルを一つずつ選んで，$P=\begin{pmatrix}1 & 1\\ -1 & 2\end{pmatrix}$ とおくと，$A$ は

$$P^{-1}AP=\begin{pmatrix}-1 & 0\\ 0 & 5\end{pmatrix}$$

と対角化される．変数変換

$$\boldsymbol{v}=P\boldsymbol{z},\quad \text{ただし}\quad \boldsymbol{z}=\begin{pmatrix}z_1\\ z_2\end{pmatrix}$$

を利用して

$$P\boldsymbol{z}'=\boldsymbol{v}'=A\boldsymbol{v}=A(P\boldsymbol{z})$$

となるので，次の 2 つの微分方程式

$$\begin{cases} z_1' = -z_1\\ z_2' = 5z_2\end{cases}$$

をそれぞれ解けばよいことになる．よって，

$$\begin{cases} y_1(t) = C_1e^{-t} + C_2e^{5t}\\ y_2(t) = -C_1e^{-t} + 2C_2e^{5t}\end{cases}$$

(ただし，$C_1, C_2$ は任意の定数) が得られる．

**6.2 節の問題**

［**1**］ $A=\begin{pmatrix}1 & 2\\ 2 & 1\end{pmatrix}$ とする．行列 $A$ の固有値は $-1$ と $3$ である．それぞれの固有ベクトルを一つずつ選んで，$P=\begin{pmatrix}-\frac{1}{\sqrt{2}} & \frac{1}{\sqrt{2}}\\ \frac{1}{\sqrt{2}} & \frac{1}{\sqrt{2}}\end{pmatrix}$ とおくと，$P=P^{-1}$ で，$A$ は

$$P^{-1}AP=\begin{pmatrix}-1 & 0\\ 0 & 3\end{pmatrix}$$

と対角化される．よって，問題の 2 次形式は標準形 $-y_1^2+3y_2^2$ に変換され，正値，負値，半正値，半負値のいずれでもないことがわかる．

［**2**］ 与えられた 2 次形式は

$$2x_1^2+2x_2^2+2x_3^2+2k(x_1x_2-x_1x_3)$$

$$= \begin{pmatrix} x_1 & x_2 & x_3 \end{pmatrix} \begin{pmatrix} 2 & k & -k \\ k & 2 & 0 \\ -k & 0 & 2 \end{pmatrix} \begin{pmatrix} x_1 \\ x_2 \\ x_3 \end{pmatrix}$$

のように表すことができる．$A = \begin{pmatrix} 2 & k & -k \\ k & 2 & 0 \\ -k & 0 & 2 \end{pmatrix}$ とすると，行列 $A$ が正値であるためには，その 3 つの主対角小行列式がすべて正でなければならない．よって，

$$|2| = 2 > 0, \quad \begin{vmatrix} 2 & k \\ k & 2 \end{vmatrix} > 0, \quad \begin{vmatrix} 2 & k & -k \\ k & 2 & 0 \\ -k & 0 & 2 \end{vmatrix} > 0$$

となり，これらを同時にみたすためには，$-\sqrt{2} < k < \sqrt{2}$ でなければならない．

逆に，この範囲の $k$ に対しては，行列 $A$ が正値になることも確かめられる．

**6.3 節の問題**

[ **1** ]　最適性の 1 次の必要条件に従って $\nabla f(a,b) = \mathbf{0}$ を解くと，極値の候補として $(a,b) = (0,0)$ がみつかる．しかし，

$$\nabla^2 f(0,0) = \begin{pmatrix} 2 & 0 \\ 0 & -2 \end{pmatrix}$$

となり，このヘッセ行列は半正値でも半負値でもないので，最適性の 2 次の必要条件の対偶から関数 $f(x,y)$ は極値をとらない．

[ **2** ]　最適性の 1 次の必要条件に従って，$\nabla f(a,b) = \mathbf{0}$，すなわち，連立方程式

$$\begin{cases} 3a^2 - 2b = 0 \\ -2a + 2b = 0 \end{cases}$$

を解いて，$(a,b) = (0,0)$ と $(a,b) = (\frac{2}{3}, \frac{2}{3})$ が候補としてみつかる．そこで，それぞれのヘッセ行列を計算すると，

$$\nabla^2 f(0,0) = \begin{pmatrix} 0 & -2 \\ -2 & 2 \end{pmatrix}, \qquad \nabla^2 f\left(\frac{2}{3}, \frac{2}{3}\right) = \begin{pmatrix} 4 & -2 \\ -2 & 2 \end{pmatrix}$$

となる．ここで，行列 $\nabla^2 f(0,0)$ は $|\nabla^2 f(0,0)| = -9$ なので，定理 6.5 から半正値でも半負値でもないことがわかり，最適性の 2 次の必要条件の対偶から，点 $(0,0)$ で極値をとらないことがわかる．一方，行列 $\nabla^2 f\left(\frac{2}{3}, \frac{2}{3}\right)$ については，$f_{xx}\left(\frac{2}{3}, \frac{2}{3}\right) = 4 > 0$ かつ $|\nabla^2 f\left(\frac{2}{3}, \frac{2}{3}\right)| = 4 > 0$ なので，定理 6.6 から正値であることがわかる．したがって，最適性の 2 次の十分条件により，関数 $f(x,y) = x^3 - 2xy + y^2$ は点 $\left(\frac{2}{3}, \frac{2}{3}\right)$ で極小値 $f(\frac{2}{3}, \frac{2}{3}) = -\frac{4}{27}$ をとることがわかった．

**第 6 章　章末問題**

[**1**]　与式の漸化式は，

$$\begin{pmatrix} a_n \\ a_{n+1} \end{pmatrix} = \begin{pmatrix} 0 & 1 \\ -8 & 6 \end{pmatrix} \begin{pmatrix} a_{n-1} \\ a_n \end{pmatrix}$$
$$= \begin{pmatrix} 0 & 1 \\ -8 & 6 \end{pmatrix}^2 \begin{pmatrix} a_{n-2} \\ a_{n-1} \end{pmatrix} = \cdots = \begin{pmatrix} 0 & 1 \\ -8 & 6 \end{pmatrix}^{n-1} \begin{pmatrix} a_1 \\ a_2 \end{pmatrix}$$

と表せる．$A = \begin{pmatrix} 0 & 1 \\ -8 & 6 \end{pmatrix}$ とすると，行列 $A$ の固有値は 2 と 4 である．それぞれの固有ベクトルを一つずつ選んで，$P = \begin{pmatrix} 1 & 1 \\ 2 & 4 \end{pmatrix}$ とおくと，$P^{-1} = \begin{pmatrix} 2 & -\frac{1}{2} \\ -1 & \frac{1}{2} \end{pmatrix}$ で，$A$ は

$$P^{-1}AP = \begin{pmatrix} 2 & 0 \\ 0 & 4 \end{pmatrix}$$

と対角化される．したがって，

$$A^{n-1} = \begin{pmatrix} 1 & 1 \\ 2 & 4 \end{pmatrix} \begin{pmatrix} 2^{n-1} & 0 \\ 0 & 4^{n-1} \end{pmatrix} \begin{pmatrix} 2 & -\frac{1}{2} \\ -1 & \frac{1}{2} \end{pmatrix}$$
$$= \begin{pmatrix} 2^n - 4^{n-1} & -2^{n-2} + 2 \cdot 4^{n-2} \\ 2^{n+1} - 4^n & -2^{n-1} + 2 \cdot 4^{n-1} \end{pmatrix}$$

となるので，

$$a_n = \left(2^n - 4^{n-1}\right) a_1 + \left(-2^{n-2} + 2 \cdot 4^{n-2}\right) a_2$$

が得られる．

[**2**]　$A^{10}$ の $(2,3)$ 成分と $(1,1)$ 成分を求めればよい．行列 $A$ は対称行列なので，(直交) 対角化可能である．$A$ の固有値は $-1$ と $2$ である．それぞれの固有値に対する固有ベクトルとして，$\begin{pmatrix} -1 \\ 1 \\ 0 \end{pmatrix}, \begin{pmatrix} -1 \\ 0 \\ 1 \end{pmatrix}, \begin{pmatrix} 1 \\ 1 \\ 1 \end{pmatrix}$ をとる．$P = \begin{pmatrix} -1 & -1 & 1 \\ 1 & 0 & 1 \\ 0 & 1 & 1 \end{pmatrix}$ とおくと，

$P^{-1} = \dfrac{1}{3} \begin{pmatrix} -1 & 2 & -1 \\ -1 & -1 & 2 \\ 1 & 1 & 1 \end{pmatrix}$ で，$A$ は

$$P^{-1}AP = \begin{pmatrix} -1 & 0 & 0 \\ 0 & -1 & 0 \\ 0 & 0 & 2 \end{pmatrix}$$

と対角化される．したがって，

$$A^n = \frac{1}{3}\begin{pmatrix} -1 & -1 & 1 \\ 1 & 0 & 1 \\ 0 & 1 & 1 \end{pmatrix}\begin{pmatrix} (-1)^n & 0 & 0 \\ 0 & (-1)^n & 0 \\ 0 & 0 & 2^n \end{pmatrix}\begin{pmatrix} -1 & 2 & -1 \\ -1 & -1 & 2 \\ 1 & 1 & 1 \end{pmatrix}$$

$$= \frac{1}{3}\begin{pmatrix} 2(-1)^n + 2^n & (-1)^{n+1} + 2^n & (-1)^{n+1} + 2^n \\ (-1)^{n+1} + 2^n & 2(-1)^n + 2^n & (-1)^{n+1} + 2^n \\ (-1)^{n+1} + 2^n & (-1)^{n+1} + 2^n & 2(-1)^n + 2^n \end{pmatrix}$$

となるので，

$$A^{10} = \begin{pmatrix} 342 & 341 & 341 \\ 341 & 342 & 341 \\ 341 & 341 & 342 \end{pmatrix}$$

が得られ，その $(2,3)$ 成分は 341 で，$(1,1)$ 成分は 342 である．答えは，それぞれ 341 路線と 342 路線である．

[**3**]　行列 $A = \begin{pmatrix} 1 & 1 & 1 \\ 2 & 1 & -1 \\ -2 & -2 & 0 \end{pmatrix}$ とベクトル $\boldsymbol{v} = \begin{pmatrix} y_1 \\ y_2 \\ y_3 \end{pmatrix} = \begin{pmatrix} y_1(t) \\ y_2(t) \\ y_3(t) \end{pmatrix}$ を用いて与えられた微分方程式を表すと，$\boldsymbol{v}' = A\boldsymbol{v}$ となる．$A$ の固有値は 1 と $-1$ と 2 である．それぞれの固有ベクトルを一つずつ選んで，$P = \begin{pmatrix} 1 & -3 & 0 \\ -2 & 4 & -1 \\ 2 & 2 & 1 \end{pmatrix}$ とおくと，$A$ は

$$P^{-1}AP = \begin{pmatrix} 1 & 0 & 0 \\ 0 & -1 & 0 \\ 0 & 0 & 2 \end{pmatrix}$$

と対角化される．変数変換

$$\boldsymbol{v} = P\boldsymbol{z}, \quad \text{ただし} \quad \boldsymbol{z} = \begin{pmatrix} z_1 \\ z_2 \\ z_3 \end{pmatrix}$$

を利用して

$$P\boldsymbol{z}' = \boldsymbol{v}' = A\boldsymbol{v} = A(P\boldsymbol{z})$$

となるので，次の 3 つの微分方程式

$$\begin{cases} z_1' = z_1 \\ z_2' = -z_2 \\ z_3' = 2z_3 \end{cases}$$

をそれぞれ解けばよいことになる．よって，

$$\begin{cases} y_1(t) = \phantom{-2}C_1e^t - 3C_2e^{-t} \\ y_2(t) = -2C_1e^t + 4C_2e^{-t} - C_3e^{2t} \\ y_3(t) = \phantom{-}2C_1e^t + 2C_2e^{-t} + C_3e^{2t} \end{cases}$$

(ただし，$C_1, C_2, C_3$ は任意の定数) が得られる．

[**4**] 与えられた 2 次形式は

$$x_1^2 - 2x_1x_2 + 2x_2^2 - 2x_2x_3 + x_3^2 = \begin{pmatrix} x_1 & x_2 & x_3 \end{pmatrix} \begin{pmatrix} 1 & -1 & 0 \\ -1 & 2 & -1 \\ 0 & -1 & 1 \end{pmatrix} \begin{pmatrix} x_1 \\ x_2 \\ x_3 \end{pmatrix}$$

のように表すことができる．$A = \begin{pmatrix} 1 & -1 & 0 \\ -1 & 2 & -1 \\ 0 & -1 & 1 \end{pmatrix}$ とすると，行列 $A$ の固有値は 3 と 1 と 0 である．対称行列の異なる固有値に対する固有ベクトルは互いに直交するので，それぞれの固有値に対する固有ベクトルとして，$\begin{pmatrix} -\frac{1}{\sqrt{6}} \\ \frac{2}{\sqrt{6}} \\ -\frac{1}{\sqrt{6}} \end{pmatrix}, \begin{pmatrix} -\frac{1}{\sqrt{2}} \\ 0 \\ \frac{1}{\sqrt{2}} \end{pmatrix}, \begin{pmatrix} \frac{1}{\sqrt{3}} \\ \frac{1}{\sqrt{3}} \\ \frac{1}{\sqrt{3}} \end{pmatrix}$

を選べば，それらは正規直交基底となっている．よって，$P = \begin{pmatrix} -\frac{1}{\sqrt{6}} & -\frac{1}{\sqrt{2}} & \frac{1}{\sqrt{3}} \\ \frac{2}{\sqrt{6}} & 0 & \frac{1}{\sqrt{3}} \\ -\frac{1}{\sqrt{6}} & \frac{1}{\sqrt{2}} & \frac{1}{\sqrt{3}} \end{pmatrix}$

とおくと，$P^{-1} = P^{\mathrm{T}}$ で，$A$ は

$$P^{-1}AP = \begin{pmatrix} 3 & 0 & 0 \\ 0 & 1 & 0 \\ 0 & 0 & 0 \end{pmatrix}$$

と対角化される．したがって，問題の 2 次形式は標準形 $3y_1^2 + y_2^2$ に変換され，半正値である．

[**5**] 最適性の 1 次の必要条件に従って，$\nabla f(a,b) = \mathbf{0}$，すなわち，連立方程式

$$\begin{cases} 3a^2 - 3kb = 0 \\ -3ka + 3b^2 = 0 \end{cases}$$

を解いて，$(a,b) = (0,0)$ と $(a,b) = (k,k)$ が候補としてみつかる．そこで，それぞれのヘッセ行列を計算すると，

$$\nabla^2 f(0,0) = \begin{pmatrix} 0 & -3k \\ -3k & 0 \end{pmatrix}, \quad \nabla^2 f(k,k) = \begin{pmatrix} 6k & -3k \\ -3k & 6k \end{pmatrix}$$

となる．ここで，行列 $\nabla^2 f(0,0)$ は $|\nabla^2 f(0,0)| = -9k^2$ なので，定理 6.5 から半正値でも半負値でもないことがわかり，最適性の 2 次の必要条件の対偶から点 $(0,0)$ で極値をとらないことがわかる．一方，行列 $\nabla^2 f(k,k)$ については，$f_{xx}(k,k) = 6k$ かつ $|\nabla^2 f(k,k)| = 27k^2 > 0$ となるので，最適性の 2 次の十分条件により，関数 $f(x,y) = x^3 - 2xy + y^2$ は，点 $(k,k)$ で $k > 0$ のとき極小値 $f(k,k) = -k^3$ をとり，$k < 0$ のとき極大値 $f(k,k) = -k^3$ をとることがわかった．

# 総合問題解答

[**1**] (1) $AB = \begin{pmatrix} 1 & 0 & 0 & 0 \\ 0 & 1 & 0 & 0 \\ 0 & 0 & 1 & 0 \\ a_1+b_1 & a_2+b_2 & a_3+b_3 & 1 \end{pmatrix}$

(2) $A^{-1} = \begin{pmatrix} 1 & 0 & 0 & 0 \\ 0 & 1 & 0 & 0 \\ 0 & 0 & 1 & 0 \\ -a_1 & -a_2 & -a_3 & 1 \end{pmatrix}$

(3) $(A+B)^5 = 2^5 \left(\dfrac{A+B}{2}\right)^5$

$$= \begin{pmatrix} 32 & 0 & 0 & 0 \\ 0 & 32 & 0 & 0 \\ 0 & 0 & 32 & 0 \\ 80(a_1+b_1) & 80(a_2+b_2) & 80(a_3+b_3) & 32 \end{pmatrix}$$

[**2**] (1) $I^2 = \begin{pmatrix} -1 & 0 \\ 0 & -1 \end{pmatrix} = -E_2$

(2) $\det(Z(a,b)) = a^2+b^2$ であるから，$a \neq 0$ または $b \neq 0$ ならば，$a^2+b^2 \neq 0$ である．したがって，$Z(a,b)$ は正則行列である．

(3) 2 次行列の逆行列の公式から，

$$Z(a,b)^{-1} = \frac{1}{\det(Z(a,b))} = \frac{1}{a^2+b^2}\begin{pmatrix} a & b \\ -b & a \end{pmatrix}$$

となる．

(4) $aE_2 + bI = a\begin{pmatrix} 1 & 0 \\ 0 & 1 \end{pmatrix} + b\begin{pmatrix} 0 & -1 \\ 1 & 0 \end{pmatrix}$

$$= \begin{pmatrix} a & 0 \\ 0 & a \end{pmatrix} + \begin{pmatrix} 0 & -b \\ b & 0 \end{pmatrix} = \begin{pmatrix} a & -b \\ b & a \end{pmatrix} = Z(a,b)$$

[**3**] (1) 誤りである．$A(B-C) = \boldsymbol{O}$ より $A \neq \boldsymbol{O}$, $B-C \neq \boldsymbol{O}$ をみつければよい．たとえば，$A = \begin{pmatrix} 1 & 0 \\ 0 & 0 \end{pmatrix}$，$B = \begin{pmatrix} 1 & 0 \\ 0 & 2 \end{pmatrix}$，$C = E_2$ などがそうである．

(2) $m=1$ ならば $A$ は単位行列なので，正則行列である．$m \geqq 2$ ならば $A \cdot A^{m-1} = A^{m-1} \cdot A = E$ より正則行列である．

(3) $|AB| = |A|\,|B| \neq 0$ より $|A| \neq 0$ かつ $|B| \neq 0$ なので正しい．

(4) 誤りである．$A(A-E) = \boldsymbol{O}$ より (1) と同様に考える．たとえば，$A = \begin{pmatrix} 0 & 0 \\ 0 & 1 \end{pmatrix}$ とすればよい．

(5) 誤りである．たとえば，$A = \begin{pmatrix} 0 & 1 & 0 \\ 0 & 0 & 1 \\ 0 & 0 & 0 \end{pmatrix}$ とすればよい．

(6) 正しい．なぜならば，$|A^m| = |A|^m = 0$ より $|A| = 0$ であるからである．

(7) 誤りである．たとえば，$A = \begin{pmatrix} 1 & 0 \\ 0 & 0 \end{pmatrix}$，$B = E_2$ である．

(8) 正しい．なぜならば，このとき $|A| = 0$ となるからである．

(9) 正しい．なぜならば，$A = \left(a_{ij}\right)$ としたとき，$A^T A$ の $(i,i)$ 成分は $a_{1i}^2 + a_{2i}^2 + \cdots + a_{ni}^2 = 0$．これより $a_{1i}^2 = a_{2i}^2 = \cdots = a_{ni}^2 = 0$ となり，これは $i = 1, 2, \cdots, n$ について成立するので $A = \boldsymbol{O}$ である．

[**4**] $s$, $t$ を任意定数として，$X = \begin{pmatrix} bs & bt \\ -as & -at \end{pmatrix}$，$Y = \begin{pmatrix} -ks & s \\ -kt & t \end{pmatrix}$ と表せる．

[**5**] (1) $m = 3$　　(2) $\exp(A) = \begin{pmatrix} 1 & a & b + \frac{1}{2}ac \\ 0 & 1 & c \\ 0 & 0 & 1 \end{pmatrix}$

(3) $\left(\exp(A)\right)^{-1} = \begin{pmatrix} 1 & -a & -b + \frac{1}{2}ac \\ 0 & 1 & -c \\ 0 & 0 & 1 \end{pmatrix}$

[**6**] (1) $A = \left(a_{ij}\right)$, $B = \left(b_{ij}\right)$ とおくと，

$$\mathrm{Tr}(A \pm B) = \sum_{i=1}^{n} (a_{ii} \pm b_{ii}) = \sum_{i=1}^{n} a_{ii} \pm \sum_{i=1}^{n} b_{ii} = \mathrm{Tr}(A) \pm \mathrm{Tr}(B),$$

$$\mathrm{Tr}(AB) = \sum_{i=1}^{n} \sum_{j=1}^{n} a_{ij} b_{ji} = \sum_{j=1}^{n} \sum_{i=1}^{n} b_{ji} a_{ij} = \mathrm{Tr}(BA)$$

より，成立する．

(2) (1) より，$\mathrm{Tr}(AB - BA) = \mathrm{Tr}(AB) - \mathrm{Tr}(BA) = 0$ となるが，$\mathrm{Tr}(E) = n \neq 0$ となるので，$AB - BA = E$ とはならない．

[**7**] 基本変形により $\begin{pmatrix} 1 & 0 & 1 & \frac{3}{2} & 0 \\ 0 & 1 & \frac{5}{3} & \frac{2}{3} & \frac{1}{3} \end{pmatrix}$ を得る．したがって，$x_3 = s$, $x_4 = t$ を任意の数として，$x_1 = -s - \dfrac{3}{2}t$, $x_2 = \dfrac{1}{3} - \dfrac{5}{3}s - \dfrac{2}{3}t$.

[**8**]

$$\begin{pmatrix} \frac{3}{2} & \frac{1}{2} & 0 & -\frac{1}{2} \\ -\frac{3}{2} & -\frac{1}{2} & 2 & -\frac{1}{2} \\ -1 & 0 & -1 & 1 \\ \frac{7}{2} & \frac{1}{2} & -3 & \frac{1}{2} \end{pmatrix}$$

[**9**] $a=1$ のとき $\mathrm{rank}(A)=1$，$a=-3$ のとき $\mathrm{rank}(A)=3$，$a \neq 1, -3$ のとき $\mathrm{rank}(A)=4$ である．

[**10**] (1) $B$ は基本変形して $\begin{pmatrix} 1 & 0 & 2a+3 \\ 0 & 1 & a+3 \\ 0 & 0 & a-2 \end{pmatrix}$ となるので，$a \neq 2$ ならば階数は 3 であり，$a=2$ ならば階数は 2 である．

(2) $AB = \begin{pmatrix} 4 & -1 & a+21 \\ 0 & 8 & -a+42 \\ 12 & 13 & a+147 \end{pmatrix}$，$BA = \begin{pmatrix} a+2 & a-3 & 12a-1 \\ 0 & 8 & 40 \\ 12 & 13 & 149 \end{pmatrix}$

(3) $AB$, $BA$ ともに階数は 2 である．

[**11**] $\mathrm{P} = \begin{pmatrix} x \\ y \end{pmatrix}$ とおくと，条件から

$$3axy + (3a+4)y^2 = (ax+y)(ax+3y) + y^2$$

を得る．この式が任意の $x, y$ について成立するから，$a=0$ である．また，このとき確かに 3 点は一直線上にある．

[**12**] (1) 固有値は $a+2, a-1$．固有値 $a+2$ に対する固有ベクトルは $\begin{pmatrix} s \\ s \\ s \end{pmatrix}$ $(s \neq 0)$，固有値 $a-1$ に対する固有ベクトルは $\begin{pmatrix} t+u \\ -t \\ -u \end{pmatrix}$ $((t,u) \neq (0,0))$.

(2) $A$ は対角化可能で，$P = \begin{pmatrix} 1 & 1 & 1 \\ 1 & -1 & 0 \\ 1 & 0 & -1 \end{pmatrix}$ とおくと，

$$P^{-1}AP = \begin{pmatrix} a+2 & 0 & 0 \\ 0 & a-1 & 0 \\ 0 & 0 & a-1 \end{pmatrix}.$$

[**13**] $A$ の固有多項式は $f_A(t) = (t-1)(t-2)^2$ である．よって，$\mathrm{rank}(A-2E)=1$ のとき，つまり $c=0$ のとき，$A$ は対角化可能になる．

[**14**] 129 ページで示したように，問題のフィボナッチ数列の漸化式は次のように考えることができる．

$$\begin{pmatrix} a_n \\ a_{n+1} \end{pmatrix} = \begin{pmatrix} 0 & 1 \\ 1 & 1 \end{pmatrix} \begin{pmatrix} a_{n-1} \\ a_n \end{pmatrix}$$
$$= \begin{pmatrix} 0 & 1 \\ 1 & 1 \end{pmatrix}^2 \begin{pmatrix} a_{n-2} \\ a_{n-1} \end{pmatrix} = \cdots = \begin{pmatrix} 0 & 1 \\ 1 & 1 \end{pmatrix}^{n-1} \begin{pmatrix} a_1 \\ a_2 \end{pmatrix}$$

そこで，$A = \begin{pmatrix} 0 & 1 \\ 1 & 1 \end{pmatrix}$ とすると，行列 $A$ の固有値は $\dfrac{1+\sqrt{5}}{2}$ と $\dfrac{1-\sqrt{5}}{2}$ である．それぞれを $\alpha$ と $\beta$ と表して計算を簡単にしよう．すると，それぞれの固有ベクトルを 1 つずつ選んで，$P = \begin{pmatrix} 1 & 1 \\ \alpha & \beta \end{pmatrix}$ とおくと，$P^{-1} = -\dfrac{1}{\sqrt{5}} \begin{pmatrix} \beta & -1 \\ -\alpha & 1 \end{pmatrix}$ で，$A$ は

$$P^{-1}AP = \begin{pmatrix} \alpha & 0 \\ 0 & \beta \end{pmatrix}$$

と対角化される．したがって，

$$A^{n-1} = -\frac{1}{\sqrt{5}} \begin{pmatrix} 1 & 1 \\ \alpha & \beta \end{pmatrix} \begin{pmatrix} \alpha^{n-1} & 0 \\ 0 & \beta^{n-1} \end{pmatrix} \begin{pmatrix} \beta & -1 \\ -\alpha & 1 \end{pmatrix}$$
$$= -\frac{1}{\sqrt{5}} \begin{pmatrix} \alpha^{n-1}\beta - \alpha\beta^{n-1} & -\alpha^{n-1} + \beta^{n-1} \\ \alpha^n\beta - \alpha\beta^n & -\alpha^n + \beta^n \end{pmatrix}$$

となるので，

$$a_n = -\frac{1}{\sqrt{5}} \left\{ (\beta-2)\alpha^{n-1} + (2-\alpha)\beta^{n-1} \right\}$$
$$= \frac{5+3\sqrt{5}}{10} \left( \frac{1+\sqrt{5}}{2} \right)^{n-1} + \frac{5-3\sqrt{5}}{10} \left( \frac{1-\sqrt{5}}{2} \right)^{n-1}$$

が得られる．

**[15]** $A = \begin{pmatrix} 3 & 2 & 4 \\ 2 & 0 & 2 \\ 4 & 2 & 3 \end{pmatrix}$ とすると，行列 $A$ は対称行列なので，(直交) 対角化可能である．$A$ の固有値は $-1$ と $8$ である．それぞれの固有値に対する固有ベクトルとして，$\begin{pmatrix} 1 \\ -2 \\ 0 \end{pmatrix}$, $\begin{pmatrix} 0 \\ -2 \\ 1 \end{pmatrix}$, $\begin{pmatrix} 2 \\ 1 \\ 2 \end{pmatrix}$ を選んで，$P = \begin{pmatrix} 1 & 0 & 2 \\ -2 & -2 & 1 \\ 0 & 1 & 2 \end{pmatrix}$ とおくと，

$P^{-1} = \dfrac{1}{9} \begin{pmatrix} 5 & -2 & -4 \\ -4 & -2 & 5 \\ 2 & 1 & 2 \end{pmatrix}$ で，$A$ は

$$P^{-1}AP = \begin{pmatrix} -1 & 0 & 0 \\ 0 & -1 & 0 \\ 0 & 0 & 8 \end{pmatrix}$$

と対角化される．したがって，

$$A^{n-1} = \frac{1}{9}\begin{pmatrix} 1 & 0 & 2 \\ -2 & -2 & 1 \\ 0 & 1 & 2 \end{pmatrix}\begin{pmatrix} (-1)^{n-1} & 0 & 0 \\ 0 & (-1)^{n-1} & 0 \\ 0 & 0 & 8^{n-1} \end{pmatrix}\begin{pmatrix} 5 & -2 & -4 \\ -4 & -2 & 5 \\ 2 & 1 & 2 \end{pmatrix}$$

となるので，

$$\begin{aligned}
\begin{pmatrix} x_n \\ y_n \\ z_n \end{pmatrix} &= A^{n-1}\begin{pmatrix} x_1 \\ y_1 \\ z_1 \end{pmatrix} \\
&= \frac{1}{9}\begin{pmatrix} 1 & 0 & 2 \\ -2 & -2 & 1 \\ 0 & 1 & 2 \end{pmatrix}\begin{pmatrix} (-1)^{n-1} & 0 & 0 \\ 0 & (-1)^{n-1} & 0 \\ 0 & 0 & 8^{n-1} \end{pmatrix}\begin{pmatrix} 5 & -2 & -4 \\ -4 & -2 & 5 \\ 2 & 1 & 2 \end{pmatrix}\begin{pmatrix} 1 \\ 0 \\ 1 \end{pmatrix} \\
&= \frac{1}{9}\begin{pmatrix} 1 & 0 & 2 \\ -2 & -2 & 1 \\ 0 & 1 & 2 \end{pmatrix}\begin{pmatrix} (-1)^{n-1} & 0 & 0 \\ 0 & (-1)^{n-1} & 0 \\ 0 & 0 & 8^{n-1} \end{pmatrix}\begin{pmatrix} 1 \\ 1 \\ 4 \end{pmatrix} \\
&= \frac{1}{9}\begin{pmatrix} 1 & 0 & 2 \\ -2 & -2 & 1 \\ 0 & 1 & 2 \end{pmatrix}\begin{pmatrix} (-1)^{n-1} \\ (-1)^{n-1} \\ 2^{3n-1} \end{pmatrix} \\
&= \frac{1}{9}\begin{pmatrix} (-1)^{n-1} + 2^{3n} \\ 4 \cdot (-1)^n + 2^{3n-1} \\ (-1)^{n-1} + 2^{3n} \end{pmatrix}
\end{aligned}$$

**[16]** 139 ページの定理 6.1 から，2 次形式の標準形を考える．適当な直交行列 $P$ による変数変換 $\boldsymbol{x} = P\boldsymbol{y}$, $\boldsymbol{y} = (y_1, y_2, \cdots, y_n)^{\mathrm{T}}$ によって，与えられた 2 次形式は，

$$Q = \boldsymbol{x}^{\mathrm{T}} A \boldsymbol{x} = \boldsymbol{y}^{\mathrm{T}} \left(P^{-1}AP\right) \boldsymbol{y} = \lambda_1 y_1^2 + \lambda_2 y_2^2 + \cdots + \lambda_n y_n^2$$

となる．ここで，$\lambda_1, \lambda_2, \cdots, \lambda_n$ は対称行列 $A$ の固有値である．それらを小さいものから順に並べなおして，$\lambda_1 \leqq \lambda_2 \leqq \cdots \leqq \lambda_n$ とすると，

$$\lambda_1\left(y_1^2 + y_2^2 + \cdots + y_n^2\right) \leqq Q \leqq \lambda_n\left(y_1^2 + y_2^2 + \cdots + y_n^2\right) \quad \cdots \text{①}$$

が成立する．このとき，

$$\begin{aligned}
\boldsymbol{y}^{\mathrm{T}}\boldsymbol{y} &= (P^{-1}\boldsymbol{x})^{\mathrm{T}}(P^{-1}\boldsymbol{x}) \\
&= \boldsymbol{x}^{\mathrm{T}}(PP^{-1})\boldsymbol{x} = \boldsymbol{x}^{\mathrm{T}}\boldsymbol{x}
\end{aligned}$$

となるので，与えられた条件 $\boldsymbol{x}^{\mathrm{T}}\boldsymbol{x} = 1$ により，

$$y_1^2 + y_2^2 + \cdots + y_n^2 = \boldsymbol{y}^{\mathrm{T}}\boldsymbol{y} = 1 \quad \cdots \text{②}$$

が成立する．したがって，① と ② により，

$$\lambda_1 \leqq Q \leqq \lambda_n \quad \cdots \text{③}$$

となる．よって，$y_1 = y_2 = \cdots = y_{n-1} = 0,\ y_n = 1$ は ② をみたし，$Q = \lambda_n$ となるから，$Q$ の最大値は行列 $A$ の最大固有値に一致する．同様に，$y_1 = 1, y_2 = y_3 = \cdots = y_n = 0$ は ② をみたし，$Q = \lambda_1$ となるから，$Q$ の最小値は行列 $A$ の最小固有値に一致する．

**[17]** 前問の結果より，$(x, y) = \left(\frac{1}{\sqrt{5}}, \frac{2}{\sqrt{5}}\right)$ と $(x, y) = \left(-\frac{1}{\sqrt{5}}, -\frac{2}{\sqrt{5}}\right)$ で最大値 6 をとり，$(x, y) = \left(\frac{2}{\sqrt{5}}, -\frac{1}{\sqrt{5}}\right)$ と $(x, y) = \left(-\frac{2}{\sqrt{5}}, \frac{1}{\sqrt{5}}\right)$ で最小値 1 をとる．

**[18]** (1) $\boldsymbol{F}(\boldsymbol{x}) = \boldsymbol{f}(\boldsymbol{g}(\boldsymbol{x})) = \boldsymbol{f}(B\boldsymbol{x}) = A(B\boldsymbol{x}) = (AB)\boldsymbol{x}$ が成立する．したがって，$\boldsymbol{F}(\boldsymbol{x})$ は線形変換である．

(2) $\boldsymbol{G}(\boldsymbol{x}) = \boldsymbol{f}(\boldsymbol{x}) + \boldsymbol{g}(\boldsymbol{x}) = A\boldsymbol{x} + B\boldsymbol{x} = (A + B)\boldsymbol{x}$ が成立する．したがって，$\boldsymbol{G}(\boldsymbol{x})$ は線形変換である．

(3) $\boldsymbol{H}(\boldsymbol{x}) = c\boldsymbol{f}(\boldsymbol{x}) = c(A\boldsymbol{x}) = (cA)\boldsymbol{x}$ が成立する．したがって，$\boldsymbol{H}(\boldsymbol{x})$ は線形変換である．

(4) $\boldsymbol{f}(\boldsymbol{x}) = A\boldsymbol{x}$ が逆写像をもつので，どんな $\boldsymbol{y} \in \mathbb{R}^n$ に対しても連立方程式 $A\boldsymbol{x} = \boldsymbol{y}$ は解をもつ．したがって，$A$ は正則で，$\boldsymbol{x} = A^{-1}\boldsymbol{y}$ である．この式と逆写像の定義から $\boldsymbol{f}^{-1}(\boldsymbol{y}) = \boldsymbol{x} = A^{-1}\boldsymbol{y}$ が成立する．よって，$\boldsymbol{f}(\boldsymbol{x})$ の逆写像は線形変換である．

**[19]** 原点 O のまわりの角度 $\theta$ の回転を $\boldsymbol{z} = \boldsymbol{g}(\boldsymbol{x})$ とする．$\boldsymbol{x} = \begin{pmatrix} x \\ y \end{pmatrix}$，$\boldsymbol{z} = \begin{pmatrix} z \\ w \end{pmatrix}$ とし，また，$x = \|\boldsymbol{x}\| \cos\alpha$，$y = \|\boldsymbol{x}\| \sin\alpha$ とすれば，

$$z = \|\boldsymbol{x}\| \cos(\alpha + \theta), \qquad w = \|\boldsymbol{x}\| \sin(\alpha + \theta)$$

である．よって，

$$\begin{pmatrix} z \\ w \end{pmatrix} = \begin{pmatrix} \|\boldsymbol{x}\|(\cos\alpha\cos\theta - \sin\alpha\sin\theta) \\ \|\boldsymbol{x}\|(\sin\alpha\cos\theta + \cos\alpha\sin\theta) \end{pmatrix}$$
$$= \begin{pmatrix} x\cos\theta - y\sin\theta \\ y\cos\theta + x\sin\theta \end{pmatrix} = \begin{pmatrix} \cos\theta & -\sin\theta \\ \sin\theta & \cos\theta \end{pmatrix} \begin{pmatrix} x \\ y \end{pmatrix}$$

が成立する．直線 $y = x$ に関する対称移動は $\boldsymbol{h}(\boldsymbol{x}) = \begin{pmatrix} 0 & 1 \\ 1 & 0 \end{pmatrix} \begin{pmatrix} x \\ y \end{pmatrix}$ であるから，

$$\boldsymbol{f}(\boldsymbol{x}) = \begin{pmatrix} 0 & 1 \\ 1 & 0 \end{pmatrix} \begin{pmatrix} \cos\theta & -\sin\theta \\ \sin\theta & \cos\theta \end{pmatrix} \begin{pmatrix} x \\ y \end{pmatrix}$$
$$= \begin{pmatrix} \sin\theta & \cos\theta \\ \cos\theta & -\sin\theta \end{pmatrix} \begin{pmatrix} x \\ y \end{pmatrix}.$$

# 索　引

## あ　行



## か　行

## さ　行



## た　行



## な　行



## は　行

## ま　行



## や　行



## ら　行

## 著者略歴


田《た》 中《なか》　　環《たまき》

1986年　新潟大学大学院理学研究科
　　　　修士課程修了
現　在　新潟大学自然科学系教授
　　　　博士(理学)

小《こ》 島《じま》 秀《ひで》 雄《お》

1999年　大阪大学大学院理学研究科
　　　　博士後期課程修了
現　在　新潟大学自然科学系教授
　　　　博士(理学)

星《ほし》　　明《あき》 考《なり》

2005年　早稲田大学大学院理工学研究科
　　　　博士後期課程修了
現　在　新潟大学自然科学系教授
　　　　博士(理学)

折《おり》 田《た》 龍《りゅう》 馬《ま》

2017年　東京大学大学院数理科学研究科
　　　　博士課程修了
現　在　新潟大学自然科学系助教
　　　　博士(数理科学)

印《いん》 南《なみ》 信《のぶ》 宏《ひろ》

1983年　筑波大学大学院博士課程数学
　　　　研究科修了
現　在　新潟大学名誉教授
　　　　理学博士

吉《よし》 原《はら》 久《ひさ》 夫《お》

1976年　京都大学大学院理学研究科
　　　　博士課程単位取得退学
現　在　新潟大学名誉教授
　　　　理学博士





2006年 3 月30日　初　版　発　行
2016年 2 月15日　改　訂　版　発　行
2022年 4 月 8 日　三　訂　版　発　行
2023年 9 月28日　三訂第2刷発行

要点明解　線 形 数 学

著　者　田 中　　環
　　　　小 島 秀 雄
　　　　星　　明 考
　　　　折 田 龍 馬
　　　　印 南 信 宏
　　　　吉 原 久 夫
発行者　山 本　　格

発 行 所　株式会社　培　風　館

東京都千代田区九段南4-3-12・郵便番号102-8260
電 話(03)3262-5256(代表)・振 替 00140-7-44725

平文社印刷・牧 製本

PRINTED IN JAPAN

ISBN 978-4-563-01241-0　C3041